"中国20世纪
城市建筑的近代化遗产研究"
丛书

The series of books
on the modern
heritage of Chinese urban architecture
in the 20th century

洛阳『156项工程』工业遗产群历史研究与价值剖析

The Research of History and Value Evaluation of Luo Yang's Industrial Heritage Sites in the 1950s

青木信夫 徐苏斌 主编

孙跃杰 著

中国建筑工业出版社

序

（1）20 世纪遗产研究的国际趋势

20 世纪遗产保护是全球近现代文化遗产保护运动的重要趋势。推进研究和保护以及使用什么词汇能够概括全球的近现代遗产保护是经过长期思考的。在 1981 年第五届世界遗产大会上，悉尼歌剧院申报世界遗产引起了人们对于晚近遗产（Recent Heritage）的关注。1985 年在巴黎召开的 ICOMOS（国际古迹遗址理事会）专家会议上研究了现代建筑的保护问题。1986 年国际古迹遗址理事会“当代建筑申报世界遗产”的文件，内容包括了近现代建筑遗产的定义和如何运用世界遗产标准评述近现代建筑遗产。1988 年现代运动记录与保护组织 DOCOMOMO（International Committee for the Documentation and Conservation of buildings，sites and neighborhoods of the Modern Movement）成立。在那之后近现代建筑遗产的研究和保护迅速在全球展开，也对中国产生了很大影响。1989 年欧洲委员会（Council of Europe）在维也纳召开了“20 世纪建筑遗产：保护与振兴战略”（Twentieth Century Architectural Heritage: strategies for conservation and protection）国际研讨会。1991 年欧洲委员会发表“保护 20 世纪遗产的建议”（Recommendation on the Protection of the Twentieth Century Architectural Heritage），呼吁尽可能多地将 20 世纪遗产列入保护名录。1995 年 ICOMOS 在赫尔辛基和 1996 年在墨西哥城就 20 世纪遗产保护课题召开了大型国际会议。在“濒危遗产 2000 年度报告”（Heritage at Risk 2000）中，许多国家都报告了 19—20 世纪住宅、城市建筑、工业群、景观等遗产保存状况并表示担忧。2001 年 ICOMOS 在加拿大蒙特利尔召开工作会议，制定了以保护 20 世纪遗产为核心的“蒙特利尔行动计划”（The Montreal Action Plan），并将 2002 年 4 月 18 日国际古迹日的主题定为“20 世纪遗产”。现在《世界遗产名录》已经有近百项 21 世纪建筑遗产，占总数的 1/8。2011 年 20 世纪遗产国际科学委员会（the ICOMOS International Scientific Committee on Twentieth - Century Heritage（ISC20C））发布《关于 20 世纪建筑遗产保护方法的马德里文件 2011》，马德里文件第一次公开发表于 2011 年 6 月，当时在马德里召开“20 世纪建筑遗产干预标准”（“Criteria for Intervention in the Twentieth Century Architectural Heritage-CAH20thC”），共有 300 多位国际代表讨论并修正了该文件的第一版。2014 年发布第二版，2017 年委员会最终确定了国际标准 :《保护 20 世纪遗产的方法》(称为马德里 - 新德里文件，the Madrid-New Delhi Document)，该文件得到了在德里举行的国际会议的认可。这个文件标志着“20 世纪遗产”(Twentieth-Century Heritage) 一词成为国际目前通用称谓。

(2) 中国 20 世纪遗产的保护现状

在中国近代遗产的保护可以追溯到 1961 年，主要使用“革命遗址及革命纪念物”，在第一批全国重点文物中共有 33 处。1991 年建设部和国家文物局下发《关于印发近代优秀建筑评议会纪要的通知》，提出 96 项保护名单，扩展了近代遗产的种类。1996 年国务院公布第四批全国重点文物保护单位采用了“近现代重要史迹及代表性建筑”。2007—2012 年的全国第三次文物普查结果表明，近现代建筑史迹及代表性建筑有 14 多万处 (占登记总量 18.45%)。在地方层面上厦门 2000 年颁布了《厦门市鼓浪屿历史风貌建筑保护条例》，2002 年上海通过了《上海市历史文化风貌区和优秀历史建筑保护条例》，天津 2005 年公布了《天津市历史风貌建筑保护条例》。

20 世纪遗产保护的倡议开始于 2008 年。2008 年 4 月，中国古迹遗址保护协会在无锡召开以“20 世纪遗产保护”为主题的中国文化遗产保护论坛，会上通过了《保护 20 世纪遗产无锡建议》。同时国家文物局发布《关于加强 20 世纪建筑遗产保护工作的通知》。2014 年中国文物学会 20 世纪建筑遗产委员会成立。2016 年中国文物学会开始评选 20 世纪遗产，到 2019 年已经公布了四批共计 396 项。但是这样的数量依然不能保护大量的 20 世纪建筑遗产，因此中国文物学会 20 世纪建筑遗产委员会在 2019 年 12 月 3 日举行“新中国 70 年建筑遗产传承创新研讨会”，发表了“中国 20 世纪建筑遗产传承创新发展倡言”，强调忧思意识，倡议“聚众智、凝共识、谋实策，绘制中国 20 世纪建筑遗产持续发展的新篇”。20 世纪遗产已经逐渐进入中国大众的视野。

(3) 中国近代史研究的发展

中国近代史研究可以追溯到清末。1902 年梁启超在《近世文明初祖二大家之学说》中将中国历史分为“上世”“中世”“近世”，首先使用了“近世”一词。1939 年，《中国革命与中国共产党》中提到中国人民的民族革命斗争从鸦片战争开始已经 100 年，这个分类对后来的研究影响很大。

中国近代史在 20 世纪 80 年代以前主要是以“帝国主义”和“阶级斗争”为线索考察近代史。1948 年胡绳撰成并出版《帝国主义与中国政治》，此书从帝国主义同中国的畸形政治关系中总结经验教训，与稍早出版的范文澜的《中国近代史》（上编第一分册，1947）一起，对中国近代史学科的建设产生了深远影响。1953 年初，胡绳撰写《中国近代史提纲》初稿，用于给中共中央高级党校的学员讲中国近代史，此时他已经形成了以阶级斗争为主要线索的史观。这些看法在《中国近代历史的分期问题》一文中进一步明晰。体现胡绳理论独创性的是“三次革命高潮”这一广为流传的概念，从帝国主义到阶级斗争的史观的微妙转换也反映了中国在 1949 年以后历史线索从外而内的变化。20 世纪 50 年代初期以马克思主义历史学家郭沫若为首，中国科学院近代史研究所开始编辑《中国史稿》，1962 年第四册近代史部分出版。1978 年又根据该稿出版了《中国近代史稿》，这本书是“帝国主义”论的经典，同时也是贯穿半封建半殖民地史观的近代史。70 年代末，由于国家确立改革开放、以经济建设为中心的方针，现代化事业成为国家和人民共同关注和进行的主要事业，1990 年 9 月，中国社会科学院近代史研究所为纪念建所 40 周年，举办了以“近代中国与世界”为题的国际学术讨论会。以“近代化”（现代化，modernization）为基本线索研究中国近代史，这是中国近代历史研究的转折点。

（4）关于中国近代建筑遗产的研究

在近代建筑方面由梁思成率先倡导、主持，早在 1944 年他在《中国建筑史》中撰写了“清末民国以后之建筑”一节。1956 年刘先觉撰写了研究论文《中国近百年建筑》。1959 年建筑工程部建筑科学研究院“中国近代建筑史编纂委员会”编纂了《中国近代建筑史》，虽然没有出版但是为进一步的研究奠定了基础，1962 年出版了上下两册《中国建筑简史》，第二册就是《中国近代建筑简史》。当时的史观和中国近代史研究类似，1949 年以后对近代建筑史在帝国主义、阶级斗争的史观支配下有很多负面的评价，因此影响了研究的推进。真正开始进行中国近代建筑史的研究是在 20 世纪 80 年代中期清华大学和东京大学开始合作研究。1986 年汪坦主持召开第一次中国近代建筑史学会研讨会，成立“中国近代建筑研究会”。以东京大学的藤森照信教授为首，在 1988 年开始调研中国 16 个主要口岸城市的近代建筑，1996 年，藤森照信教授和清华大学汪坦教授合作出版了《全调查东亚洲近代的都市和建筑》汇集了这个阶段的研究成果。中国陆续出版《中国近代建筑总览》(1989—2004)、《中国近代建筑史研究讨论会论文集》(1987—1997)、《中国近代建筑研究与保护》(1999—2016)。2016 年由赖德霖、伍江、徐苏斌主编的《中国近代建筑史》(中国建筑工业出版社，2016 年)问世。中国当代建筑的研究也逐步推进，代表作品有邹德侬著《中国现代建筑史》(机械工业出版社，2003 年)等。

基于中国知网(CNKI)数据库，对仅以“中国近代建筑”为主题的文章进行了检索，获得文章共 943 篇。1978—2018 年的发表趋势可清楚地看出近年来国内相关研究文献数量迅速增多，尤其自 2006 年起中国学者对近代建筑研究的关注度日益提升，形成一股研究热潮。同时可以看出关于中国近代建筑的研究方向主要集中在近代建筑(个案)20.34%、近代建筑史 12.64%、建筑保护 1.88%、建筑师 8.4% 等方向。

(5)从近代建筑遗产走向近代化遗产

从近代建筑遗产到近代化遗产，这是一个必然的过程。日本的研究历程就是从近代建筑遗产扩展到近代化遗产的过程，这个过程能给我们很多启示。

首先以东京大学村松贞次郎为首组织建筑史研究者进行全国的洋风建筑调查，于 1970 年出版了《全国明治洋风建筑名簿》(《全国明治洋風建築リスト》)，以后又逐渐完善，日本建筑学会于 1983 年出版了《新版日本近代建筑总览》(《新版日本近代建築総覧》，技报堂出版，1983)。这是关于近代建筑的调查。可是随着技术的革新、产业转型、经济高速发展等，比洋风建筑更为重要的近代化遗产问题成为关注的热点，如何更为宏观地把握近代化遗产成为当务之急。研究的嚆矢是东京大学村松贞次郎教授，他主要从事日本近代建筑研究，其中最著名的著作是《日本近代建筑技术史》(1976 年)，而工业建筑集中体现了建筑技术的最新成果。文化厅于 1990 年开始推动《近代化遗产(构造物等)综合调查》，这不仅仅是近代建筑，也包括了产业、交通、土木等从建筑到构造物的多方面的近代化遗产的调查。鼓励调查建造物以及和近代化相关的机械、周边环境等。另外也推进了调查传统的和风建筑。1994 年 7 月文化厅发表《应对时代的变化改善和充实文化财保护措施》，其中第三点“近代文化遗产的保护”中提出：“今后，进一步促进近代的文化遗产的制定，与此同时，有必要尽快推进调查研究近年来十分关心的近代化遗产，探讨保护的策略，加强保护。”1993 年开始指定近代化遗产为重要文化遗产。日本土木学会土木史委员会 1993—1995 年进行了全国性近代土木遗产普查，判明全国有 7000~10000 件近代土木遗产。该委员会从 1997 开始进行对近代土木遗产的评价工作。土木学会的代表作品如《日本的近代土木遗产——现存重要土木构造物 2800 选（改订版）》（《日本の近代土木遺産——現存する重要な土木構造物 2800 選（改訂版）》）于 2005 年出版。昭和初期建筑的明治生命馆、昭和初期土木构造物的富岩运河水闸设施等被指定为重要文化遗产。

近代化遗产推进的最大成果是于 2015 年成功申请世界文化遗产。

2007 年日本经济通产省召集了 13 名工业遗产专家构成了“产业遗产活用委员会”。同年 5 月从各地征集了工业遗产，经过委员会讨论，以便于普及的形式再次提供给各个地方。在此基础上经过四次审议，确定了包括 33 个遗产的近代产业遗产群，并对有助于地域活性化的近代产业遗产进行认定，授予认定证和执照。代表成果是 2009 年编订申请世界遗产“九州、山口近代化产业遗产群”报告。2013 年 4 月，登录推进委员会将系列遗产更名为“日本近代化产业遗产群——九州 · 山口及相关地区”，并向政府提交修订建议。政府于同年 9 月 17 日决定，将本遗产列入日本 2013 年世界文化遗产的“推荐候选者”，并于 9 月 27 日向教科文组织提交了暂定版。2014 年 1 月 17 日，内阁府批准了将其推荐为世界文化遗产的决定，并在将一些相关资产整合到 8 个地区和 23 个遗产之后，于 1 月 29 日向世界遗产中心提交正式版，名称为“明治日本的产业革命遗产——九州 · 山口及相关地区”。2015 年联合国教科文组织世界遗产委员会审议通过“明治日本的产业革命遗产 制铁 · 制钢 · 造船 · 石炭产业”（“明治日本の産業革命遺産 製鉄 · 製鋼、造船、石炭産業”）为世界文化遗产。

日本的“近代化遗产”多被误解为产业遗产，这是因为日本对建筑遗产的丰富研究成果努力弥补土木遗产的缘故，日本的“近代化遗产”更代表着对推进近代化起到积极作用的城市、建筑、土木、交通、产业等多方面的综合遗产的全面概括。

我们也不断反省如何应对中国发展的需求推进研究。我们自己的研究也以近代建筑起步，20 世纪 80 年代当我们还是学生时就有幸参加了中国、日本以及东亚的相关近代建筑调查和研究，2008 年成立了天津大学中国文化遗产保护国际研究中心，尝试了国际化和跨学科的科研和教学，2013 年承接了国家社科重大课题“我国城市近现代工业遗产保护体系研究”，把研究领域从建筑遗产扩展到近代化遗产。重大课题的立项代表着中国对于工业遗产研究的迫切需求，在此期间工业遗产的研究层出不穷，特别是从 2006 年以后呈现直线上升的趋势。这反映着国家产业转型、城市化、经济发展十分需要近代化遗产的研究作为支撑，整体部署近代化遗产保护和再利用战略深刻地影响着中国的可持续发展。

在中国近代化集中的时期是 20 世纪，这也和国际对于 20 世纪遗产保护的大趋势十分吻合，国际目前较为常用“20 世纪遗产”的表述方法来描述近现代遗产，这也是经过反复讨论和推敲的词汇，因此我们沿用这个词汇，但是这并不代表研究成果仅仅限制在 20 世纪，也包括更为早期或者更为晚近的近代化问题。同时本丛书也不限制于中国本土发生的事情，还包括和中国相关涉及海外的研究。我们还十分鼓励跨学科的城市建筑研究。在本丛书中我们试图体现这样的宗旨：我们希望把和中国城市建筑近代化进程的相关研究纳入这个开放的体系中，兼收并蓄不同的研究成果，从不同的角度深入探讨近代化遗产问题，作为我们这个时代对于近代化遗产思考及其成果的真实记录。我们希望为年轻学者提供一个平台，使得优秀的研究者和他们的研究成果能够借此平台获得广泛的关注和交流，促进中国的近代化遗产研究和保护。因此欢迎相关研究者利用好这个平台。在此我们还衷心感谢中国建筑工业出版社提供的出版平台！

青木信夫　徐苏斌

2020 年 5 月 31 日于东京

第一章 绪论

第一节 背景与缘起

一、我国城市高速发展与城市文化遗产的濒危

进入21世纪，我国城市建设进入了高速发展的阶段。伴随经济建设的稳步提升，城市化进程以空前的规模和速度展开。各地政府对城市建设热情高涨，“城市化水平”[①]一时成为各地城市发展的衡量标杆，“土地财政”亦成为城市经济拉动的重要手段。在逐步进行的城市更新浪潮中，许多城市大规模进行“旧城改造”“危旧房拆迁治理”，房地产业大规模兴起，城市居民的居住条件得到了改善，城市的面貌在短时间内迅速焕然一新，但原有的历史城区从特征到肌理，从文脉到记忆，都在推土机的轰鸣中瞬间崩塌、瓦解。

伴随我国产业结构的调整，工业用地更新也在近些年参与进来。原有城市工业用地在高速的城市发展中逐渐被包围，被中心化。一方面是传统工业在转型中遭遇衰退，另一方面是城市空间的不断扩展要求原有工业必须整体搬迁实现自身发展与城市环境治理的双平衡，因此“退二进三”[②]的城市土地置换工作大规模地展开。原有工业区随之遗留大量的老旧工业厂房、车间、大型构筑物，与之配套的工人住宅区、科研、医疗、教育设施。这些建筑、街区多则近百年，少则几十年，在尚未对其进行行之有效的规划、评估、定位和保护之前，就在轰轰烈烈的城市更新浪潮中夷为平地。当城市发展到一定阶段，人们越来越意识到城市文化、历史底蕴对于人们生活的重要性，开始追忆那份“乡愁”，开始寻找当初的城市文化载体时才悔之晚矣。

城市是历史文化的载体，它用建筑实体记载着人类的发展。“人类进入现代社会以来，越来越多的国家意识到，文化疆域里有一场不见硝烟的战争。在21世纪国际竞争、信息共享、技术趋同的社会背景下，国家的安危不仅仅在于城池的得失，更涉及文化的存在方式与制度，共同的语言文字，共同的艺术与

① 单霁翔. 文化遗产保护与城市文化建设 [M]. 北京：中国建筑工业出版社，2009：2.

② 国办发〔2001〕98号，“退二进三”是20世纪90年代，为加快经济结构调整，鼓励一些产品没有市场，或者濒于破产的中小型国有企业从第二产业中退出来，从事第三产业的一种做法。后来把调整城市市区用地结构，减少工业企业用地比重，提高服务业用地比重也称为“退二进三”。一些地方体改委为了盘活国有资产，提出一些企业从城市的繁华地段退出来，进入城市的边缘进行发展，整个置换过程可以使企业获得重新发展的资金，故也称为“退二进三”。

制度，共同的传统与认识，这是社会团结和国家进步的宝贵资源。[①]”

我们要做的是，在城市正常发展的同时，保护好那些有价值的城市遗产，使优秀的城市特色得以留存，借以传承城市历史文脉[②]。

二、我国工业遗产的研究与文创产业领域的发展为我国工业遗产的保护与再利用提供了契机

近年来，工业遗产在国内受到关注。2006 年 4 月 18 日是国际古迹遗址日，中国古迹遗址保护协会（ICOMOS CHINA）在无锡举行中国工业遗产保护论坛，并通过《无锡建议——注重经济高速发展时期的工业遗产保护》。中国建筑学会 2010 年成立了工业建筑遗产专业委员会，学界日益重视工业遗产的研究和保护问题，到目前，已召开了 6 次全国工业遗产研究学术会议，研究领域涉及工业遗产的普查、历史研究、价值评估、分级保护、再利用以及技术史、环境保护等方方面面，研究也逐渐从面上向纵深发展。2014 年 5 月，中国文物学会亦专门成立了工业遗产委员会，促进该领域的研究和发展。各地政府逐渐重视，不少城市也开始进行工业遗产的普查、登录、管理与保护工作[③]。尽管起步较晚，但工业遗产研究工作的大的学术环境还是为我国工业遗产的保护提供了前提和保障。

文化产业作为第三产业的一部分正在《文化部“十二五”时期文化产业倍增计划》的指引下加速增长。文化产业是新兴学科，具有三个主要特征[④]：一是对文化资源的要求很高，即作为具有原创性、具备明显知识经济特征和高度文化含量的产业，文化产业价值链的主要增值部分是在其原创性的知识含量之中，无形价值成为价值创造的第一要素；二是产业关联度强，即文化产业的业态大多是居于价值链高端、具有高技术含量和文化内涵的行业之间相互融合的产物，与其他产业之间有着密切的知识、技术、经验和智力等方面的要素关联，在经济结构中的可融性功能极强，能形成较强的产业聚合力，却很少与其他产业发生资源冲突；三是高附加值，即由于在文化产业的生产过程中消耗的物质元素较少，提供给消费者的产品主要体现在它的无形价值上。也就是说，文化产业可以利用“创意”这个无形文化资源将其深度挖掘，最终通过不同形式的有形产品表现出来，也正是由此文化产业可以创造更高的经济附加值。因此，如果能将工业遗产与文化产业的发展相结合，那么城市既能保护文化资源，又能增进城市发展。

城市的发展往往伴随地价的攀升，原有废弃的工厂与社区曾一度萧条颓败，其低廉的租金一度使其成为艺术家、创业者的首选，这也是诸如北京“798”

① 李舫，寻找中国文化．人民日报 [N]. 2005-02-15.

② 阮仪三，城市遗产保护论 [M]. 上海：上海科学技术出版社，2005：1.

③ 2006 年上海结合国家文物局的“三普”指定了《上海第三次全国普查工业遗产补充登记表》，开始了近代工业遗产的普查。并随着普查，逐渐展开保护和再利用。同年北京重点工业遗产普查，确定了《北京工业遗产评价标准》，颁布了《北京保护工业遗产导则》。2011 年天津也开始全面展开工业遗产普查，并颁布了《天津市工业遗产保护与利用管理办法》等。

④ 李春．都市产业变迁过程中园区产业聚集研究 [D]. 天津：天津大学，2013.

文化区起步的源头，而从文化产业的角度和文化遗产保护的角度来看，文化产业的高附加值特点使得工业遗产的保护与再利用过程中能够切实地低消耗高产出，这样的产业模式可以更充分地利用已有资源，也就是将工业遗产的无形价值充分发挥。也因此，近年来不少城市在创意文化产业的发展上多选择工业遗存集中地而实现两者的共赢。这为我国工业遗产的保护与再利用提供了更为广阔的发展前景。

三、关于中华人民共和国成立后的社会主义现代工业遗产[①]研究任务紧迫

18 世纪 60 年代，英国爆发了“工业革命”，人类自此从传统的农业和手工业社会进入以机器大工业生产为主题的工业时代，大量农村人口涌向城市，推动城市化进程。人类亦即从农业文明走向了工业文明。中国两千多年来的封建统治一直以农业为基础，亦有博大精深的手工业发展历程[②]，但现代意义上的“工业”是晚清至近代伴随民族资本主义的诞生而产生的。近代的中国满目疮痍，战乱频发，至中华人民共和国成立之初，我国的工业基础极其薄弱[③]，“一五”时期兴建的“156 项工程”重点项目成为中国工业的奠基石，工业现代化之路也起始于此[④]。

近年来，伴随国内近代建筑史和工业遗产研究领域的研究工作的进展，关于中国近代工业遗产因其年代上的相对久远最先得到关注。如大运河遗产廊道的建设，江南造船厂、福建马尾造船工业、黄石大冶采矿与冶铁业、天津近代工业“永久黄”等的相关研究在逐步深入，对其史料的挖掘、整理，对之遗迹的评价与保护工作都在逐步展开。

作为中华人民共和国成立后建设的工业厂区在当前的“新造城运动”[⑤]中首当其冲，在“退二进三”的工业用地功能置换过程中，一些企业面临“关”“停”“并”“转”[⑥]，一些企业整体搬迁，势必在原有基址留存大量工业遗迹，这些工业留存中不乏具有重大历史价值的工业遗产，其中既包括单体，也存在工业遗产群，而对现代工业遗产认识的滞后造成了我国现代工业遗产保护的滞后，面对房地产开发的巨大利润，大量优秀的现代乃至当代工业遗产正在迅速消失。

特别是那些在第一个“五年计划”时建造的“156 项工程”，至今已走过半个多世纪，有的因效益不好，拖着沉重的经济包袱，面临着停产和转产；有的仍在运行，但生产工艺的要求已将内部的生产线、设备等进行了大规模的更新换代；还有些企业经营模式改变，部分车间已升级为分厂，独立

① 刘伯英．工业建筑遗产保护发展综述 [C]// 中国工业建筑遗产调查、研究与保护（2011 年中国第二届工业建筑遗产学术研讨会论文集），北京：清华大学出版社，2011：16. 关于“中国工业遗产时间分布划分的三个阶段”的论述。

② 李约瑟．中国科学技术史 [M]. 北京：科学出版社，2010.

③ 王海波．新中国工业经济史 [M]. 北京：经济管理出版社，1986.

④ 董志凯，吴江．新中国工业的奠基石——156 项建设研究（1950—2000），广州：广东经济出版社，2004：1.

⑤ 冯骥才．中国城市的再造——关于当前的新造城运动 [J]. 现代城市研究，2004（1）.

⑥ 企业“关闭、停办、合并、转产”的简称。中国优化工业结构、整顿企业的措施。实行关停并转的对象主要是下列企业：产品长期无销路的；原材料、能源无来源的；工艺技术落后、产品质量差、经营不善而长期亏损的；严重污染环境，无法治理或拒不治理的，等等。

运营，就原有的工业区规划的内在联系来看，新的经营模式带来了对原有厂区内在联系的打破等情况。这些都使得我国最早一批现代工业遗产进入了濒危境况。

洛阳，地处中原腹地，曾长期作为我国政治、经济、文化和交通的中心，建都时间长达 1500 多年，是中国建都最早、历时最长、建都朝代最多的城市，享有“千年帝都”的美誉,作为国家历史文化名城早已蜚声海内外。1949 年后，洛阳以“新兴工业城市”的定位成为河南省内首屈一指的工业基地，是第一批 8 个新兴重点工业城市之一[①]。“一五”时期的“156 项工程”有 6 个项目落户洛阳，并因此形成了一个集中规划、集中布局的新兴工业区——洛阳涧西工业区，涉及奠定中国工业基础的能源电力行业、机械制造行业和有色金属行业三大行业，其产品在中国工业、农业的发展与进步过程中发挥了重大作用，为中国的工业现代化、农业机械化作出了杰出贡献。其内部有严谨的居住、教育、商业、科研用地规划，至今保存有相对完整的城市肌理和风貌建筑。

① 董志凯，吴江 . 新中国工业的奠基石——156 项建设研究（1950—2000）. 广州：广东经济出版社，2004：233. 书中提到的 1953 年 12 月建筑工程部党组向中共中央提出的《关于城市建设的当前情况与今后意见报告》中确定的第一类有重要工业建设的新工业城市，包括太原、包头、兰州、西安、武汉、大同、成都和洛阳 8 座城市。

洛阳工业遗产保护问题亦聚焦了专家学者的关注。2007 年 11 月，涧西苏式建筑群被列为洛阳市第三批市级文物保护单位。2011 年 4 月，以洛阳第一拖拉机厂、洛阳有色金属加工厂等企业的厂房以及涧西区 2 号街坊、10 号街坊、11 号街坊等为代表的洛阳涧西工业遗产街被列入中国历史文化名街。成为入选的 30 条街道中唯一的工业遗产街。

随着城市的发展，这些企业同样面临着整体搬迁，用地置换等问题，城市的更新带来大面积“苏式”街坊的消失，一大批优秀的工业遗产急需得到保护，因此，关于中华人民共和国成立后的社会主义现代工业遗产研究任务紧迫，对于像洛阳这样至今风貌较为完整的“156 项工程”集中地更需要深入的调查记录，建立完整的评价保护机制和谨慎的改造利用。

第二节　国内外相关研究文献综述

一、当前国外关于工业遗产的研究发展概况

（一）英国工业遗产研究的发展状况

英国是世界上最早的工业化国家，也最先遇到资源型城市资源枯竭后的城市衰退问题。特别是第二次世界大战时期，英国本土曾遭到纳粹德国的飞机轰炸，当时许多的工业市镇和工厂成为废墟，如何挽救英国人引以为豪的工业革命时代的工业遗产，对城市和厂矿受到破坏的部分该如何处理，哪些该保留，

哪些该拆掉，如何进行合理的重建。为此，英国政府特地设立了一个机构——城乡规划部（Town & Country Planning）来解决遭到破坏的工业城市的重建和改造问题[①]。

1955 年英国伯明翰大学迈克尔·里克斯（Michael Rix）提出了“工业考古学”的概念，即将工业革命时期的机械与纪念物作为研究对象并辅以多学科的研究方法，这一概念的提出标志着工业遗产保护学科的诞生[②]。1998 年学者帕尔默 M·& P. 纳弗森（Palmer，M. & P. Neacerson）撰写出版了《工业考古学：原理和实践》，系统阐述了工业考古学的内涵，强调工业考古不同于一般出土文物的考古，而是对 250 年以来的工业革命与工业大发展时期物质性的工业遗迹和遗物的记录和保护[③]。

工业考古学的发展推动了人们对工业遗产的认知，1991 年英国伦敦工业考古学会决定建立国家标准，1993 年出版了《工业场址记录索引》（*Index Record for Industrial Sites*，简称 IRIS），1998 年该学会网站建立了以 IRIS 为标准的数据库[④]。同时，英国在工业遗产的认定工作方面也有十分详细的文件，在英国文化遗产认定体系中，与工业遗产的保护相关的两个体系是“在册古迹”和“登录建筑”，自 2007 年英国遗产局发布登录建筑分类标准中包括了工业遗产后，2011 年 4 月出版了“登录建筑”中的《工业建构筑物的认定导则》[⑤]（*Designation Listing Selection Guild*：*Industrial Structures*），2013 年 3 月又发布“在册古迹”中的《工业遗址认定导则》[⑥]（*Designation Scheduling Selection Guide*：*Industrial Sites*）。这些迄今成为全球范围工业建筑遗产指定工作最详细的文件。

在工业遗产的保护与再利用方面，英国政府与地方以博物馆和工业遗产旅游[⑦]的形式保护了大量的工业文物，如铁桥峡谷和泰特现代博物馆。

（二）德国工业遗产研究的发展状况

谈到德国工业遗产的保护与利用，人们首先想到著名的鲁尔工业区。德国在历史上是工业强国，其机械化的精密程度为世人称赞，20 世纪有著名的质量监督机构——德意志制造联盟为证。20 世纪 70 年代，德国进入“逆工业化”[⑧]时期。

对于文物古迹的保护，早在 1815 年就有《普鲁士国家文物古迹和纪念物保护的基本原则》，1823 年的《针对各种以破坏和丧失特征的纪念物的保护与修缮》对工业建筑遗产保护的具体做法作出了规定。到逆工业化时期，1973 年出台的《巴伐利亚州文物保护法》将慕尼黑老城区作为保护对象，实行建筑群整体保护制度，开创了新的建筑类工业遗产的保护模式，1975 年的《建筑遗产的欧洲宪章》为欧洲历史文物古迹和德国工业遗产保护提供

① 刘会远，李蕾蕾. 德国工业旅游与工业遗产保护 [M]. 北京：商务印书馆，2007：5.

② 季宏. 天津近代自主型工业遗产研究 [D]. 天津：天津大学，2011：4.

③ Palmer，M. & P. Neacerson. Industrial Archaeology：Principles and Practice. London & New York：Rutledge，1998：141.

④ 刘伯英. 工业建筑遗产保护发展综述 [C]// 中国工业建筑遗产调查、研究与保护（2011 年中国第二届工业建筑遗产学术研讨会论文集），北京：清华大学出版社，2011：1.

⑤ English Heritage. Designation Listing Selection Guild：Industrial Structures [EB/OL]. [2013.11.02].http：//www.english-heritage.org.uk/publications/dlsg-industrial/.

⑥ English Heritage. Designation Listing Selection Guild：Industrial Sites [EB/OL].[2013.11.02]. http：//www.english-heritage.org.uk/publications/1680327/.

⑦ 李蕾蕾. 逆工业化与工业遗产旅游开发：德国鲁尔区的实践过程与开发模式 [J]. 世界地理研究，2002（3）.“工业遗产旅游就是在废弃的工业旧址上，通过保护而发展起来的新的旅游形式。具体而言，就是在废弃的工业旧址上，通过保护和再利用原有的工业机器、生产设备、厂房建筑等，形成一种能够吸引现代人们了解工业文化和文明，同时具有独特风光、休闲和旅游功能的新方式。它属于广义的，还包括工厂观光的工业旅游。”

⑧ Blackaby，F.（ed.）. Deindustrialization. London：Heinemann，1979. 逆工业化：是指制造业工业企业国际竞争力连续下降，导致企业破产、倒闭，外迁、转产等工业衰退的情况，从而引发就业比重持续下降、城市衰落、污染等一系列社会问题。

了立法依据[①]。

在工业遗产的保护与再利用方面，以德国鲁尔区为代表的一系列工业遗存的保护成功的案例为工业遗产的再利用提供了探索的模式与途径——即博物馆模式：如位于埃森市（Essen）的关税同盟煤矿—焦化厂（Zollverein），同时作为被矿业博物馆和联合国教科文组织认定的世界文化遗产；公共游憩空间模式：如以杜伊斯堡市（Duisburg）蒂森（Thyssen）钢铁厂为改造对象的北杜伊斯堡景观公园;与购物相结合的综合开发模式，如由奥伯豪森（Oberhausen）铸铁厂改造成的奥伯豪森中心购物区（Centro）；以及区域一体化模式：即包含若干工业遗产景点、博物馆、工业聚落、工业废弃物改造景观、遗产公园等内容在内的工业遗产旅游线路（Route-industridkultur，简称 RI）[②]。

① 李艾芳，叶俊丰，孙颖．国内外工业遗产管理体制的比较研究[C]// 中国工业建筑遗产调查、研究与保护（2010年中国首届工业建筑遗产学术研讨会论文集），北京：清华大学出版社，2011：255.

② 刘会远，李蕾蕾．德国工业旅游与工业遗产保护[M]. 北京：商务印书馆，2007：12-20.

（三）日本工业遗产研究的发展状况

日本是东亚的工业遗产保护研究与实践的代表，在 20 世纪 70 年代后期开始认识到产业遗产（也有称产业土木遗产、近代化遗产）的重要性。日本产业遗产研究发展概况如表 1-1 所示。

日本产业遗产研究发展概况 　　　　**表 1-1**

发展阶段	代表人物/机构	主要工作	主要成果/时间	对工业遗产研究领域的影响
近代建筑技术史研究阶段	村松贞次郎	主要从事日本近代建筑研究	《日本近代建筑技术史》（1976 年）	书中认为工业建筑集中体现了建筑技术的最新成果，该研究开辟了日本工业遗产研究的先河
普查阶段	日本土木学会土木史委员会	1990 年开始“近代化遗产综合调查”；1993 年开始指定近代化遗产为重要文化遗产； 1993—1995 年进行了全国性近代土木遗产普查，判明全国有 7000 ~ 10000 件近代土木遗产； 1997 开始进行对近代土木遗产的评价工作	《日本近代土木遗产——现存 2800 件木建筑（修订版，2005）》	对日本近代产业遗产进行了大普查
工业遗产群的综合研究阶段	产业遗产活用委员会 西村幸夫	确定了 33 个近代产业遗产群，并对有助于地域活性化的近代产业遗产进行认定，授予认定证和执照	申请世界遗产“九州、山口近代化产业遗产群”报告（2009 年）	探索了从遗产群的角度对工业遗产进行综合评价

资料来源：徐苏斌．我国工业遗产保护与活化再生利用研究 [R]. 2015

日本工业遗产研究的特点是有组织、有步骤地进行基础信息收集工作，同时重视注重历史内在发展逻辑，以跨地域的遗产群为对象进行综合研究。

（四）关于工业遗产保护的国际公约

20 世纪下半叶，欧美国家相继进入后工业社会，自 1978 年国际工业遗产保护委员会（TICCIH）成立，工业遗产保护作为世界性问题越来越受到学界的关注。涉及工业遗产保护的国际公约如表 1-2 所示。

工业遗产保护的国际公约一览表 表 1-2

名称	时间（年）	地点	国际组织	主要内容	备注
《雅典宪章》	1933	雅典	国际现代建筑协会（CIAM）	避免古迹区交通拥挤道路穿越，改善附近居住环境	开始注意对古建筑（包括工业遗产）的保护
《国际古迹保护与修复宪章》（《威尼斯宪章》）	1964	威尼斯	国际文物建筑工作者协会	对文物建筑的地段环境、修复的原则，使用现代技术保护方式做了规定	提出了包括工业遗产在内的古迹的历史环境保护
《保护世界文化和自然遗产公约》	1972	巴黎	联合国教科文组织（UNESCO）	对古迹遗产进行鉴别，保护和干预。这也是工业遗产保护的纲领性文件	在世界范围内进行宣传，并对工业遗产进行统计
《马丘比丘宪章》	1977	利马	国际建协（UIA）	建议产业遗产保护应保护与发展相结合，赋予古建筑以新的生命力	扩充包括工业遗产等优秀建筑在内的文物内容
《佛罗伦萨宪章》	1981	佛罗伦萨	国际古迹遗址理事会（ICOMOS）	强调产业遗产维护、保护、修复、重建的法律及行政措施	为工业遗产保护的法律及行政措施提供依据
《下塔吉尔宪章》	2003	下塔吉尔	国际工业遗产保护委员会（TICCIH）	提出了涉及工业遗产保护的一系列原则、方法和规范的指导性意见	该宪章是迄今为止工业遗产保护领域最为重要的国际宪章

资料来源：中国国家文物局等 . 国际文化遗产保护文件选编 [M]. 北京：文物出版社，2007

二、当前国内工业遗产学术领域的研究发展概况

近年来，工业遗产领域内研究不断拓展，从文献数量到文献质量都有了很大的提升，主体内容范围涵盖了工业遗产保护、改造与再利用、工业遗产旅游开发以及国外相关经验的借鉴，深度上涉及了遗产的调查与记录，价值评价的标准与方法，保护与再利用的分级与方法，修缮、保护的相关技术手段，工业遗产的保护立法制度建设，文创产业与工业遗产的关系等。

一年一届的中国工业建筑遗产学术讨论会也极大地促进了工业遗产领域的学术进展，各界学者每年拿出数量丰富的论文与研究成果参会分享。还在推动工业遗产的多学科共同研究，以及在推行具有普遍工业遗产价值评估标准导则的工作中作出了贡献。

三、当前关于中国现代工业遗产的研究概况

(一)当前关于“156项工程”工业遗产的相关研究

伴随国内工业遗产研究工作的逐步展开，20世纪中国现代工业遗产进入人们的视野中，而现代工业遗产的发端即是著名的苏联援建的“156项工程”。截至2015年10月在中国知网上键入“156”“156项”及“156项工程”和“一五”时期关键词并人工筛选后得到，明确以“156项工程”及所在城市、建筑为研究对象的共50余篇相关论文。其中有20余篇主要是针对“156项工程”的建设背景、行业分布、经济投资、苏联援建的技术援助以及中苏关系等方面的社会史和通史的研究，部分涉及技术史和科技进步的论述，如表1-3所示。

CNKI关于“156项工程”相关研究文献列表　　表1-3

序号	作者	题名	涉及“156项工程”的主题内容	所属范畴	发表刊物	发表时间
1	王奇	“156项工程”与20世纪50年代中苏关系评析	“156项目”历史梳理和中苏关系研究	人文社会科学，通史研究	当代中国史研究	2003.03
2	唐日梅	“156项工程”与中国工业化	“156项目”带来的中国工业进步	工业史	党史纵横	2009.11
3	宋凯扬	“156项工程”中苏友谊史上的重要一页	中苏关系	通史	党史文汇	1995.01
4	董志凯	中国装备工业的起步“156项”中的装备工业	“156项目”中装备工业的历史	工业史	中国装备	2008.11
5	董志凯	“一五”计划与“156项”建设投资	“156项工程”投资与产出	工业经济史	中国投资	2008.01
6	王春	“一五”计划中的“156项”重点建设项目	“156项工程”辉煌历史概述(高中历史教育)	通史	历史学习	2004.09
7	孙国梁 孙玉霞	“一五”期间苏联援建“156项工程”探析	“156项工程”酝酿、布局及建设经验与历史地位	工业史	石家庄学院学报	2005.09
8	唐艳艳	“一五”时期“156项工程”的工业化效应分析	以经济数据说明“156项工程”的社会贡献	经济史	湖北社会科学	2008.08
9	储峰	苏联对中国国防科技工业的援建1949—1960	国防工业科技进步史	科技史，中苏关系	冷战国际史研究	2007.00
10	张久春	20世纪50年代工业建设“156项工程”研究	“156项目”的行业构成、地区分布与历史地位	通史	工程研究一跨学科视野中的工程	2009.03
11	董志凯	20世纪50年代基本建设投资的前提和结构	“156项目”建设的国情背景与投资分布比重	经济史	当代中国史研究	2005.11
12	张柏春 张久春	苏联援华工程与技术转移	苏联对华技术援助	通史，科技进步史	工程研究一跨学科视野中的工程	—

续表

序号	作者	题名	涉及“156项工程”的主题内容	所属范畴	发表刊物	发表时间
13	张培富	“156项工程”与20世纪50年代中国的科技发展	“156工程”中中苏科技引进与进步	科技进步史	长沙理工学院学报（社科版）	2011.03
14	孙顺太	“156项工程”与“三线建设”比较研究	空间分布与建设资源及后效的对比	通史	大理学院学报	2011.05
15	张松 李俐	“一五”计划中苏联援建的重工业项目	“156项目”历史概述	通史	历史学习	2005.03
16	邹晓涓	1949—1957年中国产业结构转换的历史考察	“一五”时期我国产业结构转换	经济史	湖北经济学院学报	2008.03
17	张翼鹏	1954年苏联对华援助15项工业企业项目之缘起问题的再探讨	关于“156项工程”中增补项目的通史详解	通史，政治经济，中苏关系	党史研究与教学	2012.06
18	刘伯英	北京工业建筑遗产现状与特点研究	“156项目”工业遗产调查研究	工业遗产保护与再利用	北京规划建设	2011.01
19	—	中华人民共和国成立初期“156项”建设工程文献选载	文件汇编	—	党的文献	1999.05

不少学者针对“156项工程”集中分布的地区和城市开展了相关研究，如何一民在《156项工程与新中国工业城市发展1949—1957年》着重论述了156项工程在全国城市的集中分布情况和因工业项目建设而引发的中国城市功能的变化。王凯在《50年来我国城镇空间结构的四次转变》中总结了中华人民共和国成立后50年内城市空间结构的变化，其中有对“156项工程”中集中建设城市分布情况的列举。彭秀涛、荣志刚在《“一五”计划时期工业区规划布局回顾》一文中归纳总结了“156项工程”扩建、新建城市规划布局的模式。李百浩、彭秀涛、黄立在《中国现代新兴工业城市的历史研究——以苏联援建的156项工程建设为中心》总结了“156项工程”集中建设的我国现代城市的规划布局模式，并做了典型城市的对比研究。

在工业遗产研究领域，近些年来也有一些学者开始了关于“156”相关项目的研究。主要集中于当时“156项工程”的集中建设城市，如哈尔滨、沈阳、北京、西安、太原、兰州、武汉、重庆等地。

如谢堃、崔玲玲《“一五”时期太原工业建筑初探》，孟燕《太原第一热电厂重点建筑测绘与研究》是针对太原“156项工程”的考察和典型案例研究。刘伯英《北京工业建筑遗产现状与特点研究》涉及北京部分“156项工程”的摸底与考察。戴海燕《兰州市工业遗产的现状与保护情况概述》针对兰州的156项工业遗产进行了现状和保护的述评。

东北是我国的老工业基地，哈尔滨、沈阳、长春是“156项工程”的集中建设城市，关于东北地区的相关研究也有不少。如刘春雪关于哈尔滨的《哈尔滨三大动力工业遗存研究》，姜振寰《东北老工业基地改造中的工业遗产保护与利用问题》，韩福文、佟玉权《东北地区工业遗产保护与旅游利用》，韩福文、何军、王猛《城市遗产与整体意象保护模式研究——以老工业城市沈阳为例》，哈静、陈伯超《基于整体涌现性理论的沈阳市工业遗产保护》是对沈阳铁西区现代工业遗产的综合研究成果。

肖轶、任云英《西安"一五时期"工业布局模式解析》对西安作为"156项工程"重要建设城市的工业布局进行了深入剖析，陈洋、王西京等《西安工业建筑遗产保护与再利用》是以大华纱厂为例探索了西安现代工业遗产的保护与再利用，王铁铭的《"156工程"背景下西安"电工城"现代工业遗产价值分析及保护再利用研究》对西安"156项工程"进行了历史梳理，深入剖析了西安现代工业遗产的价值，探索了西安现代工业厂区的改造与再利用方法。

重庆大学的李和平、张毅、许东风等就重庆的近现代工业遗产进行了考察、分期和摸底，并对其进行了改造再利用的探索的系统研究。详见如《与城市发展共融——重庆市工业遗产的保护与利用探索》《重庆工业遗产的价值评价与保护利用梯度研究》《重庆市工业遗产的构成与特征》《重庆工业遗产保护与城市振兴》等。

柳婕《工业区住宅环境改造设计初探——以武汉市青山"红钢城"第八、九街坊为例》探讨了武汉"156工程"项目附属生活区的保护问题。

（二）当前关于洛阳工业遗产的相关研究

洛阳是8个因"156项工程"而出现的中国新兴工业城市之一，有6项重点工程落户洛阳，因此洛阳工业遗产保护问题日益聚焦了专家学者的关注。但目前的研究尚属于起步阶段。

马燕、柏程豫、曹希强在《河南省工业遗产保护与再利用刍议》一文中提及了洛阳涧西工业区的空间布局特点，丁一平的博士论文《1953—1966工业移民与洛阳城市的社会变迁》深入研究了洛阳"156项工程"工业移民的社会史，杨晋毅的《中国新兴工业区语言状态研究（中原区）》对因"156项工程"移民洛阳形成的工业区内部语言状况进行了探究。

杨晋毅、杨茹萍《"一五"时期156项目工业建筑遗产保护研究》第一次以洛阳"156项工程"工业遗产为研究对象，推进了对其的遗产化认知的研究；马春梅、余杰《洛阳新型文化遗产调查与保护思考》是从文物普查的角度对洛阳现存较为完好的"156项工程"工厂、住宅街坊进行了保存现状的阐述；孙艳、乔峰《历史文化名城保护框架下的洛阳工业建筑遗产保护和再利用》从宏观层面上将涧西工业遗产列入历史文化名城保护框架之下；袁友胜、陈颖《洛阳“一五”工业住区价值认定》开展了关于洛阳现代工业遗产附属住宅区的价值评价探索。对于洛阳“156项工程”直接相关的文献仅限于此。

近年来还有一些关于洛阳城市发展、非“156项工程”工业遗址的相关研究，如鲍茜、徐刚的《基于大遗址保护的工业遗产保护利用探索——以洛阳玻璃厂为例》是在对洛阳玻璃厂进行了实地调研后进行的再利用探索。

笔者在天津大学博士就读期间，师从徐苏斌教授，开展对洛阳“156项工程”工业遗产的研究，发表了一些相关的文章，如《以洛阳为例谈滨水人居与棕地划定——城市规划棕线的提出》《洛阳涧西工业区工业遗产整体保护的理论框架建构初探》《洛阳“一五”时期苏式住宅街坊考察与改造探索》《从工业遗产到城市遗产——洛阳156时期工业遗产物质构成分析》等。

综上，目前关于我国“156项工程”现代工业遗产的研究才刚刚起步，一方面缺乏对“156项工程”聚集地重点城市工业遗产的综合性研究，另一方面在推进我国工业遗产的遗产化认知过程中，缺乏对于厂区、生产线、附属设施、科教文研等具体类别的深入研究。对于洛阳的研究目前也较零星，缺乏整体性和系统性的深入挖掘，这也是本书的目标之一，即填补这一空白。

第三节　研究的目标、意义

一、研究目标

近年来，工业遗产在国内受到了广泛的关注。越来越多的工业遗产得到了其应有的保护，从地方政府、学界到设计界都在不断探索如何适度地开发工业遗产，如何合理地利用旧有工业建筑以及如何“活态”地保护这些城市文化特色。

对于1949年后第一个“五年计划”内建设的工业项目，“156项工程”是我国现代工业的开端和奠基，它特有的时代特色、历史价值、社会文化价值与科技价值尚待进一步认识和挖掘；而在百年中国近现代史的研究中，这些现代建筑文化遗产因其年代相对尚新，在历来以年代来衡量文物价值的研究惯性中显得分量不足，而那些内部的生产工艺、积极设备更显得无足轻重，这些在城市更新改造的大浪潮中更是岌岌可危。

本书选择洛阳“156项工程”作为研究对象，就是要以中国“一五”时期的典型新兴工业城市为代表，探究中国现代工业遗产的保护与利用。本书的主要目标有以下几点：

（1）通过文献和史料的整理与对比，厘清作为中国“156项工程”时期新兴工业城市洛阳从选址、规划到建设的历史，研究城市规划史上著名的“洛阳模式”的内涵。

（2）通过文献、史料及现场调研，梳理集中选址洛阳的6个“156项工程”的建设历史。

（3）以切片的方式，研究洛阳“156项工程”时期工业遗产的物质构成与非物质构成要素，并通过典型实例进行深入剖析。

（4）借助徐苏斌教授国家社科重大课题研究的平台和成果，建立我国工业遗产价值评价体系的导则，并首次应用于洛阳“156项工程”工业遗产的评价，深度发掘洛阳工业遗产的本体价值，以期为国内后续相关研究提供案例与范本努力。

（5）通过对洛阳工业区生存现状的考察，探讨工业遗产保护困境的内在原因，探索洛阳现代工业遗产未来活态保护利用策略。

二、研究意义

1949年后，洛阳以“新兴工业城市”的定位成为河南省内首屈一指的工业基地。“一五”期间，国家的“156项工程”有6项落户洛阳，在一片农田上集中布局，集中规划了新兴的工业区——涧西工业区，现存较为完整，堪称中国“156项工程”工业集中地的典型代表。

洛阳涧西工业区因其特殊的形成背景和规划模式，城市格局和城市肌理表现出高度的计划性和如一性。洛阳涧西工业区是一个整体，从城市格局到单体建筑，有着深层的和历史的联系，既包括物质层面的，譬如城市形态、城市肌理、历史风貌的建筑、景观等，也包括非物质层面的如社会联系、工业情感、内在语言、历史记忆等。因此，有必要建立整体的、系统的保护框架。近年来，城市高速发展，在狭隘的房地产经济利益驱动下，到处大拆大建，工业遗产的保护迫在眉睫。

目前，洛阳工业遗产的相关研究几近空白，这对后续的保护与利用都极为不利，本书的研究主要有以下两方面的意义：

（一）理论意义

以洛阳156时期工业遗产为例，对洛阳作为中国新兴工业城市的研究，对其内部工业遗产构成的研究以及对工业遗产的价值评价的探索都是首次的，既往研究中没有系统的论述洛阳156时期工业遗产的论文论著，因此，该研究填补了对洛阳 156 工业遗产系统研究的空白。

同时，在我国现代工业遗产的研究领域，当前对我国现代工业遗产的研究在广度与深度上明显不足，以洛阳 156 时期工业遗产为例，深入探索我国现代工业遗产和遗产群的构成，研究其评价体系与方法，也将在一定程度上弥补了该领域当前研究的不足。

（二）实践意义

如前所述，目前关于洛阳 156 时期工业遗产的基础性工作尚属空白，尽管在历史文化名街评选中，洛阳涧西工业遗产一条街入选，但对于洛阳涧西工业区工业遗产群的认知远远不足，本书首先对洛阳涧西区 156 时期遗存工业遗产进行了普查，并从城市遗产的角度分析其价值，这项工作势必为洛阳市城市文化遗产的研究与保护工作提供基础工作。

本书属于徐苏斌教授国家社会科学重大项目《我国近现代城市工业遗产保护与再利用体系研究》课题的组成部分，且是课题中天津、福州、洛阳三个试点城市中唯一的现代工业遗产聚集地，作为中国工业遗产的典范，洛阳工业遗产的研究具有较高的典型性，可以为我国现代工业遗产的研究奠定基础，也可为全面深入我国现代工业遗产研究领域提供参考。

三、研究方法

（1）文献法：主要是搜集、鉴别、整理文献，并通过对文献的研究形成对事实的科学认识的方法。着重收集与洛阳工业有关的文献、图纸、照片等，对这些文献进行阅读、选择、考证、整编，使之形成一定系统。

（2）实地调研法：对洛阳涧西区的工业遗存进行实地考察，通过实地调查、测绘，补充文献资料的不足。

（3）比较分析法：洛阳的工业发展处于中国整体计划之下，与“156 项工程”所在的其他城市势必有相似之处，但也有其独特的特点，通过与中国其他城市的工业遗产进行比较研究，了解其异同，以便更好地把握洛阳工业遗产的特点。

（4）问卷调查法：主要针对工业遗产的价值评估问题在学者专家中展开调研，选用科学的问卷调查方法，采集价值评估的相关意见，总结出目前相对公允的价值评估办法与体系。

（5）案例分析法：通过对洛阳工业遗产具体建筑与景观的再利用设计实践，探讨工业遗产的再利用模式。

第四节　研究内容、研究框架及创新点

一、研究的对象与研究内容

本研究以洛阳涧西区的工业遗存为研究对象，时间范围界定在“一五”期间“156 项工程”建设时期，具体涉及洛阳热电厂、洛阳滚珠轴承厂、洛阳第一拖拉机厂、洛阳矿山机器厂、河南柴油机厂、洛阳有色金属加工厂，对象范围不仅包括工业建筑，还包括与该区一起规划建造的住宅区、道路、文教科研建筑等。内容涉及历史研究、现状分析、价值评估、改造利用等方面。

二、研究内容及框架

本书共分为四大部分，七个章节：第一部分是关于中国“156 项工程”选址洛阳及洛阳作为新兴工业城市的规划与建设历史的研究（第二章）；第二部分（第三、四章）首先从六个重点工业项目的建设史入手，纵向梳理洛阳 156 时期工业遗产的脉络，之后通过切片的方式，横向研究其工业遗产的物质构成和非物质构成，并通过典型实例进行说明；第三部分（第五章），运用徐苏斌教授国家社科重大项目《我国近现代城市工业遗产保护与再利用体系研究》的阶段性成果——《中国工业遗产价值评价导则（试行）》对洛阳 156 时期的工业遗产群进行评价，探索同时作为工业遗产、工业遗产群和城市遗产的我国现代工业遗产的价值评估模式，考察遗产现存状况，分析保护与再利用的困境；第四部分（第六章），通过对比国内外工业遗产的保护与再利用方法与模式，探索洛阳 156 时期工业遗产的“活化”。详见图 1–1 所示。

三、创新点

本书试图深入探析洛阳涧西工业区工业遗产的分类构成，从城市的角度分析洛阳工业遗产的特点，借助工业遗产群的概念，提出整体性的、建筑景观相结合的遗产保护建议。

首次系统地研究了洛阳的“156 项工程”工业遗产，它是中华人民共和国成立之初现代工业发端的典型代表，更是社会主义建设初期国家大规模新建规划的典型，包括对其历史的挖掘和当前现状的普查以及遗产构成的深入剖析，填补了我国目前对 156 现代工业遗产集中城市综合性研究的空白与不足。

首次运用徐苏斌教授国家社科重大项目《我国近现代城市工业遗产保护与再利用体系研究》的成果之一——《中国工业遗产价值评价导则（试行）》对

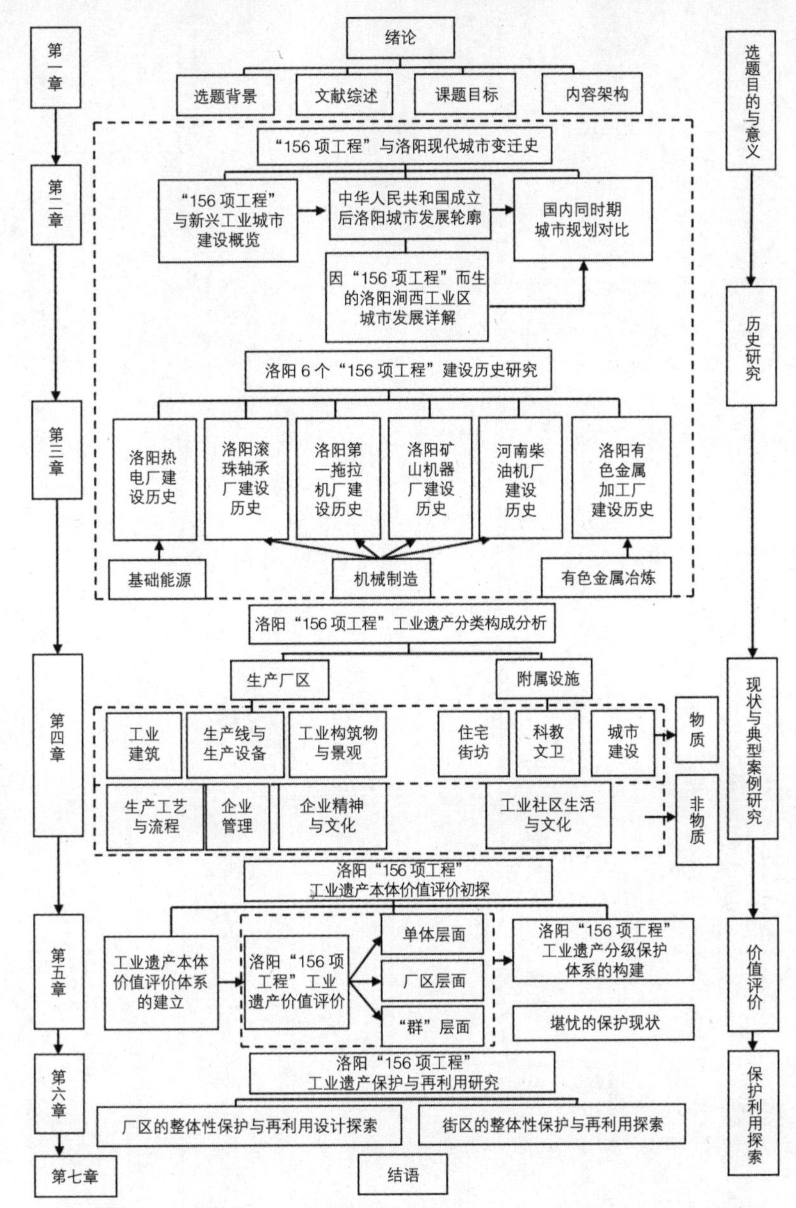

图 1-1 研究内容及框架图

洛阳 156 时期的工业遗产群进行整体的价值评估，其中包含两个层次的内容，一个是以洛阳 156 项工业遗产为例探索我国现代工业遗产的评价方法，另一个是既要对工业遗产的单体建筑进行评价，更要从"遗产系列"[①]和"遗产群"[②]的角度进行分析，从城市遗产保护和城市文化构建的角度，研究其完整性与"群"[③]的突出价值。

以洛阳 156 工业区为例，从工业遗产保护的现实层面出发，比较理论研究结果与保护现状之间的差异，调查民众对工业遗产认知的水平与实际生存状况，探寻我国现代工业遗产保护中的一系列社会问题，同时进行相关的保护与再利用探索。

① 世界遗产登录纪念．明治日本的产业革命遗产，SAKURA MOOK17[J]. 东京：笠仓出版社，2015.

② 同上。

③ 此处为简写，出处同上。

第二章 “156项工程”与洛阳城市变迁历史

第一节 “156项工程”工业与城市建设背景

一、“156项工程”工业建设的大背景

（一）中华人民共和国成立之初国内工业的起点

中国历史悠久，是著名的四大文明古国之一。上下五千年的文明史一直建立于农业基础上。直到清代末期，农业仍是支撑着泱泱大国综合国力的支柱产业，虽然经济总量排名世界前列，但人均水平已远远低于欧美国家[①]。对比欧洲，早在17世纪40年代英国就开始了工业技术革新，继而蔓延至整个欧洲大陆。1840年鸦片战争的爆发，充分暴露了我国近代工业发展的落后状况。

作为近代化国家[②]，中国近代工业起步比世界主要资本主义国家晚了将近100年，且以手工生产为主，在结构上多集中在手工制造业、采矿冶炼和化工工业，多数分布于沿海、沿江开埠较早的城市和地区。如表2-1所示，农业产值分别占据了当时国民生产总值的56.6%和56.5%。起步晚、规模小、产业结构不合理、地域分布不均衡是中国近代工业发展的主要特征[③]。

第二次世界大战期间，中国是对日作战的主要战场，加之三年解放战争，国民生产更是受到严重破坏[④]，1949年较之1936年，工业总产值下降了约50%。工业结构严重失衡，轻工业比重是重工业的2.4倍，电力、能源、钢铁、机械制造业水平严重低下，经济技术装备陈旧落后也导致了国防力量的薄弱。表2-2所示为中国1949年工农业结构。

1920年、1936年中国总产值构成估计　　表2-1

产业结构＼产值年代	1920年			1936年	
	产值（万元）			产值（万元）	
农业	粮食作物	652980	1049494	867476	1450560
	经济作物	165530		263786	
	园艺及林牧渔业	230984		319244	

① August Maddison. Chinese Economic Performance in the Long Run，Development Centre of the Organization for CO-operation and Development，1998，TableC-1。文中陈述了相关的经济测算，即1820年中国与世界各国的经济总量和人均GDP的对比，数据显示1820年当年全世界经济总量为7150亿美元，中国的GDP为2190亿美元，居世界第一位，远超欧洲、美国、日本和印度，但人均GDP却仅为欧洲（不包括俄国和土耳其）的51%，美国的44%，日本的82%，与印度持平。

② 杨秉德．中国近代中西建筑文化交融史——中国建筑文化研究文库[M]．武汉：湖北教育出版社，2003：3．文中指出，人类文明史的近代化过程始于西欧，然后扩展到北美与欧洲其他地区，再扩展到整个世界。有两种类型，一种是原生形态的近代化过程，如英国、美国、法国等，是经由社会内部创新形成的采取渐进的社会演进方式，通常历经漫长岁月的积累；另一种是诱发型的近代化过程，通过与已实现近代化的国家接触，借鉴、效法其经验，在外部世界的冲击和国际社会环境影响下导致激变，短时间内完成的近代化过程，中国即属于后者。

③ 许涤新，吴承明．中国资本主义发展史第三卷[M]．北京：社会科学文献出版社，2007：739-740.

④ 中央档案馆等．1949—1952中华人民共和国经济档案资料选编（综合卷）[M]．北京：中国社会科学出版社，1994：40-46．阐述了日本侵华期间日本帝国主义的“原料中国、工业日本”的政策和帝国主义侵略对中国经济的重创。

续表

产值年代 / 产业结构	1920 年			1936 年	
	产值（万元）			产值（万元）	
工业	手工制造业	626059	743396	640629	973474
	近代化工厂制造业	88287		283073	
	矿冶业	29050		49645	
交通运输业	含铁路、汽车、船、航空、人畜力运输及邮政通信	60937	60937	141659	141659

资料来源：许涤新，吴承明．中国资本主义发展史第三卷 [M]. 北京：社会科学文献出版社，2007：739-740

1949 年中国的工农业结构 **表 2-2**

产业结构 / 产值比	农业	工业		
		总额	轻工业	重工业
产值（亿元）	245	45	32	13
比重（%）	84.5	15.5	11.0	4.5

资料来源：马洪，孙尚清．中国经济结构问题研究 [M]. 北京：人民出版社，1981

由此可以得知，中华人民共和国成立之初，国家工业基础极其薄弱，产业结构严重失衡，既无体系亦无规模。

（二）工业化进步的基石——“156 项工程”建设

面对一穷二白的工业基础，1953—1957 年，中国实施了第一个五年计划，即“一五”时期。在这一时期，能源、电力、机械制造、原材料等重工业领域取得了丰硕的成果，初步建立了独立自主的工业体系，是中国工业现代化的奠基阶段①。

具体来说，“156 项工程”是指中华人民共和国成立初期，在苏联经济援助与技术帮助下中国建设的 156 项工业项目。由苏联政府给予中国 3 亿美元的优惠贷款，同时帮助中国新建和改建 50 个工业企业；1954 年 10 月，以赫鲁晓夫为首的苏联政府代表团应邀参加中华人民共和国成立 5 周年庆典，再次签订给予中国 5.2 亿卢布长期贷款和帮助中国新建 15 项中国工业企业的协定，至此，中苏双方三次共签订了 156 项援建项目②，被称为“156 项工程”。

这些企业的建设与改建，苏联方面负责完成各项设计工作、设备供应，在施工过程中给予技术援助，帮助培养这些企业所需的中国干部，并提交组织生产所需的制造特许权和资料。中国政府则在现有企业中组织生产一部分配套用的和辅助性的半成品、成品和材料。这种半成品、成品和材料的清单及其技术

① 董志凯，吴江．新中国工业的奠基石——156 项建设研究（1950—2000）[M]. 广州：广东经济出版社，2004：1.

② 周鸿．中华人民共和国国史通鉴第一卷第 1 册 [M]. 北京：当代中国出版社，554. 1955 年中苏双方商定再增加 16 项，后来又口头商定再增加 2 项，总共应为 174 项工程，但由于“一五”期间先期公布了 156 个重大项目，人们印象深刻，故统称为“156 项工程”。

规格，以及有关安排其生产的建议，在批准初步设计后由苏联提交。苏联协助这些部门完成其所承担的上述企业的技术设计与施工图的 20%~30% 的设计工作。苏联提供上述企业所需的按价值计 50%~70% 的设备，其余设备由中国制造。苏联派专家到中国提供技术资料，并对组织生产提出建议，同时苏联对产品的制造特许权为无偿提供[①]。这些企业包括了钢铁、有色金属冶炼、煤炭采矿、石油冶炼、机器制造、化工、火力发电、医药、食品（淀粉）、造船和军工。从立项到实施，历经十余年，落实建成了 150 项工程[②]（见附录二‘156 项’中正式施工的项目列表）。

1950—1959 年，是西方资本主义国家对我国实施严密经济封锁的十年，通过“156 项工程”，中国突破了外部封锁的严峻环境，从苏联引进资金、技术和设备，在短短 10 年内使中国落后工业发达国家近一个世纪的工业技术水平迅速提升到 20 世纪 40 年代的水平。[③]

① 《关于苏维埃社会主义共和国联盟政府援助中华人民共和国中央人民政府发展中国国民经济的协定》（莫斯科）1953 年 5 月 15 日。

② 顾卓新 . 关于苏联援助我国的成套项目问题的报告 [R].1960. 到 1960 年，苏联政府单方面撤走在华全部苏联专家，撕毁了几百个合同与协议。1953 年前确定了 50 项，1953 年 5 月 15 日协议确定了 91 项，到 1955 年零星确定的有 39 项，调整撤销后实际为 142 项，1956 年后又协定项目 196 个，调整撤销后为 162 个。在 304 个项目中，按照合同在 1961 年以后由苏联交付设备的项目共 150 个。1960 年内还有 28 个，共 178 个项目。

③ 陈夕 .156 项工程与中国工业的现代化 [J]. 党的文献，1999（5）.

（三）156 项工程建设的行业分布和空间分布

早在国民经济恢复时期，中央各个工业部门就开展了全国范围内的地形踏勘、厂址择定的工作。工业项目的选址需综合考虑行业、企业配套，轻重工业平衡，原材料、供水、供电、运输、工人人口来源、职工生活配套设施等因素。到 1953 年 10 月，已有 79 个项目有了初步的厂址选定。到 1954 年，在厂址选择的基础上，国家计委先后批准了“一五”计划 694 项建设项目的厂址方案，这些项目 65% 分布在京广铁路以西的 45 个城市和 61 个工人镇；35% 分布在京广铁路以东及东北地区的 46 个城市和 55 个工人镇，为中国城市特别是内地城市的建设发展奠定了基础。

“156 项工程”极大地改善了中国工业时空分布不均衡的现象，建成的 150 项工程结合矿产资源优势，以及军事国防隐蔽[④]要求广泛地分布于东北、华北、西北、华中、西南等 17 个省、市、自治区，涵盖了几乎全部重要的工业行业，对中国工业的发展起了无法估量的重要作用，奠定了中国现代工业的基础，是中国现代工业开创性的起点。

④ 张久春 . 20 世纪 50 年代工业建设“156 项工程”研究 [J]. 工程研究—跨学科视野中的工程，2009（3）：213-222.

产业构成结构更多地发展了重工业，以平衡原有以农业为主的产业结构模式，以及工业内部轻重工业比例失衡的情况。在重工业的规划建设方面，集中资源与力量打造基础建设，重点发展能源、工业原材料、机械制造、国防军工等行业，如图 2-1 所示。

从城市分布来看，建成项目分布于 17 个省、市、自治区，从图 2-2 中可以看出，拥有超过 4 项“156 项工程”的城市，大致可分为具备近代工业基础的续建、改扩建的项目和完全新建项目两种，而新建工业项目又多集中于省会

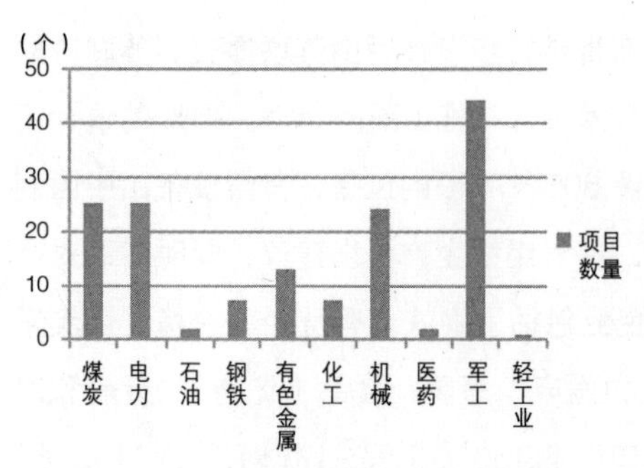

图 2-1 “156 项工程”建成项目行业分布构成

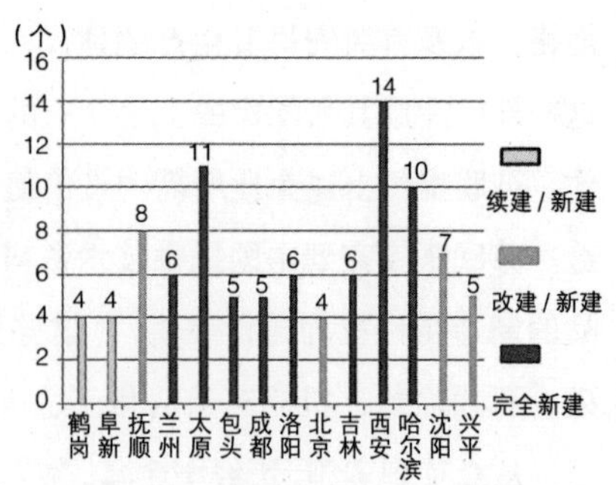

图 2-2 “156 项工程”分布较为集中的城市及工程数量对比

城市[1]，体现了初期阶段重点建设工业城市的建设方针[2]。

二、“一五”时期新兴工业城市建设概览

1954 年 6 月建筑工程部第一次城市建设会议确定了首都北京的特殊重要位置，并对全国的其他城市进行了分类，如表 2-3 所示。

我国“一五”时期城市发展类别　　表 2-3

类别	名称	城市	建设方针
第一类	有重要工业建设的新工业城市	太原、包头（新区）、兰州、西安、武汉、成都、洛阳（涧西区）	原有公用事业基础十分薄弱，安排较多的大型工业企业，急促城市建设与之配套，采取重点建设的城市建设方针
第二类	扩建城市	鞍山、沈阳、吉林、长春、哈尔滨、抚顺、富拉尔基、石家庄、上海、重庆、广州、郑州、株洲、青岛、本溪、邯郸、湛江、天津、佳木斯、鹤岗、大连、天津等	尽量利用旧市区，并在扩建中与局部改建相结合，为新工业区服务
第三类	可以局部扩建的城市	南京、济南、杭州、昆明、唐山、长沙、南昌、贵阳、南宁、呼和浩特、张家口、西宁、银川、宝鸡等	市内建了新工厂，但项目不多，随国家工业建设的开展，可以局部地进行改建或扩建，城市设施着重进行维修养护，加强城市管理工作
第四类	一般中小城市		“一五”时期没有安排限额以上的工业项目，城市建设基本是进行维护工作

资料来源：关于城市建设的当前情况与今后的意见报告（1953 年 12 月建工部党组）及 1954 年 6 月建筑工程部第一次城市建设会议。

对比“156 项工程”集中分布的城市，可以得知依托“156 项工程”诞生的新兴重要工业城市主要有省会城市太原、兰州、西安、成都和非省会城市洛阳、包头 6 座城市，其中西安、洛阳是著名的历史文化名城和古都。

① 董志凯，吴江．新中国工业的奠基石——156 项建设研究（1950—2000）[M]. 广州：广东经济出版社，2004：216.“156 项目”中有 91 项集中在北京、太原、西安、兰州、包头、成都、沈阳、吉林、哈尔滨、富拉尔基等 15 个重点城市中。因为企业的设计与建设都和城市的基础设施建设有着密切关系，必须统一考虑供电、供水、排水、铁路、住宅区及其他公共事业的建设，城市建设首先得规划，也必须考虑各个企业的具体要求，以避免和减少返工、浪费和建设上长期不合理的现象。

②《关于城市建设的当前情况与今后意见的报告》（1953 年 12 月建工部党组）及 1954 年 6 月建筑工程部第一次城市建设会议。会议明确了城市建设的目标是建设社会主义的城市，必须贯彻国家过渡时期的总路线和总任务，为国家社会主义工业化、为生产、为劳动人民服务。并按照国家统一的经济计划，建设的地点和速度，采取与工业建设相适应的“重点建设，稳步前进”的方针。会议认为，城市建设的物质基础主要是工业，城市建设速度必须由工业建设速度来决定，一下子想把全国所有城市都改造成社会主义新城市是不可能的。“一五”时期，城市建设必须集中力量，确保国家工业建设的中心项目所在的重点工业城市的建设，以保证这些重要工业建设的顺利完成；在一个重点工业城市内，也应集中力量于工业区及配合工业建设与生产的主要工程项目上面，才不会损失国家优先给予的资金与延误工业建设的工期。

三、“一五”时期典型新兴工业城市规划概览

“一五”时期，中国新兴的工业城市基本上都是在苏联城市规划的模式指导下进行的，这是由我国在这一时期“一边倒”的政治外交格局所决定的[①]。

① 毛泽东．毛泽东选集——第四卷[M]．北京：人民出版社，1991：1472-1475．“积(孙中山)四十年和(共产党)二十八年的经验，中国不是倒向帝国主义一边，就是倒向社会主义一边，绝无例外。骑墙是不行的，第三条路是没有的。”

城市规划方面的“苏联模式”的主要特点是以一个或多个大型的生产基地为基础建立起来的新兴工业城市。苏联的陶里亚蒂、采思是生产汽车的城市，安吉尔斯克和新波罗斯克是石油化工城。作为全世界第一个社会主义国家，“五年计划”是其重要的发展经验，苏联政府在战后集中国家力量，计划分配国家资源，详细制定编排发展规划，在几个“五年计划”的实施完成后，苏联迅速提高了本国的工业化水平和城市化水平。

中国在1949年后一段时期所实施的经济政策，基本脱胎于苏联上述模式，“一五”时期是中国城市规划的起步阶段，城市规划思想基本上缘于苏联城市规划的模式开展[②]。“一五”时期重点建设的8个新兴工业城市是这一时期规划模式的典型代表。

② 邹德慈等．新中国城市规划发展史研究——总报告即大事记[M]．北京：中国建筑工业出版社，2014：25．苏联城市规划的重要特征是在于一个高度集中的计划经济体制与一个高度集权的行政命令体制的相结合。这样特殊的体制，形成了有关城市发展的基本理论，从苏联城市化发展的特点来看，鲜明地表现为以一个或多个大型生产基地为基础建立起来的新型工业城市。

(一)“156项目”在西安的规划

西安市是陕西省会，著名的古都。20世纪50年代西安市区人口39.7万人，有一座4000kW的发电厂和一些规模很小的纺织厂、面粉厂、火柴厂和机械厂，市区面积约14km^2，街道多为土路，饮水为土井，有一些极为简陋的排水设施[③]，作为现代都市的基础设施建设基本为零。

③《当代中国》丛书编辑委员会．当代中国的城市建设[M]．北京：中国社会科学出版社，1990：456.

“156项工程”有17项落户西安，是“一五”时期分布最多的城市。1953年9月，领导指示，由国家城市建设总局抽调干部、技术人员和前线百余人共同组成了西安城市规划组，结合工业项目的选址，在苏联专家穆欣、巴拉金等的具体指导下，参照苏联城市规划模式，于1954年底完成了《1953—1972年西安市城市总体规划》，并报国家建委批准实施[④]。

④ 彭秀涛．中国现代新型工业和城市规划的历史研究[D]．武汉：武汉理工大学，2006.

西安的156项目主要涉及轻型精密机械制造、纺织工业和电气。众所周知，西安是我国著名的古都和历史文化名城，在规划方面，主要原则是以旧城为中心向四周扩展。旧城北侧是原汉长安城的旧址、唐代大明宫的遗址所在，同时又有陇海铁路穿越东西，为保护古代城市遗址，旧城以北铁路北侧(俗称道北区)作为地方工业、仓库和职工居住区和未来城市发展的预留空间；新兴的工业区布置在陇海铁路以南，浐河以西，距离旧城4.5km的东郊、西郊和西南郊，分别为军工城、电工城和电子城，在浐河以东独立设置纺织城。

在工业新区内部，工业区和生活区通过路网和绿化进行了隔离，通常是通

过干道和林荫带隔离空气污染和工厂噪声，干道之间相互平行布局，确保工人上下班的交通便利，带有显著的苏联工业区规划的特点，也是苏联指导的国内新兴工业城市普遍在该时期特有的规划形态。工业区和旧城区之间设置生活区，以 200m 宽的防护林带隔离，如图 2-3 所示。

西安的这一规划曾被认为是“一五”时期最为成功的城市规划布局，既协调了新工业区与历史城市的空间关系，避开了重要的古代文化遗址，又使得新老城区通过生活区得以有机衔接。古都原有城市道路是棋盘格状路网，新的路网继承了原有的格局，并将众多古代遗址，如阿房宫、大明宫、兴庆宫、大雁塔、小雁塔等均规划为公园。

1953—1972 年的西安城市总体规划奠定了现代西安都市的产业和城市基本功能布局的框架[①]。但就整体布局来看，也为后期城市空间“摊大饼”、交通拥堵等城市问题埋下了隐患。

① 王兴平，石峰，赵立元 . 中国近现代产业空间规划设计史 [M]. 南京：东南大学出版社，2014：115.

（二）“156 项目”在包头的规划

包头也是“一五”时期国家确定的 8 个重点建设的城市之一，苏联援建的 156 项重大工程有 5 项落户包头，作为新建城市，包头的规划建设与西安和洛阳有着共通之处，即均是远离旧城建新城，但包头建立的新工业区与旧城体系相距较远，在旧城区西昆都仑河两岸建设了新的完整的工业城市。

1950 年国家中央财政委员会决定对白云鄂博的铁矿开展地质工作，而后决定在内蒙古西部建设一座现代化的钢铁联合企业和两个机械厂、一个发电厂[②]。1954 年，国家计委组织相关部门的领导、技术人员和苏联专家共 50 余人组成联合选厂组，到包头确定各个厂的厂址[③]。经过反复比较，最终将包头钢铁厂放在昆都仑河以西的宋家壕地区，两个机械厂放在当铺窑子一带，电厂在两个机械厂之间，这样就在昆都仑河以东、两个机械厂以南、客运站以北形成新的市区方案。如图 2-4 所示包头 1955 年新市区规划选址方案。

② 一个钢铁厂即包头钢铁公司，两个机械厂即军工内蒙古 447 厂和 617 厂，一个发电站即包头四道沙河热电站。

③《当代中国》丛书编辑委员会 . 当代中国的城市建设 [M]. 北京：中国社会科学出版社，1990：47.

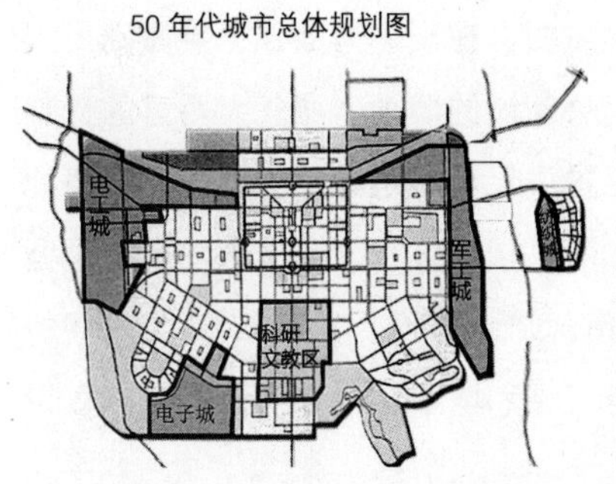

图 2-3　1953—1972 年西安城市总体规划示意
图片来源：西安城市规划分析

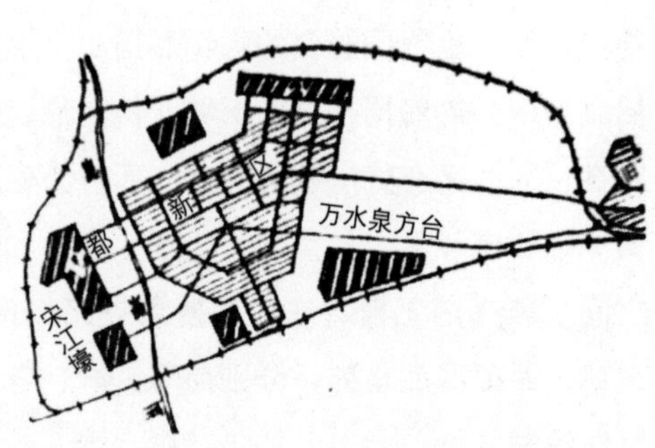

图 2-4　包头市 1955 年新工业区规划
图片来源：《中国近现代产业空间规划设计史》

（三）156 项目在兰州的规划

兰州市是甘肃省的省会，1949 年城市人口 17.2 万人，市区面积 16km²，有一些小型的电厂、机器厂、面粉厂等。城市基础设施薄弱。1952 年天水至兰州的铁路通车，1958 年包头到兰州的铁路修成，1960 年兰州到西宁的铁路建成，1962 年兰州到乌鲁木齐的铁路通车，使得兰州成为开发大西北地区的桥头堡[①]。

① 《当代中国》丛书编辑委员会 . 当代中国的城市建设 [M]. 北京：中国社会科学出版社，1990：485.

“一五”期间，156 项重大工程有 6 项落户兰州，包括兰州炼油厂、兰州合成橡胶厂、兰州氮肥厂、兰州热电厂、兰州机车厂和兰州自来水厂，这 6 个项目带来了兰州城市的大规模建设，以功能进行分区，有石化区（西固区）、铁路运输（包括编组站和货场的七里河区）、仪表制造（安宁区）和市政文化（城关区）。这一版城市总体规划于 1954 年得到国家审批，为后期兰州的城市规划奠定了基础，如图 2-5 所示。

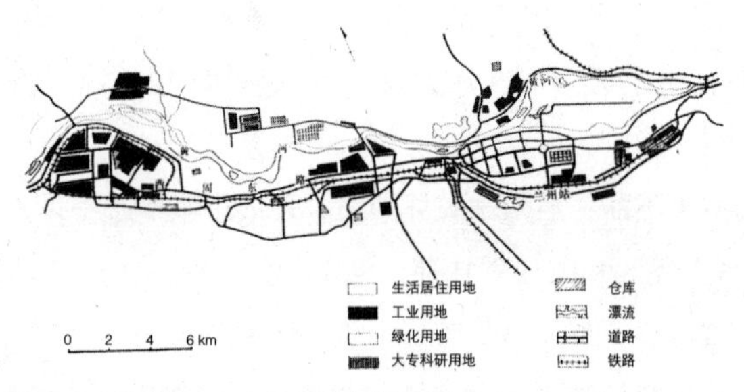

图 2-5　兰州市 1954 年城市总体规划
图片来源：《当代中国的城市建设》，P488

从 1954 版的兰州城市总体规划图示可以看出，兰州也是一个带形分布的城市，但并不同于西安、洛阳有大型古代遗址、城市需要避让，并不像洛阳平行分布的各区在城市职能上各司其职，而是均分布有工业区，各个片区均设置相应的生活居住区、工业厂区。

第二节　一场从零开始的造城运动——新兴工业城市洛阳的发展轮廓

一、洛阳城历史沿革

② 《过洛阳故城》宋，司马光，“四合连山缭绕青，三川滉漾素波明。春风不识兴亡意，草色年年满故城。烟愁雨啸奈华生，宫阙簪椐旧帝城。若问古今兴废事，请君只看洛阳城。”

“若问古今兴废事，请君只看洛阳城”[②]。众所周知，洛阳是著名的九朝古都，实际上有夏、商、西周、东周、东汉、曹魏、西晋、北魏、隋、唐、后唐、后梁、后晋等 13 个朝代建都于洛阳。历史悠久，文化底蕴深厚。

洛阳的城市建设，最早可上溯到考古发现的位于洛阳偃师二里头村的夏都斟寻，在我国古代城市发展史上，更为有名的是“周公营洛邑”[①]对其后的我国城市规划产生了深远的影响。东汉、曹魏、西晋、北魏的洛阳城均以此为基础。隋唐时代是洛阳最为繁荣的时期，隋炀帝于大业元年（605 年）重新规划了洛阳城，“前直伊阙，后依邙山，东出瀍水之东，西出涧水之西，洛水贯都，有河汉之焉。”[②]城市规划以皇宫为中心，分郭城、皇城和宫城三重，结构严谨，功能明确，用 10 条街道将城内分为 112 个“坊”用以居住，南、北、东三个方向设市场，既是贸易中心，也是外国商人聚会经营的场所。西城有西苑，为禁苑，专供皇室狩猎游玩所用，洛河将城市分为南北两部分，河北有 29 坊一市，洛河以南有 83 坊二市，有通济渠相通，以利漕运，货物往来可由市来往于洛河、黄河通往外地。唐中叶以后，洛阳城逐渐颓败，直到北宋后期，洛阳才在原有的断井颓垣上有所恢复[③]。金人营洛时洛阳为中京、金昌府，辖九县、四镇，元朝时洛阳是河南路、河南府暨洛阳县治。明朝河南府属河南行中书省，洛阳仍为河南府暨洛阳县治。清朝，仍沿明制，为河南府洛阳县治[④]。

民国时期洛阳战事不断，洛阳城破坏严重，昔日王城早已不见，百业凋敝，民不聊生[⑤]，到中华人民共和国成立初期，洛阳仅为县治，人口 6 万有余[⑥]，无任何现代化设施，城市公共事业极其落后，位于老城区域。

今日之洛阳老城即是明清洛阳城遗存，是在隋唐洛阳东城旧址的基础上修建起来的。图 2-6 ~图 2-8 是清末洛阳老城建设景象。

二、新时代的开创——“156 项工程”选址洛阳后第一期城市规划

（一）规划始末

洛阳于 1948 年 4 月 5 日解放，经过国民经济恢复期[⑦]，迎来了社会主义的大规模建设时期。而洛阳的城市建设主要得益于“一五”时期的“156 项工程”。

图 2-6　清末洛阳鼓楼

图 2-7　清末河南府洛阳文庙

图 2-8　清末洛阳街市图景

图片来源：爱德华沙畹[⑧]拍摄，转拍自洛阳城市规划馆

①《周礼·考工记》：“匠人营国，方九里，旁三门，国中九经九纬，经涂九轨，左祖右社，前朝后市。”

②《唐两京城坊考》五，清，徐松，商务印书馆，丛书集成。

③《元河南志》：“宋以河南为别都，宫室皆因隋唐旧，或增葺而非创造。”

④《金史》卷二五，“地理志”；《元史》卷五九，“地理志”；《明史》卷四二，“地理志三”；《清史稿》卷六二，“地理志九”。

⑤《洛阳市志》，洛阳市地方志编纂委员会编，中州古籍出版社，P5。

⑥ 同上。

⑦ 指从 1949 年到 1952 年的这个时段，一方面是中国的全面解放，另一方面是战后的经济转型与调整、恢复。

⑧ 爱德华·沙畹（Edouard Chavannes，1865—1918 年）是学术界公认的 19 世纪末 20 世纪初世界上最有成就的汉学大师，1865 年出生于法国里昂的一个新教徒家庭，毕业于巴黎高等师范学院。1889 年，24 岁的沙畹以法国驻华使团译员身份前往北京。来华后，在当时清朝驻法使馆参赞唐夏礼的帮助下着手翻译《史记》，1893 年沙畹奉命回到巴黎，主持法兰西学院“汉语及满语语言和文学”讲座。同时，他还在东方语言学院、索邦大学、巴黎高等研究实验学院的宗教科学系授课。1895 年任法国亚洲学会秘书长并参加东方学杂志《通报》的编辑工作，1903 年协助考狄（Henri Cordier）主办《通报》，这一年他还成为法兰西学会会员。
1907 年沙畹第二次来到中国，对中国北方——河北、山东、河南、陕西、山西诸省进行考察。他在这些地区，尤其是在龙门和云冈石窟的考古和碑铭方面取得了重大收获，从而成为第一个系统地考察这些石窟的人。1916 年，沙畹当选为英国皇家亚细亚协会会员。1918 年，在巴黎去世。这一组照片是他拍摄于 1907 年 7 月的洛阳城景。

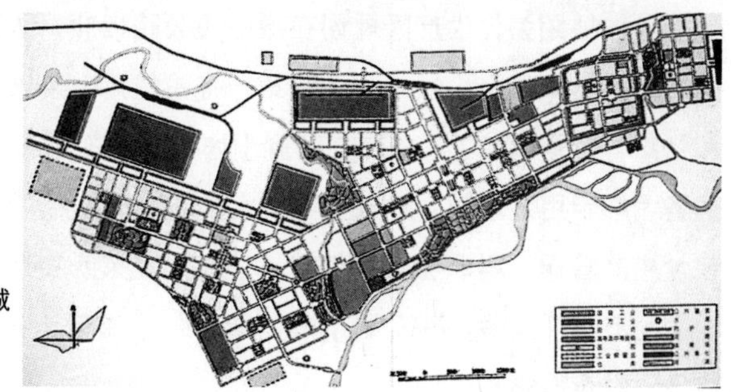

图 2-9　1956 年洛阳第一期城市总体规划图
图片来源：洛阳市规划局

① "一五"时期"156 项"工程先有 5 项选址初建，分别是洛阳有色金属加工厂、洛阳滚珠轴承厂、洛阳第一拖拉机厂、洛阳矿山机械厂、洛阳热电厂、河南 407 厂最初建厂于山西侯马，后迁入洛阳涧西。

"一五"时期，共有 5 项[①]工业项目落户洛阳，建筑工程部建设局确定洛阳作为全国重点建设的新兴工业城市之一。

1953 年 9 月，建筑工程部分别为这些城市组建了重点城市规划组。1954 年 4 月，洛阳规划组开始进驻洛阳收集相关资料，进行规划前期工作，洛阳市则成立了城市建设委员会，设置规划处，从北京、上海、广州等地借调专业技术人员 30 余人，组建市测量队进行大地测量和 1：1000~1：10000 的地形图测量，在编制涧西工业区规划的同时编制了洛阳市的整体发展规划。图 2-9 所示为洛阳第一期城市规划图。

整体规划从 1953 年涧西工业区选址开始至 1956 年末涧东暨城市总体规划审批结束，历时 3 年多，主体分为涧西工业区规划和涧东暨城市总体规划两部分，以涧西工业区规划为重点，涧东暨城市总体规划是在涧西工业区规划绘制的全市规划示意图的基础上修改补充形成的，规划和评审工作亦是分两次进行的。

（二）规划布局与内容

城市总体形态为东西长 15km，南北宽约 3km 的元宝形带状城市。涧西区为工业区，西工区是市中心行政区（发展区），老城、瀍河区为商业、手工业、小型轻工加工区（改造区），从而形成一个中心（西工区行政中心），两个副中心（涧西工业区和老城商业区）的格局。

1. 涧西工业区的规划

涧西工业区的规划是在特殊的历史时期下进行的。常规的城市规划必须以国民经济发展计划、国土规划和区域规划为前提，而涧西区的规划却是在国土规划和区域规划尚未开展的情况下进行的，作为"156 项工程"中 5 大项工业项目的集中择址地，首先要保证五大厂的建设需要，以五大厂远期发展人口规模为基础，产业职工可达 4.43 万人，基本人口与服务人口和被抚养人口以 3 人计，这样确定该工业区的人口数量为 13.3 万人，加之预留余地，确定涧西区规划人口为 16 万人。工业用地 5km^2，居住区 10km^2，人均以 100m^2 计[②]。

② 彭秀涛．中国现代新兴工业城市规划的历史研究 [D]. 武汉：武汉理工大学，2006.

具体规划为，生产区规划在原洛潼公路以北，陇海铁路、涧河以南，自西向东布置洛阳矿山机器厂、洛阳第一拖拉机厂、洛阳热电厂、洛阳滚珠轴承厂和洛阳有色金属加工厂。热电厂置于拖拉机厂东北部。生产区北设铁路编组站，通各大厂专用火车线，并与洛阳货运站接轨。各大厂大门面南，厂前设厂前区，包含生产管理、科研和职工教育。厂南门设东西货运干道，供零星配件发货及小宗生产配件运输。各厂大门前设厂前广场，南侧为各厂矿的生活区，包含住宅、商业、教育设施[1]。

[1]《洛阳涧西区志》.

规划优点：

（1）事先预留了厂矿企业和人口的发展空间，为后期厂矿的入住及城市发展留有余地。

（2）由于主要的运输线在厂矿北侧，各大厂矿的大宗原料和成品运输不走市内，不对市区的交通和环境构成压力。

（3）热电厂的位置正好是能源负荷中心，为各厂矿供电、供热、供气，输送线路短，既节约了基础建设成本，也减少了能源损耗。

（4）厂区和生活区利用厂前区和广场分隔，极大地降低了厂区生产对生活区的污染，合理的布局也使得上下班交通便捷。

（5）涧西区的规划总平面布局完整，能够独立存在又与主体城市有便捷的联系，突出解决了“一五”时期建设资金匮乏和需要尽快建设社会主义工业化的目标之间的矛盾，先满足涧西工业区的建设，保障工业生产，逐渐发展建设城市其他区域。

2. 涧东暨城市总体规划

1956 年，中央和河南省在编制“二五”计划时，确定洛阳继续兴建 5 项重点工程外，在涧西工业预留地上布置了河南柴油机厂和耐火材料厂，在西工区原有示意图中的工业用地上布置了棉纺织厂、玻璃厂，这样就进一步充实了涧西工业区，也为涧东暨城市总体规划提供了经济依据。

作为“新兴的社会主义工业城市”，城市规模的框架是，涧西区未来的 20 年中发展为 15 万居民，西工区的可建设用地约 20km^2，可容纳 20 万人左右，老城、瀍河区原有不足 7 万人口，有迁出和扩大趋势，但为了保持人口密度的合理性，仍保持 7 万人口，这样总体人口规模拟定在 42 万人左右，控制在 50 万人以下。

西工区东西长 5km，南北平均宽 4km，总面积 20km^2。工业布局延续涧西的脉络，仍沿陇海铁路南侧自西向东布置棉纺织厂和玻璃厂及一些地方工业、商业的仓储用房。工厂以南为生活区，中间设置防护绿带。以中州路为横轴，金谷园路和体育场路为纵轴线，横纵轴线交会处为市中心，设置市中心广场，沿其周边布置市行政、商业、邮电、金融中心。西工区是周王城遗址，为保护该遗址，临涧河东侧河岸，规划王城公园，沿洛河体育场两侧规划大型滨河公园。

老城、瀍河区规划用地 6km^2，是明清洛阳城的所在地，也是隋唐洛阳城东城的遗址。该区域基本保持原貌。局部改造原有人口结构不合理的分布和城市环境。

（三）审批

1. 涧西区初步规划审批

1954 年 11 月 13 日，国家建委召开了洛阳市涧西工业区初步规划审查会议，会议审查意见如下：

（1）国家认定洛阳市涧西工业区的初步规划，统一涧西区发展成为一个机械制造工业区。根据洛阳市涧西区的工业布置和自然条件，基本同意洛阳市新提出的涧西区远景发展规模，及人口控制在 15 万人以下，生活居住用地不超过 10km^2，基于当时洛阳市附近资源情况尚未勘察清楚，难以确定远景经济发展指标，编制洛阳市城市总体规划尚有困难，而涧西区的工业建设任务时间紧迫，厂外工程和第一期住宅区的建设工作急待展开，洛阳市及时作出涧西区初步规划是应该的。原则上同意了当前场外工程和一期住宅区的修建依据，并作为将来编制城市总体规划的基础。

（2）规划中为靠近陇海线建厂，且陇海线北侧是邙山，致使住宅区规划到了工厂生产区的下风向，这对部分住宅区的环境卫生构成一定的影响，根据涧西工业企业布置的具体情况和保护居民健康的原则，对有关的工业企业提出防治工业污染的要求，以便采取必要的措施，消除工厂有害排放物对住宅区环境的影响。

（3）为节约用地，减少国家投资，住宅区建设应贯彻集中修建、紧凑发展的原则，成片、成群、有步骤有计划地发展。生活居住区规划用地面积 174hm^2。

（4）原则上同意新拟定的涧西自来水厂的位置，至于水源和饮水方案，由水利部会同洛阳市及其有关部门作进一步的技术经济比较后另行核定。统一工业级生活污水通过管道排至老城瀍河与洛河汇合处，经处理后排出。现在国家财政情况比较困难，洛阳也还在建设初期，为适应目前需要，可在涧河下游兴隆寨附近修建临时化粪池，消毒处理后排出。

（5）建议洛阳市根据实际需要，在便于铁路接轨处布置一些仓库用地，并在符合卫生和运输要求的条件下，适当考虑垃圾堆积场的位置。

（6）若主要的工业企业的厂前位置有所变更时，为了确保艺术结构的完整性，南北向的主要干道可以做相应的修正。

（7）洛阳市近期应集中力量重点建设涧西区，对于旧市区除整修联系涧西区的主要干道外，应维持现状。

（8）涧西区基本上不宜向谷水镇西发展，应向东靠拢，逐步与老城连成一片。

（9）预留的工业用地今后不宜布置有害居民健康的工业企业。

（10）建议洛阳市积极做好总体规划的准备工作，对于可能建设的工业和住宅的保留地区，做好勘察、测量、钻探工作，继续了解古墓分布的情况；进一步搜集和研究城市现状、自然资料和经济资料。在编制总体规划时，对飞机场的位置应做合理的布置。抓紧安排厂外工程和第一期住宅区建设。建议洛阳市在条件允许时，对涧西区初步规划做适当的修正和补充。

2. 涧西区规划修改

根据中共中央和国务院指示精神，1955 年下半年对涧西区规划和若干工程设计，做了全面审查和较大的修改。国务院电报指示，近期居住定额标准一律按每人 4.5m^2 计算。一机部对洛阳工厂职工宿舍造价进行削减，由原来 90 ~ 95 元 / 平方米压缩控制在 35 元 / 平方米。根据这一指示精神，结合洛阳实际情况，将三层楼房建筑区由 75% 下降到 20%；住房面积标准减至 4.5 平方米 / 人，住房每平方米建筑面积造价，楼房从 92 元降至 79 ~ 49 元，平房造价降至 35 ~ 25 元。人均公共建筑定额指标由 12m^2 降至 7.5m^2，实际上是由 9.9m^2 降到了 7.1m^2。市政工程也做了大的修改，给水彻底放弃在段村取地面洛河水的方案，改为在张庄取地下水，生产用水不进行三级处理，景华路（原名纬三路）以南改为明沟排水；污水处理由二级处理改为一级处理；道路仍用级配路基，除主干道仍用块石路基外，暂不修筑高级路面，沥青混凝土路改为沥青表面处置。

3. 涧东暨城市总体规划审查意见

1956 年 7 月，涧东暨城市总体规划完成后，洛阳市城市建设委员会副主任孙世禄等人向省、市有关领导作了汇报，省市领导一致同意，随即向国家建委汇报，国家建委邀请城市建设部等有关部门负责人，审查鉴定。其主要意见是，基本同意涧东暨城市总体规划，市中心拟建在玻璃厂下风向，与该厂生产区应有 600m 以上的距离，洛阳玻璃厂西、厂南要规划一定宽度的防护绿带。

三、充实与提高——20 世纪 80 年代后洛阳城市发展

1979 年 6 月 15 日，根据全国城市工作会议和河南省基本建设工作会议精神，成立了洛阳市规划委员会，组织了调查研究和参观学习，结合洛阳的具体情况，在第一期城市规划的基础上，编制了第二期城市总体规划（1981—2000 年），经河南省城市规划技术鉴定委员会和洛阳市委、市人大、市政府审议通过，报河南省人民政府，于 1983 年 1 月 24 日批准实施。

（一）城市性质的确定

洛阳城市二期规划的方针是：从实际出发，在现状基础上调整结构，填平补齐，改进完善，充实提高，把洛阳逐步建成安定文明、整洁优美、经济协调、繁荣富裕、有古都特色的社会主义工业城市①。

① 《洛阳市志——洛阳城市建设志》，P36.

洛阳第二期城市规划的编制过程恰值我国国民经济调整转型期，仍以计划经济为主导，在全面分析了洛阳历史文化悠久、地理区位优越、旅游资源和矿产资源丰富，机械、建材工业基础雄厚以及科技交通优势的现状，将城市性质确定为“历史悠久的著名古都和发展以机械工业为主的工业城市”。

（二）整体布局与发展

洛阳第二期规划总体以第一期规划现状为基础，不向邙山、洛河以南区域发展，主要是将第一期城市规划未建成部分延展填充：涧西区向秦岭丘陵区发展，西工区向九都路南发展，老城瀍河区向东在一期规划未实施地段发展，使一期规划三个城区实现全面连接。具体做法如下：

（1）涧西区可继续布置工业，但不得在城市区域内安排；在涧西防洪渠南规划 7.8km^2 的居住区，作为涧西大厂、大专院校居住发展的区域，弥补第一期规划居住用地的不足；在浅井头村和三善村开辟轻纺、电子工业区用以调整产业结构和扩大妇女就业；改造“一五”期间建造的大量低标准平房区，并在西苑路以东、延安路以南规划市级科技、文化、体育中心及青少年儿童活动中心。

（2）西工区进一步加强作为市中心区的建设，包括车站、银行、百货、邮电、旅社等公共建筑的建设以及城市中心广场、绿化的改造与建设。

（3）老城和瀍河区域规划重点是旧城改造，仍作为商业、手工业、餐饮业的集聚地，同时发展工艺美术、服装等加工工业，逐步改造老城的卫生环境，并规划建设老城东西大街的明清风格商业街。

（4）规划了距离洛阳北 34km 的吉利区，作为石油化工工业区。

（5）在市郊规划了关林、李屯、徐家营、安乐、杨文 5 个工业点，每个点 3 万～5 万人，作为新建大中型工业项目的建设用地，进一步形成近郊卫星镇。

（三）规划评审与批复

1981 年 12 月 25 日，洛阳市第七届人大常委会第九次会议审议了《洛阳市城市总体规划（1981—2000 年）》，会议认为第二期城市总体规划对洛阳市的城市性质、规模和总体布局设想是好的，基本上符合国务院“控制大城市规模，合理发展中等城市，积极发展小城市”的方针。

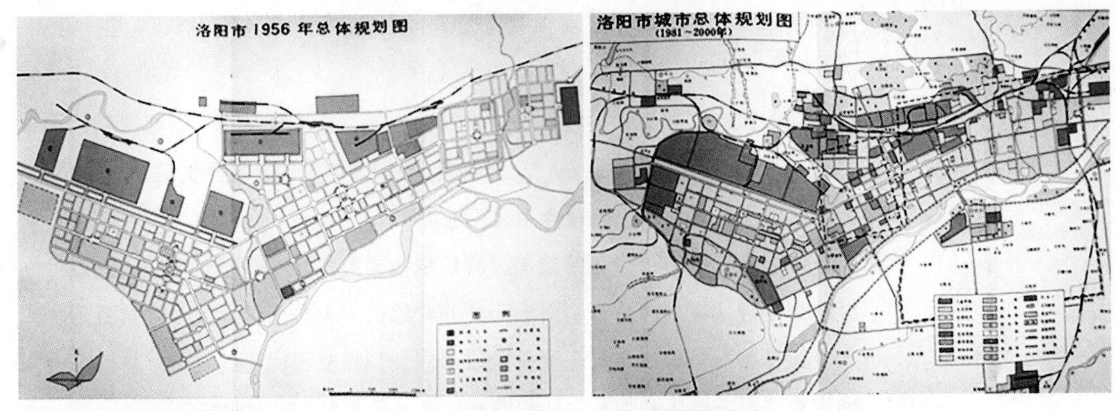

图 2-10　洛阳 1956 年第一期（左）和 1981—2000 年第二期（右）城市总体规划图对比
图片来源：洛阳市城市规划展览馆

1983 年 1 月 24 日，河南省人民政府批复了洛阳市第二期城市总体规划，主要意见是：

（1）认真贯彻中央提出的“控制大城市规模”的方针。今后除有必要的配套工程和技术改造项目外，一般不应在市区放置大的建设项目，要及时搞好卫星城镇的规划和建设。

（2）洛阳文物古迹丰富，地上地下文物都要妥善保护。

（3）洛阳市是东西长的带形城市，按一个中心、两个副中心，分三个区组织生产、生活是好的。近期要打通第二条贯穿东西的道路——九都路，减轻中州路的交通压力。

（4）对于洛阳老城，要贯彻“加强维修，合理利用，适当调整，逐步改造”的方针，注意保持旧城风貌。

（5）城市规划经批准后，要广泛宣传，认真组织实施。

洛阳市第二期总体规划基本上是在第一期规划基础上的充实与提高。图 2-10 所示为洛阳 1956 年第一期和 1981—2000 年第二期城市总体规划图对比。

第三节　洛阳（涧西区）“156 项工程”时期城市发展详解

“一五”时期，“156 项工程”有 6 项择址洛阳，分别是洛阳有色金属加工厂、洛阳滚珠轴承厂、洛阳第一拖拉机厂、洛阳矿山机器厂、洛阳热电厂和河南柴油机厂（原河南 407 厂），该 6 项工程集中布局，从而形成了全新的城市街区——洛阳市涧西区，是“一五”期间我国重点建设的新兴工业城市之一。洛阳这 6 个厂集中了中国工业萌芽时期对“机、船、矿、路”①的期望。

① “机、船、矿、路”分别指机械工业、船舶工业、矿山开采、道路运输，这 4 项是近代以来中国基础产业与基础设施的软肋，也是中华人民共和国成立后“优先发展重工业”的原因之一。

一、洛阳涧西区工业择址

任何工业项目的建设，都需选择符合条件的建设地，大致包括资源的分布、水文地质条件、地下文物状况，以及交通运输的便捷性和基础设施的情况。

1953年5月，由国家计委领导人。对洛阳白马寺、西工区、洛河以南和涧河以西4个片区进行了勘察。

西工区紧邻老城区，但地下是周王城遗址，白马寺以西是唐、宋时期的墓葬区，这两个区域地下存有大量的文物古迹，进行工业项目建设之前需要先进行工程浩大的文物勘探、挖掘、整理和保存工作，且在文物保护工作方面存在诸多的未知因素，如若遇到大型地下遗址可能会令整个工业选址工作重新来过。就“156项”工业项目的建设而言，所投入的前期精力与时间难以预估，也就难以保障工业项目的按时投产。洛河以南区域虽有河流可依，但距离当时全国的运输动脉——陇海铁路较远，原有的城市基础设施不足以支撑，需要在工业项目建设前先建设跨河铁路、公路桥梁，在我国“一五”时期的经济环境下，无疑会极大地增加投资预算，同时会推迟工业项目建设和投产进度。

勘察组最终选择了在涧河以西建立集中工业区：涧西区西起谷水，南接秦岭，东、北以涧河为界，地势平坦，土方量小、场地自然排水坡度为3‰，土壤承载力与地下水位均符合建厂要求；总面积20万平方千米，有足够的土地建设工厂和住宅区；距离老城区中心8km，避让了庞大的地下文物遗址；北邻陇海铁路，建设专用货运铁路接轨较为方便，其间有洛潼公路，铁路公路货运便捷；存在部分村庄需要搬迁。综上，涧西是较为理想的建厂地。1954年1月8日，国家计委讨论通过了该择址方案，并报中央批准，决定在洛阳涧西同时兴建洛阳有色金属加工厂、洛阳滚珠轴承厂、洛阳第一拖拉机厂、洛阳矿山机器厂、洛阳热电厂5个厂矿企业①。

涧西工业区的建设是在国家“一穷二白”的背景下开始的。作为国家首批重点新兴工业城市之一，涧西区的建设受到了党和国家的高度重视。中央从机械工业部、电力工业部、建筑工程部派了基建队伍，从荆江分洪工地调了工程兵第8师，集中2.6万人，组成洛阳工程局，负责涧西工地的建设施工。“支援涧西的物资从祖国的东西南北源源运来，各路建设大军从祖国的四面八方汇集涧西”。②

1955年中共洛阳涧西区委、区政府成立，以“基建第一”③为指导方针，带领各方力量，征购工业用地、组织原有居民搬迁、修公路、架桥梁、敷设铁路、通水电、修筑防洪沟渠，在苏联专家的帮助下，建厂房、筑宿舍、安装大型工业机器设备、建造各类公共设施与建筑物，到1957年底，一个新兴的工业区就已初具规模。

①“156项目”共有6项落户洛阳涧西区，但河南407厂（即河南柴油机厂）是1961年由河南侯马搬迁至洛阳的，因此，此时选址的只有5个厂。

②《洛阳市涧西区志》，P4.

③同上。

二、作为新兴工业城市的洛阳涧西区规划详解

1954 年 4 月，在苏联专家的协助下，对涧西区作了全面规划，10 月经国家建委组织有关部门审查后下达执行。按照总体规划，涧西区范围为，东起七里河村，西达谷水镇，南接秦岭防洪渠，北邻涧河。工厂延涧河一字形排列，厂区北侧设置各大厂的铁路专线编组站，厂区南侧为生活区，厂区和生活区之间用 200m 的绿化带隔离，生活区按照街坊设置市场商业区，生活区的南侧布置大专院校和科研单位，从而形成东西 6.5km 的带形城市。如图 2-11 所示为 1954 年洛阳涧西区原貌和图 2-12 为涧西区行政规划图。

（一）功能分布

洛阳涧西区是洛阳 6 个辖区之一，是以机械工业为主体的城市工业区，初建于 1955 年，因位于涧河以西，故取名涧西区，初建时长 6.5km，宽 4.2km。选址自涧河以西，自东向西依次布置了洛阳有色金属加工厂、洛阳滚珠轴承厂、洛阳热电厂、洛阳第一拖拉机厂、洛阳矿山机器厂及河南柴油机厂，采用了“南宅北厂”的格局，自北向南按照工业区、绿化隔离带、居住区、商业区、科研教育区的排列方式建造工业新城，引来大量工业移民，形成了全新的洛阳涧西工业区。涧西区因国家“156 项目”而生，选址及其与老城位置的处理办法早已蜚声海内外即著名的“洛阳模式”，因其特殊的形成背景和规划模式，城市格局和城市肌理表现出高度的计划性和如一性。工厂沿涧河南岸一字排开，充分利用充足的水源集中布置厂矿，各厂规模宏大，并设立相对统一的厂前广场；厂北设各大厂铁路专线编组站；厂南为生活区，厂区与生活区之间设 200m 宽的绿化隔离带（“文革”时期亦改为生活区），在生活区点状布置商业网点；大专院校、科研单位设在生活区南面，如图 2-13 所示。

图 2-11　1954 年洛阳涧西区原貌图
图片来源：《洛阳涧西区志》

图 2-12　涧西区行政区划图
图片来源：《洛阳市涧西区志》

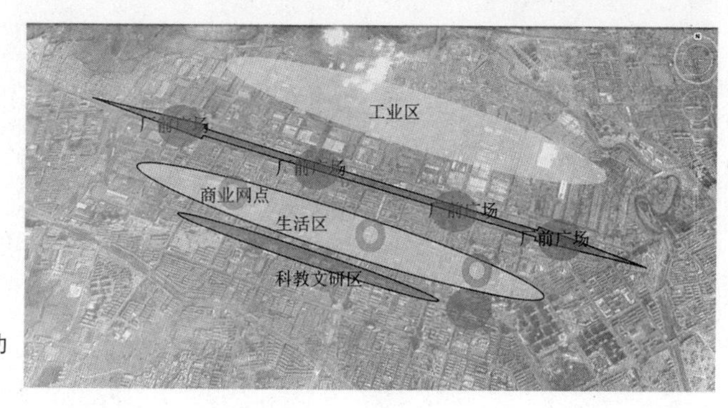

图 2-13 涧西工业区功能分区示意

区域功能兼具以下诸多方面：

（1）工业集中。从 1954 年国家“156 项目”开始落户该区到 1957 年底涧西区初具规模时，已有 6 个国家、省部级厂矿分布于此。

（2）科研集中，文教事业发达。各厂均设有幼儿园、小学、中学、职业技术学校，同时该区域内还有大专院校，如洛阳农机学校（后更名为洛阳工学院，今河南科技大学），以及科研院所，例如耐火材料研究院、725 研究院、洛阳有色金属设计院、机械工业部第四设计院等国家级科研单位。

（3）商品流通活跃，区内按照生活区及国内移民原属地集中布置了广州市场、上海市场、康滇市场以及河南市场（该市场未建成）。

（4）医疗、文化、娱乐体育运动设施健全，场所丰富。

（5）交通便捷，道路宽敞。

（二）道路交通

道路规划是一座城市规划的先行和骨架。作为带形城市的一部分，洛阳涧西工业区的道路是分隔各大功能分区的主体，也是城市内部及对外交流所必须。如图 2-14 所示为涧西道路分布。

涧西区的主要干道可以总结为“五经、五纬、两放射”。“五经”指的是南北贯穿涧西区的五条道路，即太原路、天津路、长安路、青岛路、武汉路，“五纬”是指纵贯东西的主干道，即建设路、中州西路、景华路、西苑路和联盟路，“两放射”指的是一条由七里河放射出主干道建设路、中州西路和延安路和另一条由牡丹广场友谊宾馆门前通向延安路、西苑路和南昌路。

（1）五条经路

太原路，北起长春路口，连接洛阳有色金属加工厂厂门，南至联盟路，是厂前横穿各功能带的道路。

天津路，北起建设路洛阳滚珠轴承厂门，南至孙旗屯、浅井头村，是滚珠轴承厂厂前横穿涧西各功能带的道路。

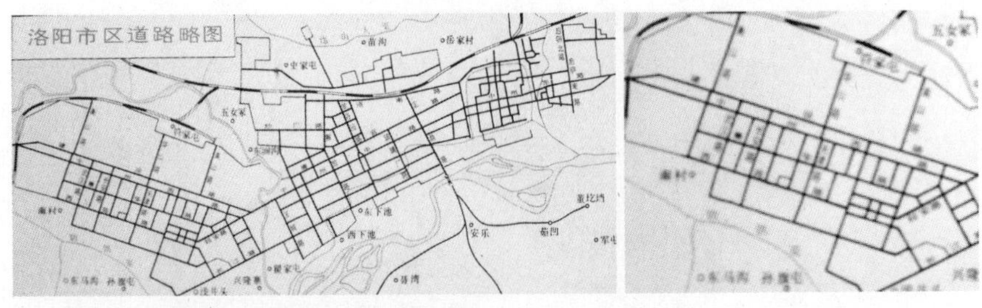

图 2-14　1956 年规划洛阳市及涧西区道路分布
图片来源：洛阳市规划局

长安路，北起建设路洛阳拖拉机厂门，南至联盟路，是洛阳第一拖拉机厂前横穿涧西各功能带的道路。

青岛路，因洛阳第一拖拉机厂面积较大，北起中州西路，是天津路和长安路之间连接南北生活、商业区，以及科教区的南北道路。

武汉路，北起洛阳矿山机器厂南门，南至联盟路、南山，是矿山厂前通往南侧各功能带的南北路，也是涧西工业区最西端的经向道路。

（2）五条纬路

建设路原名纬一路，东起七里河村，西至谷水镇东，1955 年修建，全长 5851m，是五大厂矿的厂前道路，起到小件材料、成品运输和连接各厂的作用。

中州西路原名纬二路，东起中州桥，西至谷水镇西，是纵贯洛阳东西带形城市的中轴干道，涧西段厂 6230m，也是涧西区的主要干道。图 2-15 所示为涧西区主体道路实景。

景华路原名纬三路，后以隋代西苑景华宫为之命名，东起太原路，西至武汉路，平行于中州西路，全长 3332m，是贯穿涧西生活区的主要干道，也是涧西区的商业街。

西苑路，原名纬四路，因其位置正好位于隋唐时期的西苑，就以隋唐西苑命名。西苑路东起延安路和南昌路口，西至武汉路，全长 3650m，北侧为各工厂生活区，南侧是科教文研单位。

联盟路，平行于西苑路，西通武汉路，东侧到达南昌路。位于科教文研单

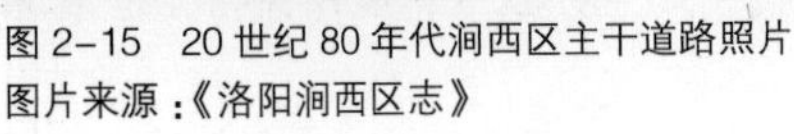
图 2-15　20 世纪 80 年代涧西区主干道路照片
图片来源：《洛阳涧西区志》

位南侧，是科教文研单位与南山住宅区的分界。

（3）放射状节点以及对外交通

因整个涧西区的布局并非正南正北，而是带形走向偏东南—西北，这样的布局在涧西区的最东边与西工区连接的部位就会出现转角，因此在此处会有两个放射状的节点，一个是往西工区方向，建设路、中州西路和延安路在此汇聚，另一个是延安路、西苑路和南昌路在涧西区的东南角汇聚。南昌路是涧西区向南至洛河的对外通路，中州西路和延安路是连接涧西区与西工区的主要通路，在北侧，嵩山路、华山路、衡山路既是各厂区之间的分隔路，也是向北连接城内城外的通路。

（三）整体风貌

涧西区主题风貌主要有三个元素，一是厂区，二是街坊，三是绿化。同一时期建造的建筑具有统一的风格，也就构成了气势恢宏、时代精神突出的涧西风貌。

1. 厂区

涧西区因工业而生，工业是涧西城市建设的基础。1954—1956 年，洛阳滚珠轴承厂、洛阳第一拖拉机厂、洛阳矿山机器厂、洛阳有色金属加工厂和洛阳热电厂相继开工，1961 年河南柴油机厂迁入，后期地方大型工业也逐步落户涧西，使得涧西区成为名副其实的工业区，且布局严整，具有高度的计划性，是计划经济时代精神的代表。特点有四：布局合理；相对集中；规模宏大；建筑宏伟[①]。每座厂矿都经过严整的规划，都有厂前广场、厂前办公区、生产区和厂后铁路编组站。如图 2-16 所示为涧西工业厂区的整体风貌。

① 《洛阳市涧西区志》，P29.

图 2-16　涧西工业厂区的整体风貌
图片来源：上图《洛阳市涧西区志》，下图作者自摄

2. 街坊

从 20 世纪 50 年代开始，依照“先宿舍、后厂房；先辅助车间及服务性建筑、后主要生产车间”的整体计划，在规划的生活区建设有大量的苏式住宅区，并借由洛阳悠久的历史积淀，取隋唐“里坊”的古意，取名为“街坊”[①]，并按照街坊依次编号。规划整齐，多采取内围合式，建筑一般为 3~5 层，坡顶，砖混结构，内墙多为木板结构，外墙有装饰线脚，小型外凸式阳台，有烟囱，部分住宅有地下室。建设初期标准较高，各户型包含较大的客厅、卧室、卫生间、厨房及储藏室，后将一户改造为 2~3 户，住宅标准降低。整体建筑风格为苏联式建筑，俗称“苏式”。如今，当我们经过这些工人住宅区的时候，端详着那些面目相近、老旧而又略显笨拙的楼群，端详着楼房顶部那一溜溜熏得乌黑的排烟道，仍能体味出苏式建筑的用料实惠、宽大沉稳和向往共产主义的浪漫热情。如图 2–17 所示为涧西区“苏式”住宅街坊风貌。

① 《洛阳市涧西区志》，P29.

3. 绿化景观

从前述内容可以得知，涧西工业区的路网十分整齐，广场的布置因厂区分布规则，延中州路的四大厂矿均有正对大门的厂前广场，气势恢宏。建设路与中州西路之间原为 200m 宽绿化隔离带，种植多种花树果树，不仅实现绿化，更在春、秋季实现城市“彩化”，该绿化带于“文革”期间加建为居住区。中州路作为主干道，沿路设绿化隔离带，多植雪松。西苑路沿路种植法国梧桐，枝繁叶茂，形成绿荫拱廊，街心设绿化及花坛雕塑，成为街心公园；涧西区最东段设有牡丹广场，科研机构、商业网点、对外接待中心围绕其四周，是进入涧西区的门户和窗口，北线四大厂区均设有厂前广场，规则分布，对称布置，绿化精致，厂区内部也实现了花园式工厂的景观绿化。

图 2–17　涧西区“苏式”住宅街坊风貌
图片来源：上图《洛阳市涧西区志》，下图作者自摄

图 2-18 涧西区道路广场与厂区绿化风貌
图片来源：《洛阳市志》

整个涧西的道路广场与绿化有明显的时代特色，节点空间的效用显著，如图 2-18 所示。

4. 科教文研及其他建筑风貌

与洛阳工业区各个企业配套的高校和研究所有：洛阳农机学院（今河南科技大学西苑校区，中国农机、轴承教育中心）、洛阳拖拉机研究所、洛阳耐火材料研究院、725 研究所、机械工业部第四设计院、有色金属设计院、机械工业部第十设计院、轴承研究所、矿山机械研究院等。这些建筑建于 20 世纪 50 年代，建筑规模恢宏，平面对称，能看出明显的古典主义构图方式，整体呈苏式风格，采用砖混结构，墙体较厚，底层为 50 墙，外有装饰线脚。

（四）人口变化

洛阳涧西工业区完全属于新建城市，当时老城区的人口不足 7 万，而“156 项工程”的建设和生产需要大量的工业人口，因此，涧西区的人口增长属于迁入性的骤然增长，其居民本籍少，客籍多。

全区人民来自祖国的四面八方，其中以河南人、上海人、广州人和东北人居多数[①]。也因此形成了独特的企业社区文化，在街坊内部道路、市场的命名上也可见一斑，如当时规划的涧西区仅有的三座市场就是以人口较多命名的：“上海市场”“广州市场”和“河南市场”，道路如“长春路”“青岛路”“安徽路”等，与洛阳其他市区以古地名或典故命名街道的做法有很大不同。伴随这些外来人口的迁入，其各自家乡的饮食也随之进入涧西区，如广州盛名的“陶陶居”包子铺、“上海大妈”餐馆等在 20 世纪中叶，交通不甚发达的时代就已早早进入洛阳。

因涧西区内国有大型工业企业的生产需要，这里也聚集了来自全国各地的

① 《洛阳市涧西区志》，P15.

技术人才，每个企业又都附设科研、文教、培训学校，因此涧西区在当时的洛阳市属于高等人才聚集地，截至 1982 年统计，全区总人口为 212409 人，具备高中以上学历的有 64082 人，其中大学文化程度的有 13263 人[①]。

对比旧城区的市民构成，涧西区由产业工人构成，完全不同于老城区传统的、农业的、地域的文化氛围，是新时代的、典型而纯粹的工业文明的城区[②]。这也是涧西工业区的另一大特色。

① 《洛阳市涧西区志》，P15.

② 丁一平．涧西工业区的确立及其对洛阳空间社会的影响 [J]. 河南科技大学学报（社会科学版），2010（6）：70-74.

三、“苏联模式”还是“洛阳模式”？洛阳市初期城市规划成果分析

自 1956 年第一期城市规划后，洛阳从原有的地方县治小城一跃成为全国新兴的重点工业城市之一。第二期城市总体规划总结、充实、提高了第一期规划，也全面实现了第一期规划的建设目标。从城市规划角度，洛阳的这两期城市规划有如下特点：

（一）适度地拓展了城市空间

20 世纪 50 年代，洛阳还是一个地方县治的小城，贫困、落后，无任何现代化设施，“一五”规划后，洛阳已从老城区域拓展了 13km 的城市长度，新增加了两个城市核心区，如图 2-19 所示。

（二）开创了中国城市规划史上著名的“洛阳模式”

伴随“156 项目”6 个重大项目落地洛阳，洛阳开始了前所未有的发展，它并未选择北京、西安等城市“单中心、摊大饼”式的发展模式，而是撇开老城，在距离老城 8km 以外的涧河以西开辟工业新城，二者之间规划为未来的城市中心区（西工区），从而形成了以中州路为轴，东西绵延 15km，南北宽 3km 的带形城市。既避免了对大量地下文物遗存的破坏，同时又充分利用利于工业生产建设的地势和河道优势。老城区作为传统文化区，涧西区是新兴工业区，中间的西工区是行政中心，三区各司其职，分工明确，避免了因城市功能聚集造成的交通拥挤和混乱，同时由于南北距离较短，无论是生产还是生活，距离自然生态环境都较近，因而城市的生态恢复力也很好。这就是城市规划史上著名的“洛阳模式”。

（三）实现了中国版“带形城市”的规划建设

带形城市构想最早是由西班牙工程师 A·索里亚·伊·马塔提出的，如图 2-20 所示[③]。

“洛阳模式”的城市规划涵盖的一项重要内容就是“带形城市”理论的中国范本。

③ 1882 年西班牙工程师 A·索里亚·伊·马塔率先提出了“带形城市”构想。他认为有轨运输系统最为经济、便利和迅速，因此城市应沿着交通线绵延建设。这样的“带形城市”可将原有的城镇联系起来，组成城市的网络，不仅使城市居民便于接触自然，也能把文明设施带到乡村。“带形城市”的规划原则是以交通干线作为城市布局的主脊骨骼；城市的生活用地和生产用地平行地沿着交通干线布置；大部分居民日常上下班都横向地来往于相应的居住区和工业区之间。城市平面布局呈狭长带状发展，交通干线一般为汽车道路或铁路，也可以辅以河道。城市继续发展，可以沿着交通干线（纵向）不断延伸出去。带形城市由于横向宽度有一定限度，因此居民同乡村自然界非常接近。纵向延绵发展，也有利于市政设施的建设。带形城市也较易于防止由于城市规模扩大而过分集中，导致城市环境恶化。最理想的方案是沿着道路两边进行建设，城市宽度 500m，城市长度无限制。

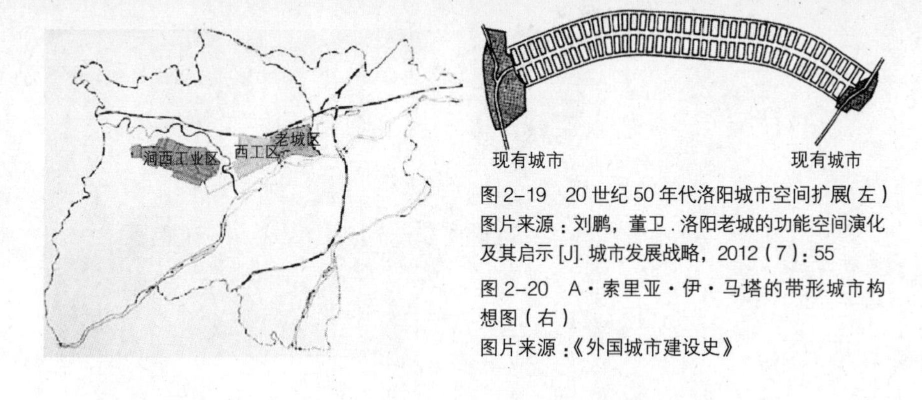

图 2-19　20 世纪 50 年代洛阳城市空间扩展(左)
图片来源：刘鹏，董卫．洛阳老城的功能空间演化及其启示 [J]. 城市发展战略，2012 (7)：55
图 2-20　A · 索里亚 · 伊 · 马塔的带形城市构想图 (右)
图片来源：《外国城市建设史》

首先，涧西工业区的建立是整个现代洛阳城市规划的起点和关键，而涧西工业区的规划本身就是自成一体、可以独立运转的带形城市的范型。

在此基础上，涧河以东，西工区的规划延续了涧西区的布局模式，且城市南面濒临洛河，老城和瀍河区的老城结构虽然是方正的古城平面，但南北见方并不大，如此形成了东西绵延 15km，南北宽度 3km 的带形城市，九都路和中州路是纵贯这 15km 的两条平行的城市主干道，纵长的城市道路与垂直于其的南北向短道路形成了城市的主体骨骼。城市北依邙山，南临南山、洛河，因城市南北距离只有 3km，城市的自然环境较好，各区的居民都能便捷地畅游市外自然环境，享受大自然的馈赠，同时因城市距离自然环境较近，整体的生态恢复力也较强。居民居住于各厂的住宅区，往返于所服务的厂区和住区之间，交通便捷，生活成本与效率都优于扩张型城市。如图 2-21 所示为洛阳带形城市平面示意图。

(四) 涧西工业区是现代洛阳城市的起点和关键

洛阳从老城发展为重点工业城市，主要依托“156 项工程”的选址与建设。是苏联城市规划理念在中国的嫁接与实现。作为第一期城市总体规划的核心，涧西工业区的规划与建设是整个洛阳现代城市建设的开端和起点，既作为一个行政区，同时又相对独立运转，是解码洛阳城市结构与建设发展的关键。

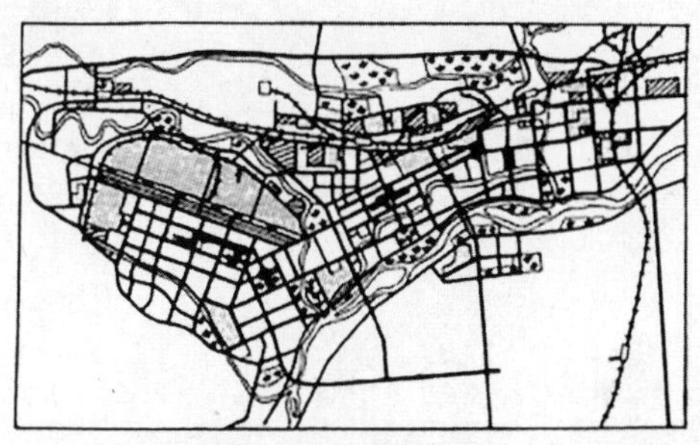

图 2-21　洛阳带形城市平面示意图
图片来源：王兴平，石峰，赵立元．中国近现代产业空间规划设计史 [M]. 南京：东南大学出版社，2014

第三章 洛阳『156项工程』建设历史研究

第一节 洛阳“156 项工程”建设历史概览

一、“156 项工程”在河南省的建设情况

20 世纪 50 年代，我国的工业发展极度落后，且地域分布极不平衡。“一五”时期，国家制定了“充分利用、合理发展沿海老工业区与积极建设内地新工业区相结合的方针”[①]，因此“156 项工程”的建设，多选择东北三省和在京广线以西的内陆地区[②]。其中河南省地处中原，京广铁路和陇海铁路在此交会，铁路运输交通便捷，又兼矿产丰富，因此成为“一五”时期重点建设的地区之一。

① 薄一波．若干重大决策与事件的回顾上卷[M]．北京：中共中央党校出版社，1991．

② 参见附录二。

1952—1957 年，“156 项工程”共有 10 项工程选址河南并陆续开工建设，因河南省自古就是农业大省，近代亦无开埠城市，工业基础十分薄弱，这 10 项工业项目全部为新建项目，分别是 9 个民用项目：郑州第二热电厂、洛阳第一拖拉机厂、洛阳滚珠轴承厂、洛阳矿山机器厂、洛阳有色金属加工厂、洛阳热电厂、平顶山 2 号立井、焦作中马村 2 号立井、三门峡水利枢纽，和一个军用项目河南 407 厂。表 3–1 所示为河南省“156 项工程”建设情况。

河南省“156 项工程”建设情况简表　　表 3–1

编号	项目名称	所在城市	计划投资（万元）	建设规模	竣工时间（年）
1	郑州第二热电站	郑州	2008	1.2 万千瓦	1953
2	洛阳第一拖拉机厂	洛阳	35130	拖拉机 4.5 万台	1959
3	洛阳有色金属加工厂	洛阳	17000	铜材 6 万吨	1962
4	洛阳滚珠轴承厂	洛阳	10610	滚珠轴承 1000 万套	1958
5	洛阳矿山机器厂	洛阳	8869	矿山机械设备 2 万吨	1958
6	洛阳热电厂	洛阳	6700	7.5 万千瓦	1958
7	平顶山 2 号立井	平顶山	3100	采煤 90 万吨	1960

续表

编号	项目名称	所在城市	计划投资（万元）	建设规模	竣工时间（年）
8	焦作中马村2号立井	焦作	3187	采煤60万吨	1959
9	三门峡水利枢纽	三门峡	167000	110万千瓦	1969
10	河南407厂	最初在侯马，后迁入洛阳	8000	—	1960

“一五”时期，国家将河南省作为工业建设的重点省份，建设投产了一批当时国家必需的工业，建立了包括拖拉机制造、轴承制造、新式机床制造、冶金、矿山机械制造、电力能源等新的工业部门，1957年全省工业总产值达到15.6亿元，比1952年增长了93%[①]，为中国的工业化奠定了雄厚的基础。

①《当代中国的河南》，P113.

二、洛阳“156项工程”总体状况

“156项工程”有6项落户洛阳，洛阳是“一五”时期国家重点建设的新兴工业城市，也是河南省10项“156项工程”重点集中地。

1953年，领导带领国家计委、建设委员会以及包括苏联援华专家组成的联合选厂小组赴洛阳选择“156项工程”各大厂矿的厂址。根据水文地质、矿产交通以及战备要求，将这6个项目布置在洛阳涧西区。这些企业在“一五”时期相继动工，因当地的原始人口不足，基础工业基础极度薄弱，这6项工程的兴建凝聚了全国各方的力量。省工业厅组织洛阳周围各郊县生产砖石瓦灰，各种建设材料从祖国的四面八方源源不断地运到洛阳，郑州作为我国铁路交通的大枢纽，为保证洛阳的建设在物资装卸、调拨、运输方面起了重要的作用。

在全国、全省各方的大力支援下，在苏联专家的帮助下，洛阳的“156项工程”进展顺利，进度快，周期短，如计划1000万套轴承的洛阳滚珠轴承厂仅仅用时3年就投产使用，我国最大的农用拖拉机厂——洛阳第一拖拉机厂也仅仅用时4年就建成投产。

“156项工程”选址洛阳，6项工程的建成投产促成了新兴工业城市洛阳（涧西区）的建设，也使得洛阳一举从一个历史悠久、工业落后的农业县城成为中国首屈一指的重工业基地，成为国内以机械制造业为核心的工业城市。

洛阳的这6项工程涉及3个行业，如表3-2所示。具体从破土动工到投产的建设时间如表3-3所示。

洛阳“156 项工程”所属行业　　表 3–2

行业	企业名称	具体产品
能源电力	洛阳热电厂	火电、供热
有色金属	洛阳有色金属加工厂	铜、铝、镁材加工
机械制造	洛阳第一拖拉机厂	农用机械
	洛阳矿山机器厂	重型矿山机械
	洛阳滚珠轴承厂	滚动轴承
船舶工业	河南柴油机厂	高速柴油机

洛阳“156 项工程”建设时间对比　　表 3–3

厂名	建设时间（年）								
	1954	1955	1956	1957	1958	1959	1960	1961	1962
洛阳滚珠轴承厂									
洛阳热电厂									
洛阳第一拖拉机厂									
洛阳矿山机器厂									
河南柴油机厂									
洛阳有色金属加工厂									

这 6 个厂阵容强大，是构成洛阳涧西工业的基本骨架，且均是全国同行业中第一流、规模最大的生产厂家。这些厂矿技术条件优秀，这些企业的建设、生产集合了全国各地的干部、工人、技术人员，每年的生产产值均居同行业前列，创造出了众多的名牌产品，为国家的工业现代化进程贡献巨大。

第二节　洛阳“156 项工程”电力工业方面的建设——洛阳热电厂建设历史

一、洛阳热电厂建厂背景

（一）洛阳电力工业的起点

洛阳在近代时期工业基础薄弱，因此电力工业并不发达。

1920 年，开封普临电灯公司股东董家位、魏子青和杨民三人在洛阳招股，筹资五万元兴办临照电灯股份有限公司①。这一公司设在今洛阳东站西闸口北五段路南，即在洛阳东站北面司马懿坟附近建立的。当时厂内安装一台三相交流发电机，容量为 80kW，蒸汽驱动。当时军阀吴佩孚驻兵于洛阳西工②，所发

① 搜狗百科：词条【魏子青】（1870—1928 年）实业家。字步云。回族。开封市人。幼年家境贫寒，后贩卖马匹，逐渐发迹。清宣统二年（1910 年），联合杨少泉等，集资创建开封普临电灯公司。民国 4 年（1915 年），又集资在郑州兴办明远电灯公司，自任总经理。民国 6 年（1917 年）又在洛阳兴建照临电灯公司，在信阳兴建兴明电灯公司。还办有丰乐园剧场、裕华楼澡堂。为提高少数民族文化，又办了养正小学，人称“实业迷”。

② 西工：洛阳西工区名称来源于民国 3 年（1914 年），北洋政府在洛阳老城以西大规模兴建兵营，当时叫“西工地”，简称“西工”。

电力仅供当时西工兵营及城内军政机关和部分商贾照明使用。1924 年第二次直奉战争爆发，电灯公司饱受战乱影响，电费亦无着落，后被迫停办。

1932 年淞沪战争爆发，“一・二八”事变，南京政府于该年 2 月从南京迁入洛阳，洛阳就此定为“行都”。国民党建设委员会拨款 65000 元兴建行都电厂，供官方用电。1932 年 5 月 5 日，国民政府与日本签订《淞沪停战协定》，到冬天，蒋介石率所有官员返回南京，行都电厂就此停建。

1933 年 9 月，中央军官学校洛阳分校在洛阳西工成立。蒋介石政府因此投资 25 万元筹建洛阳电厂，即西工电厂。该厂于 1934 年 4 月动工，于 1935 年 3 月竣工，到 1935 年 4 月底正式发电。当时厂内安装的是两台英国 B・T・H 厂出产的水管式锅炉。该厂厂区面积 26977m^2，当时职工最多时 110 人，最少时 76 人，每天仅晚上发电，所发电主要供军校、航校和军政机关使用，剩余部分供给市民商贾。

1944 年 4 月，日军入侵洛阳，该厂遭到严重破坏，1945 年 6 月，日军又将其修复，仅使用了 28 天。抗日战争结束，日本侵略者无条件投降，国民政府派第一战区长官司令部接收。直到 1948 年 4 月 5 日洛阳解放，解放军军代表进驻电厂，并将原厂工人找回电厂。1948 年 10 月重新筹款抢修，至 1949 年 6 月 16 日恢复发电。西工电厂的恢复为巩固洛阳新生的人民政府起到了极大的作用，也为市区人民正常的生活照明作出了贡献。此时的西工电厂改名为“洛阳电力公司”，1953 年再次更名为“地方国营洛阳电厂”。如图 3-1 所示为 1955 年的西工电厂。

1956 年后，郑州、洛阳和三门峡电网成立，最初是由郑州向洛阳和三门峡输电，后伴随“156 项工程”洛阳热电厂的建设与投产，原有地方国营洛阳电厂因其老旧设备运转耗能大，发电量小，故不再并入郑州、洛阳和三门峡电网，并于 1957 年 10 月停止发电，原有设备迁往信阳、周口、许昌等地，当时的 268 名职工也分别调往许昌、开封等地的电厂，也有一部分进入“156 项工程”洛阳热电厂工作。图 3-2 所示为西工电厂解散职工留影。

（二）作为“156 项工程”的洛阳热电厂建厂梗概

“为了适应工业的发展，特别是新工业地区建设的需要，必须努力发展电力工业，建设新的电站和改造原有的电站。第一个五年计划期间，将以建设火力电站为主（包括热力和电力联合生产的热电站），同时利用已有的资源条件，进行水利电站的建设工作，并大力进行水力资源的勘测工作，为今后积极地开展水电建设准备必要的条件。”[①]

从 1951 年起，中苏签订了援助中国建设的“156 项工程”的协议，在电力建设方面共有 25 项工程，其中火电项目 23 项[②]。

①《中华人民共和国发展国民经济的第一个五年计划》。

② 董志凯，吴江. 新中国工业的奠基石——156 项建设研究（1950—2000）[M]. 广州：广东经济出版社，2004：343.

图 3-1　1955 年西工电厂一角
图片来源：洛阳热电厂厂部

图 3-2　1957 年西工电厂解散时的合影
图片来源：洛阳热电厂厂部

洛阳热电厂位于华山北路北端西侧，洛阳第一拖拉机厂北侧，是中国第一批高温高压大型电厂之一，既供电又供热。1954 年 4 月正式成立洛阳热电厂筹建处，1956 年 6 月 20 日破土动工，1957 年 12 月 17 日第一台 25000kW 供热机组投入生产，1958 年全部竣工，历时三年。表 3-4 所示为洛阳热电厂投资建设生产情况。

洛阳热电厂投资建设生产情况　　表 3-4

计划安排投资	占“156 项工程”电力工程投资比例	实际完成投资	“一五”时期完成投资	建设规模	形成生产能力	“一五”时期形成生产力
6700 万元	2.1%	6797 万元	5229 万元	7.5 万千瓦	7.5 万千瓦	5 万千瓦

资料来源：董志凯，吴江．新中国工业的奠基石——156 项建设研究（1950—2000）[M]. 广州：广东经济出版社，2004：346-349

洛阳热电厂的建立，极大地解决了豫西地区电力不足的问题。在 20 世纪 60 年代，河南省中原电网总容量为 32.09 万千瓦，而洛阳热电厂的发电则占了 57.5%[①]，是河南省的主力电厂，此时的装机容量已远远超出了 1949 年前洛阳电力的容量[②]。

在电力方面，洛阳热电厂的发电机额定电压是 10.5kV，分别为以下地区提供电力输送：首先是涧西区各大厂矿和市区的动力与生活用电，此外是向郊区、孟津、徐家营地区供电，第三部分是涧东区、宜阳县等地区供电，剩余的并入河南电网系统。

在供热方面，洛阳热电厂共有五台带抽气的供热机组，为涧西区各大厂矿供热，后发展为向整个涧西区供热。

① 《洛阳热电厂厂志》，P8.

② 同上。中华人民共和国成立前洛阳电力的装机容量仅为 500kW，到 20 世纪 60 年代，洛阳热电厂的装机容量相当于中华人民共和国成立前的 370 倍。

二、洛阳热电厂建厂历史

(一) 洛阳热电厂的筹建

1. 筹建阶段

1953 年 9 月，中南电管局指示郑州电厂称："中央第一机械工业部将在郑州地区新建工厂，要求配合进行供电供热工作。"郑州电厂于是着手搜集资料并于 1953 年 9 月 30 日提出 4×12000kW 火力发电厂的计划任务书。这期间，第一机械工业部建厂筹备处已然成立，计划建设拖拉机厂、轴承厂和矿山机器厂，该筹备处根据中央指示在河南省的郑州、洛阳、偃师、新安以及陕州 5 个地区进行踏勘选址工作。

1953 年 12 月，因第一拖拉机厂、滚珠轴承厂和矿山机器厂选址洛阳，中南电管局指示郑州电厂，积极配合洛阳热电厂的筹建工作以解决洛阳新建工业的用电问题。随即从郑州 363 电厂工地建设处抽调人员参加洛阳预备热电厂的筹建工作。1954 年 4 月 13 日，洛阳热电厂筹建处正式成立。

2. 扩建阶段

如前所述，洛阳的电力基础虽然薄弱，但已有一定的发展，中华人民共和国成立后，原有的洛阳电力公司在技术人员的大力抢修下，发展为"地方国营洛阳电厂"，但该电厂装机容量较小，难以满足涧西工业新区的建设用电需求，此时，洛阳热电厂的筹建处对该电厂进行了扩建，并于 1955 年秋完成了 2×1000kW 的机组扩建任务。

伴随涧西区各大厂矿的建设，这一扩建工程仍不能满足基建庞大的用电量需求。为解决该问题，1955 年 5 月，洛阳热电站筹建处决定临时性"列车发电站"，成立列车电站土建工程组，设计建设厂房一座，由湛江调来第四号列车发电站、由武昌调来第五号列车发电站，并于 1956 年投产发电，总装机容量 2×2000kW。郑州、洛阳、三门峡电网建成后，郑州向洛阳供电，列车发电站作为阶段性的增补电力生产企业于 1957 年 5 月 20 日停产。

3. 作为"156 项工程"的洛阳热电厂筹建

1955 年 2 月，因洛阳第一拖拉机厂的选址，将热电厂的厂址放在拖拉机厂的北侧[①]，涧河以南。最初拟定的基建任务是：

①建设 4×12000kW 的热电厂，委托捷克斯洛伐克设计并提供设备。

②建设一座备用电源厂，容量为 2×5600kW，作为基建用电和热电厂投产后的第二电源。

③在洛阳热电厂扩建 3×1000kW 机组，供基建用电，要求 1955 年建成。

④建设郑洛电网，1956 年开始建设。

① 1953 年 2 月，一机部筹建新厂建设处时，最先是将热电厂划归拖拉机厂管理，因此，在选址时，将热电厂和拖拉机厂统一考虑，后来上级决定将热电厂划归燃料工业部自行筹建。

洛阳热电厂于1956年6月20日破土动工，1957年12月17日第一台25000kW供热机组投入生产，1958年全部竣工。

（二）洛阳热电厂的选址与建设

1. 选址

洛阳热电厂的厂址最初由一机部结合洛阳第一拖拉机厂的厂址统一选择，因此也是由一机部择定了最初的热电厂的轮廓和位置，后来工作转至燃料工业部，热电厂的筹建处则在原有基础上进一步进行地质勘测工作。当时北京设计分局地区勘测队对热电厂厂址初步位置进行了方格网工程地质勘探，又请北京设计分局对厂区的地下蓄水进行了抽取试验工作。图3-3所示为热电厂原始地貌图。

图3-3 洛阳热电厂原始地貌图
图片来源：《洛阳热电厂厂志》

洛阳是九朝古都，有着极为丰富的地下文物埋藏，整个1954年上半年，地质勘测人员都在进行古墓的钻探和场地的回填工作，且厂区内的土质属于层层交错的大孔性黄土类砂质黏土和黏土的混合，浸水易下沉，结合热电厂的常规地面建筑物荷载考虑，需采取防止土壤进水下沉的措施，直到1954年底，经过一系列的勘测、比较和实验工作，才最终确定了热电厂的厂址。图3-4所示为热电厂地形测绘与地质勘探留影。

图3-4 洛阳热电厂地形测绘与地质勘探
图片来源：《洛阳热电厂厂志》

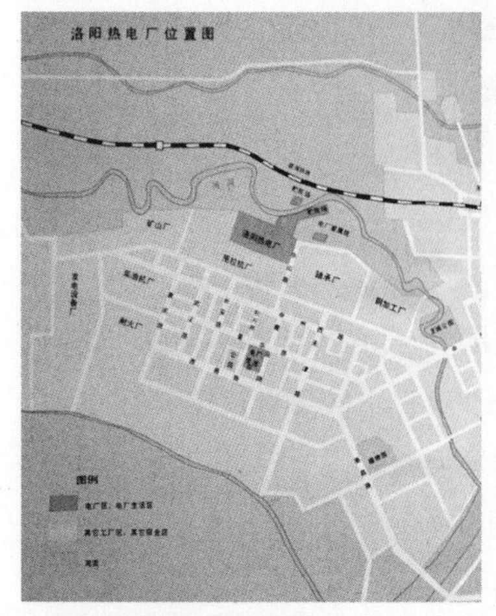

图 3-5　洛阳热电厂所在位置
图片来源 :《洛阳热电厂厂志》

2. 工程设计与建设

洛阳热电厂的厂区建设大致分为三期建成，图3-5所示为洛阳热电厂所在位置图。

第一期工程（1956—1958 年），编号 412 工程。燃料工业部计划安装四台 12000kW 发电机组，交由捷克斯洛伐克设计并提供设备，但因对方交货时间不能满足我们急需用电投产的需要，在 1954 年下半年改为由苏联设计并提供发电设备，国家遂将此项工程列入“一五”时期 156 项重点工业项目之中。这一期工程设计依据当时洛阳新建“156 项工程”的厂矿的原始资料，由苏联莫斯科动力设计院加以修正，并于 1955 年 7 月完成了初步设计，1956 年第四季度完成了技术设计[①]。工程建设由北京基建总局第七工程处承包，设备安装由基建总局第八工程处承包。

① 《洛阳热电厂厂志》，P17–18.

洛阳热电厂的第一期工程于 1956 年 6 月 20 日破土动工，相继建设主厂房、烟囱、卸煤装置、喷池、水泵房、拦河坝及附属厂房等，至年底主厂房基本建成。1957 年初安装设备，1957 年 12 月 3—6 日，第一套机炉设备进行了 72 小时带负荷试运行，同年 12 月 16 日移交生产，17 日正式并入郑州—洛阳—三门峡电网。从开工到投产历时 18 个月。整个建设过程得到了苏联专家小组的技术指导。图 3-6 所示为热电厂第一期工程施工场景及第一期工程投产苏联专家一同剪彩的照片。

引风机室施工

拦河坝施工

锅炉房基础施工

汽轮机基础施工

1 号发电机整体吊装

1 号发电机组投产剪彩

图 3-6　洛阳热电厂第一期工程施工场景
图片来源 : 洛阳热电厂厂部

第二期工程（1954—1965年），由北京电力设计院设计，初步设计于1958年5月提出，设计容量17.5万千瓦，除满足洛阳地区用电负荷外多余电力输入电网，土建工程由豫西建筑公司负责，安装施工由河南省电力工业局火电安装公司第一工程处承担，1959年1月开始安装，1962年相继投产，但因采用的是我国自制新设备，质量不过关，试运行中振动严重，后返厂修理、更换等，前后试运行了70余次，最终到1965年12月1日正式投产使用。此时洛阳热电厂的装机容量达到1805万千瓦，锅炉蒸发容量达到950吨/时[①]。

① 《洛阳热电厂厂志》，P19.

第三期工程（1965—1968年），涧河北岸新灰场建设。因原有的涧河南岸的灰场已不够用，遂于1965年在涧河北岸扩建新的灰场，1975年又建设姚家沟灰场，如图3-7所示。

汽轮发电机房内部　　邙山姚家沟灰场

图3-7　热电厂厂区扩建建设
图片来源：洛阳热电厂厂部

三、洛阳热电厂"一五"时期建设实践

（一）洛阳热电厂的厂区规划与主要的生产建筑

洛阳热电厂的建设不同于一般厂区，其主体工程建设是大型发电、供热机组，所有建筑物是厂区建设的配套工程，包括一些设备基础、蓄水池、冷却塔、覆盖性厂房等。因此大型设备之间的组合就成为其厂区规划的核心，如何连接各设备机组，节能、节地，合理地分区，尽可能地减少传送过程中的热能损失是厂区规划的关键。也因此，热电厂的厂区规划在生产区部分相对集中紧凑。图3-8所示为20世纪60年代热电厂主体厂房及图3-9办公楼现状。图3-10所示为热电厂厂区规划布局功能分析。

（二）洛阳热电厂生活配套建设

1954年，洛阳热电厂筹建处曾在老城贴廓巷租用店铺作为办公室和职工临时宿舍，1956年，热电厂在涧西区内规划26号街坊作为其第一批职工宿舍，

图 3-8　20 世纪 60 年代的洛阳热电厂
图片来源：《洛阳热电厂厂志》

图 3-9　洛阳热电厂办公楼

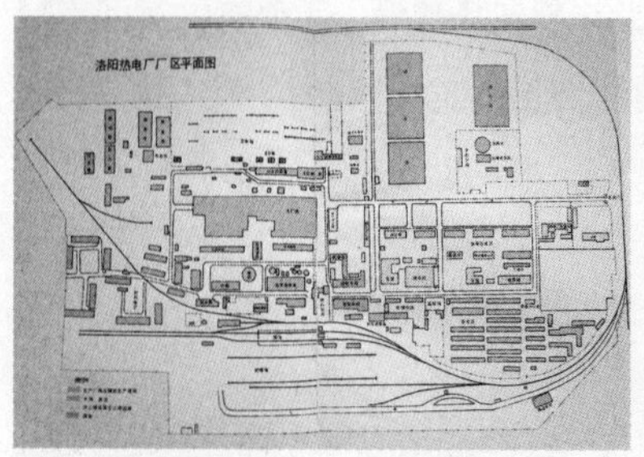

图 3-10　洛阳热电厂厂区平面图
图片来源：《洛阳热电厂厂志》

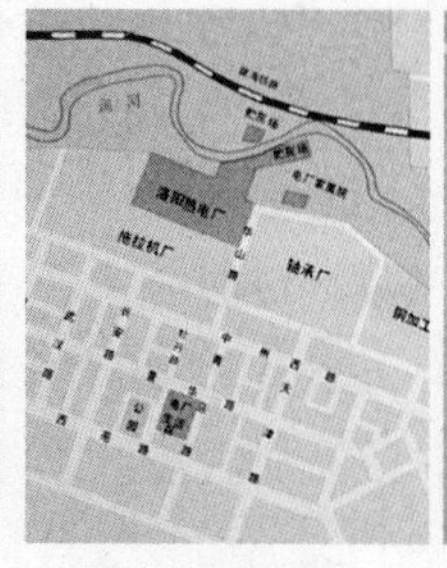

图 3-11　洛阳热电厂生活区 26 号街坊
图片来源：《洛阳热电厂厂志》

共计 40 栋平房（1500m²），后建设三层楼房 2 幢（3925m²）[①]，后不断加建，如图 3-11 所示。

① 《洛阳热电厂厂志——房产管理》，P231.

（三）洛阳热电厂的科教卫生基础建设

1. 教育

洛阳热电厂的教育工作始建于建厂初期，主要分为以下方面。

（1）职工培训

主要是针对职工技术工作的培训。

建厂初期，有不少行政干部来自地方或部队专业人员，技术人员也多为刚刚走出校园的毕业生，只有少数技术人员和工人从老电厂调来具备实践操作和管理经验，因此，干部和工人的业务培训必不可少。

在“一五”时期，我国电力工业也处于一个建设初级阶段，常常需要派送职工到国内相关单位或者到苏联学习技术和经验，1956 年就有将新招收和从外单位调来的 627 名职工送往苏联和国内 10 余个兄弟厂矿培训学习的记录[②]。此外结合生产还会组织相关专业如电气、锅炉、汽机等的培训工作和技术比武活动。

（2）业余教育

1958 年贯彻中央“两条腿走路”的方针[③]，建立职工业余学校，开办中技班、初中班和扫盲班，提高职工文化素质。据记载，1962 年有 66 名职工摘掉了文

② 《洛阳热电厂厂志——职工培训》，P167.

③ 1958 年国务院发布的《关于教育工作的指示》中确定的“两条腿走路”，指公立与私立相结合，三个结合是指：统一性与多样性结合、普及与提高结合、全面规划与地方分权结合；六个并举：国家办学与厂矿、企业、农业合作社办学并举，普通教育与职业教育并举，成人教育与儿童教育并举，全日制学校与半工半读学校并举，学校教育与自学并举，免费教育与收费教育并举。

盲的帽子，372 名职工从小学文化程度提高到初中文化程度，26 名职工由初中提高到中技文化程度[1]。

① 《洛阳热电厂厂志——业余培训》，P169.

（3）子弟小学

1957 年，洛阳热电厂在涧西区青岛路建设一所小学，包含 21 间教室，12 间办公室，至 1962 年拥有在校学生 700 名，教师 26 名，1963 年归入区文教局。

（4）幼儿教育

1956 年建立托儿所，1957 年，伴随职工人数增多，在厂前区建立哺乳室一间（99m^2），在 26 号街坊建设了一座幼儿园（369m^2），至 1973 年，在 26 号街坊建立正规化幼儿园一座（占地 1050m^2，建筑面积 1164m^2），接纳幼儿 230 人。

2. 医疗卫生

1956 年建厂初期筹建洛热卫生所，只有医务人员 5 人[2]，从事一般性的内科治疗和轻伤门诊，后期逐步扩大，负责职工保健、重伤抢救、妇幼保健等工作，如图 3-12 所示。

② 《洛阳热电厂厂志——医疗卫生》，P233.

厂俱乐部

厂幼儿园师生上课

厂卫生所

图 3-12　洛阳热电厂文教卫生建设
图片来源：洛阳热电厂厂办

第三节　洛阳“156 项工程”机械工业方面的建设——洛阳滚珠轴承厂建设历史

一、洛阳滚珠轴承厂建厂背景

（一）轴承生产的背景

1949 年前，中国在机械工业方面极其薄弱，少有的一些制造业多数以进口设备为主，1949 年伊始，大多数工厂设备残缺。中国要实现工业的现代化，首要是发展自己的制造业，建设一批大中型机械工业。“一五”时期，苏联援建的 156 项重点工业项目中有 24 项属于机械工业。

在轴承生产方面，民国时期仅在辽宁沈阳、瓦房店，山西长治以及上海有一些轴承生产的基础。

建设了哈尔滨轴承厂、辽宁省瓦房店轴承厂和洛阳滚珠轴承厂，一时间成为国内轴承界享誉盛名的大型企业。时至今日，“哈”“瓦”“洛”[①]仍是我国轴承生产的领军企业。

① “哈”“瓦”“洛”是哈尔滨轴承厂、辽宁省瓦房店轴承厂和洛阳滚珠轴承厂的业内简称。

（二）作为“156 项工程”的洛阳滚珠轴承厂建厂梗概

洛阳滚珠轴承厂是我国第一个“五年计划”时期建造的 156 项重点工程之一。1953 年 5 月 15 日中华人民共和国同苏维埃社会主义共和国政府协定，由苏联设计并帮助建设洛阳滚珠轴承厂。直接隶属中华人民共和国机械工业部，属直属国营工业企业。

洛阳滚珠轴承厂位于洛阳涧西，东临洛阳有色金属加工厂，西与洛阳第一拖拉机厂毗邻，南接秦岭防洪渠，北有陇海铁路和厂内铁路专用线相连，厂前洛潼公路穿过，涧河和洛河分别从东北和西南环绕而过，为工厂提供了便利的交通和水源。

1953 年 2 月预备筹建滚珠轴承厂，1954 年 3 月 24 日国家计委通过工厂设计任务书正式动工兴建，1955 年 8 月厂区正式开工建设，1957 年 7 月试运行生产，产出第一批汽车变速箱 2191 套，至 1958 年 7 月，轴承厂第一期工程全部建成，正式投产运行，历时近 5 年。洛阳滚珠轴承厂的建设和发展，得到了党和国家领导人的关切。苏联以尼・谢・伊克良尼斯托夫为首的苏联专家为该厂的建设提供了极大的帮助。

洛阳滚珠轴承厂的建设，从开工到投产只用了 23 个月的时间[②]，竣工面积、项目和设计完全相符，1957 年试产轴承 14 种，合 13.62 万套，1958 年生产轴承 183 种，合 585.72 万套，当年实现利润 920.3 万元。表 3–5 所示为洛阳滚珠轴承厂投资建设生产情况。

② 此处仅指厂区生产单元的建设。

洛阳滚珠轴承厂投资建设生产情况　　表 3–5

计划安排投资	占“156 项工程”投资比例	实际完成投资	“一五”时期完成投资	建设规模	形成生产能力	“一五”时期形成生产力
10610 万元	4.1%	11306 万元	9508 万元	滚珠轴承 1000 万套	同规模	同规模

资料来源：董志凯，吴江 . 新中国工业的奠基石——156 项建设研究（1950—2000）[M]. 广州：广东经济出版社，2004：373

洛阳滚珠轴承厂生产的轴承供应给全国各地，大大提高了“一五”时期我国机械设备的国内自给率。除常规轴承外还应用于航空发动机、坦克、精密光学仪器等领域，研制成功了我国国防科研和国家重点工程用的特殊性能、特殊结构的轴承。填补了我国轴承工业的空白，为中国机械工业的进步作出了贡献。

著名的长江水利葛洲坝工程、核潜艇建造工程以及海洋石油钻井船，巨型电子计算机，乃至国防工业的中远程导弹和人造卫星的发射设备上都有洛阳滚珠轴承厂生产的轴承在运转。

二、洛阳滚珠轴承厂建厂历史

（一）洛阳滚珠轴承厂的筹建

1. 筹建阶段

1953 年 2 月，一机部汽车工业管理局在北京小经厂成立新厂筹备处，负责洛阳第一拖拉机厂和滚珠轴承厂的筹建工作。同年 5 月，国家计委初步确定在西安建厂，因此在 7 月中旬分别进行筹建，在西安设立轴承厂的筹备处。

1954 年 1 月，洛阳滚珠轴承厂筹备处从西安迁到洛阳，办公地点设在老城区大中街 30 号、南大街 130 号和仙果市街 24 号。1 月 26 日，中南局“洛阳新厂资料工作检查组”调查了相关资料的搜集工作，为了解决好洛阳新厂建设的各项任务，河南省委决定成立“洛阳建厂委员会”，组织保证建厂工作的顺利进行①。同年 7 月份，滚珠轴承厂会同洛阳第一拖拉机厂、洛阳矿山机器厂在洛阳七里河组成联合工地办公室，负责探墓、勘探和测量等工作。

① 原定有洛阳第一拖拉机厂和矿山机械厂选址洛阳，滚珠轴承厂重新选址洛阳后，“156 项工程”已有 3 项落户洛阳，因此河南省委成立洛阳建厂委员会筹备这三个厂矿的建设。

2. 资料搜集

建厂初期，涧西厂址还是一片麦地，图 3–13 所示为滚珠轴承厂原始地貌图。

除了 1934 年测绘的 1/50000 地形图外并无其他资料，三厂的联合筹备处组织了一大批人员对涧西厂区进行地形测量、地质勘探、古墓钻探以及气象水文等资料的收集工作。该工作从 1953 年 11 月起直至 1954 年底结束，为建厂提供了可靠的资料②。

②《洛阳轴承厂志》，P87.

3. 施工准备

洛阳作为现代城市基础建设极其落后，且都在老城一隅，面对如此浩大的建厂工程，涧西区作为独立的行政区划也才只存在于纸面之上。作为厂区建设的前期工程，需要事先完成 7km 长的铁路专用线、编组站和 100m 的铁路桥

图 3–13　洛阳滚珠轴承厂原始地貌图
图片来源：洛阳轴承厂厂办

图 3-14 洛阳滚珠轴承厂建厂初期铁路、桥梁和供电的建设
图片来源：洛阳轴承厂厂办

梁的建设，此外，七里河临时发电站、由老火车站通到厂区工地的道路以及秦岭防洪工程都需在建厂前进行。洛阳滚珠轴承厂负责了秦岭防洪工程的修建，即将厂南秦岭的洪水引向洛河，使厂区免受秦岭洪水之害。

整个秦岭防洪渠长 8103m，内含土坝、桥涵 37 个，1954 年 1 月勘察设计，同年 6 月 17 日动工修建，9 月 26 日竣工①。图 3-14 所示为建厂初期的施工准备工作。

① 《洛阳轴承厂志——大事记》，P23.

（二）洛阳滚珠轴承厂的选址与建设

1. 选址

洛阳滚珠轴承的生产属于精密机械制造工业，对工厂的自然环境、空气的温度、湿度和清洁度均有严格的要求。作为 156 项重点工程之一，国家对厂址的选择极为重视。

1953 年先后进行了多次厂址调查工作，从大的布局上来讲，大西北地区风沙大，交通不便，原材料购进和产品销售的运输费用高；长江以南湿度太大；津浦线以东，国防条件不适宜②；黄河沿岸土质松散，沙尘过多。因此，根据轴承生产的特殊性，对非自然、经济和国防因素，初步建议以北京、石家庄、太原和西安作为选厂目标。

② 是当时我国国防军事在对空防御方面的措施，即重要工业要选取在津浦线以西，即以台湾地区为起飞圆点轰炸半径之外的区域。

1953 年 4 月，初步选定在西安东郊王家坟一带、灞桥电厂以东建设该厂，后因西安地震多、湿度大、离拖拉机和汽车厂较远等因素，苏联专家建议放弃西安厂址，该建议于 1953 年 12 月 11 日获中央批准。自此转向洛阳与洛阳第一拖拉机厂和洛阳矿山机器厂联合选址③。

③《洛阳轴承厂志——大事记》，P23. 1953 年 8 月，滚珠轴承厂厂址确定在西安并进行勘测。11 月，又在洛阳进行厂址的勘查。12 月 11 日，一机部汽车工业管理局通知西安厂址决定放弃。1954 年 2 月 20 日国家计委决定滚珠轴承厂在洛阳涧河以西建厂。

1954 年 2 月 20 日经国家计委通过，正式确定滚珠轴承厂在洛阳建厂。在洛阳地区，筹备组先后考察了涧河东岸、洛阳东部白马寺附近两处，均因地下古墓众多而放弃；洛河以南虽又有着地势平坦、水源近、古墓少、居民少等优势，但又因受周围高地雨水冲刷和洛河洪水威胁的因素不能作为建厂地，遂选定在涧河以西现在的地址④。图 3-15 所示为洛阳滚珠轴承厂位置及厂区鸟瞰。

④ 同上。

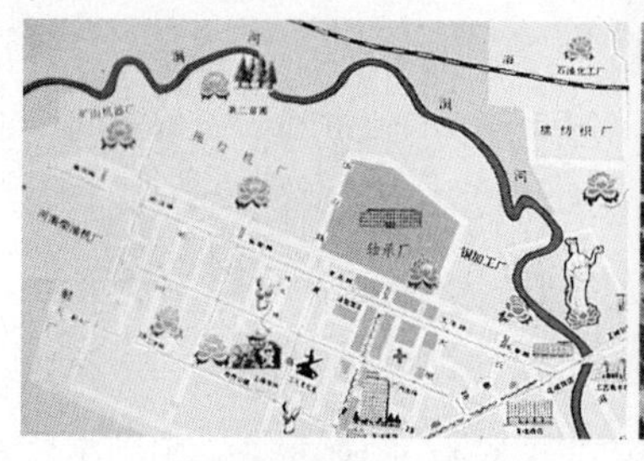

图 3-15　洛阳滚珠轴承厂位置及厂区鸟瞰
图片来源：洛阳轴承厂厂办

2. 工程设计与建设

（1）工厂设计

根据 1953 年 5 月 15 日中苏协定，11 月 27 日，一机部、中国技术进口公司同苏联机器制造部、全苏技术进口公司签订了滚珠轴承工厂的设计合同。规定工厂设计分为初步设计、技术设计和施工图设计三个阶段。工厂的建筑公用设计由一机部第一设计分局及建筑工程部北京工业建筑设计院配合进行，苏联仅提供扩大初步设计。国内配合设计的有郑州铁路局（主要承担铁路专用线的设计），邮电部北京邮电设计院（承担电讯设计）。

1954 年 3 月 24 日，国家计委批准滚珠轴承厂设计任务书。同年 9 月 17 日，初步设计在苏联莫斯科进行审查，1955 年 2 月 4 日，在北京进行技术设计的审查。1955 年 6 月，北京工业建筑设计院和第一设计分局分批交付施工图纸，因时间短任务重，整个设计与施工组织采取边设计边施工的方式进行。

据苏联扩初设计资料，初建厂占地面积 516 363m^2，厂区 276 486m^2，涉及生产工场、辅助工场、锻工场、动力站、热力站和库房等，合建筑面积 73.074m^2；生活区占地 239 877m^2，涉及宿舍、住宅等建筑面积 103 644m^2[①]。

①《洛阳轴承厂志》，P90.

（2）工程建设

初期工程：洛阳滚珠轴承厂的初期建设历时较短，施工效率极高：1955 年 4 月 25 日土方平整；5 月，铁路专线开工；同年 7 月，道路、上下水管道施工开始进行，厂区围墙开工，当月完工；8 月 29 日，滚珠轴承厂联合仓库破土动工；9 月 4 日，主厂房辅助工场动工兴建，随后生产工场、锻工场和一号仓库相继开工，至 1956 年 7 月 10 日，第一台设备进入安装阶段，1957 年 3 月设备安装基本完成，1957 年 7 月投入试生产。此阶段历时 23 个月。1958 年 6 月 30 日国家验收，7 月 1 日进行了正式的开工典礼[②]。

②《洛阳轴承厂志——大事记》，P23.

第一期扩建工程（1958—1966 年）：在 1958 年验收投产后，随着国民经济的发展，洛阳滚珠轴承厂在大型和特大型轴承[③]的生产方面不能满足社会需要，于是，在 1958 年 10 月，一机部下达扩建任务，即建设能够年产特大型轴承 7500 套，

③ 大型轴承外径为 200mm 以上，特大型轴承指外径在 400mm 以上的轴承。

大型轴承40万套，同时按照全厂的年产长远规划，增加相应的锻工、磨具、机械修理等的生产能力。特大型和大型车间厂房就原辅助工厂向北扩建，机修车间厂房向东扩建，锻工车间在原锻工工场西侧扩建与原面积同等的一跨，并扩建生活间等。这一阶段新增厂房建筑面积31 030m²，设备752台，总投资4 144.31万元[①]。

① 《洛阳轴承厂厂志》，P92.

扩建部分的特大型工艺仍由苏联专家负责指导，其余由轴承厂工艺部门独立编制设计，建筑公用部分在北京工业建筑设计院现场小组配合下，由轴承厂制作施工图纸。

第一期扩建工程从1958年12月开始，至1961年竣工。继而是生产的大发展，此时为了发展国家急需的大型、特大型、军工专用和超精密轴承，根据中央“调整、巩固、充实、提高”[②]的八字方针，洛阳滚珠轴承厂坚持独立自主、自力更生的原则，在雷锋精神和大庆精神[③]的鼓舞下，自行设计，这一阶段主要有三方面的进展：一方面是进行了生产线的调整，建立了一系列轴承自动化生产线，因此涉及厂房的扩建加建工程。另一方面投资了1 648.52万元建立了军品轴承生产基地，总建筑面积26 733m²，为我国军工生产提供了坦克轴承、航空轴承以及军工大型轴承等。第三方面是建设了大型滚子车间和重大型车间，滚子车间新增厂房4 676m²；重大型车间是利用原有的轧钢、炼钢厂房改建和扩建而成的，其中特大滚子生产占2 312m²，磨工和热处理占3 872m²，五吨锤厂房占3 101m²[④]。这些均为后期建设球面滚子车间奠定了基础，也为我国冶金、矿山机械、铁路运输、重型设备的发展提供了设备支持，改革开放后，洛阳滚珠轴承厂建成了我国小型球轴承出口基地[⑤]。

② 汪海波．新中国工业经济史[M]．北京：经济管理出版社，1990：203. 在1958—1960三年“大跃进”生产后，党的八届九中全会决定从1961年起对整个国民经济实施“调整、巩固、充实、提高”的方针，调整因“大跃进”造成的国民经济和工业内各部门比例失调的现象。

③ 开始于1964年初的“工业学大庆”运动，即号召当时的工人阶级发扬“大庆精神”，为了工业的发展而苦干，不为名，不为利，不依靠外国，自力更生。

④ 《洛阳轴承厂厂志》，P96.

⑤ 1981年国家计委和一机部批准洛阳滚珠轴承厂建立年产1200万套小型球轴承出口基地，1983年即部分建成投产。

图3-16及图3-17所示为当年洛阳滚珠轴承厂的建设情况。

锻工车间基坑开挖

第一根柱子的吊装

厂房主体结构施工

辅助工场厂房施工

图3-16　洛阳滚珠轴承厂建设初期施工情况
图片来源：《洛阳轴承厂厂志》

设备吊装

厂长范华与苏联专家现场指导设备清洗

设备试车

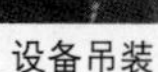

开工典礼大会

苏联专家组长尼·谢·伊克良尼斯托夫开工典礼致辞

图 3-17　洛阳滚珠轴承厂建厂开工典礼
图片来源：《洛阳轴承厂厂志》

三、洛阳滚珠轴承厂“一五”时期建设实践

（一）洛阳滚珠轴承厂的厂区规划与主要的生产建筑

洛阳滚珠轴承厂是最先落户洛阳的三个“156 项工程”之一，同时也是这三个厂中最早开工建设的企业。从时间角度来讲，它的规划和建设是整个涧西工业区建设的起点和标杆。

洛阳滚珠轴承厂总占地面积 1 400 864m^2，其中厂区 899 033m^2，厂房面积 285 927m^2[①]。厂区规划南北布局，分为厂前区、生产区、辅助区和铁路专线装卸运输区。厂前区主要布置厂办公楼、实验技术楼、设计院及食堂和哺乳室、车棚车库等，生产区由主要的生产车间组成，包括第一、第二生产工场、联合工厂、锻工工厂、大型滚子车间、自动化车间等，周边布置辅助及机修车间、工具库房等，各车间厂房之间均有南北纵横道路连接，交通便捷。靠近铁路专用线一带为原料仓库及成品仓库，便于装卸与运输。图 3-18 所示为洛阳滚珠轴承厂厂区平面分布。

① 此为洛阳滚珠轴承厂三期扩建工程结束后的统计数据。

主要生产建筑包括第一生产工场、第二生产工场、锻工工场、辅助工场和大型滚子车间等，图 3-19 所示为 20 世纪 60 年代建厂初期生产工场、锻工场和辅助工场初建成的情形。

（二）洛阳滚珠轴承厂生活配套建设

1954 年，洛阳滚珠轴承厂建成初期曾在老城区内租用民房作为筹备办公

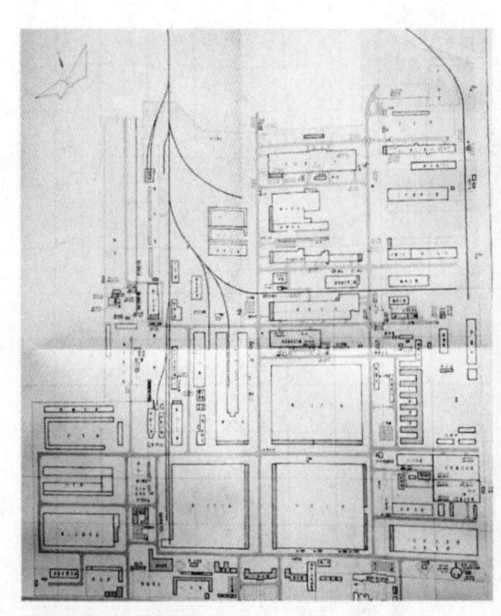

图 3-18　洛阳滚珠轴承厂厂区平面图
图片来源：《洛阳轴承厂厂志》

图 3-19　洛阳滚珠轴承厂 20 世纪 60 年代厂房建设
图片来源：《洛阳轴承厂厂志》

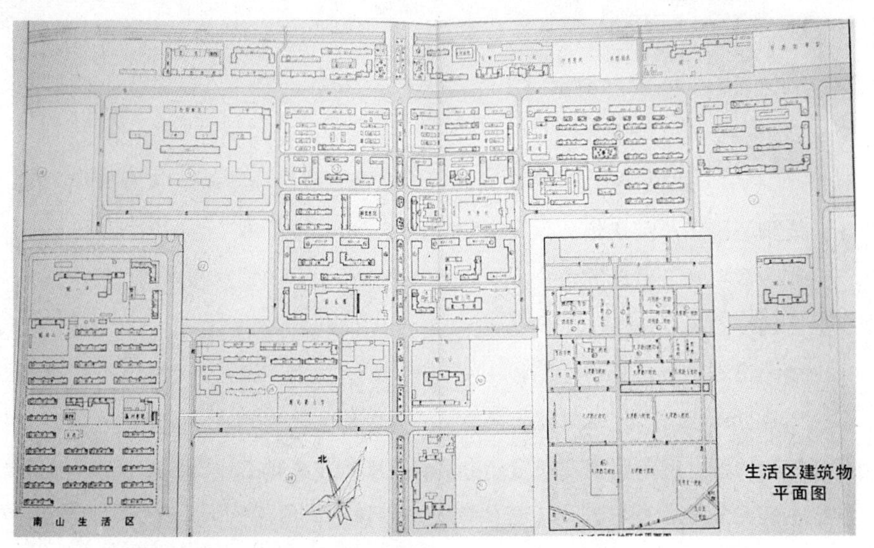

图 3-20　洛阳滚珠轴承厂生活区范围及布局平面图
图片来源：洛阳轴承厂厂部

室和职工的临时宿舍，但第一批正式的职工宿舍是 1954 年 9 月开工，同年 12 月 14 日竣工的洛阳涧西第 11 号街坊，施工完成 5 幢 3 层楼房，总建筑面积 14 257.53m^2 的职工宿舍。1955 年至 1956 年建设 13 号、14 号、15 号三个街坊共 60 534m^2 的住房，1959 年在 13、14 号街坊内新建单身宿舍 6 645m^2，1961 年建设 17 号街坊家属楼 6 幢，从而形成了 5 个街坊的职工生活区。70 年代后期到 80 年代初又开辟南山、厂前和厂北生活区。图 3-20 所示为洛阳滚珠轴承厂生活区范围及布局平面。

（三）洛阳滚珠轴承厂的科教卫生基础建设

1. 教育

洛阳滚珠轴承厂的教育工作始建于建厂初期，1954 年 1 月成立教育组，1956 年 7 月设立教育科，1979 年 7 月后分设职工教育和学校教育处，以下分别对其职业教育、中小学教育和幼儿教育三个方面进行分述。

（1）职工教育

职工培训工作与建厂几乎是同步进行的。建厂初期，国内轴承专业起步较晚，因此相关的专业技术人员十分缺乏。而建厂需要大量的各个专业的人才，1954 年成立教育组，主要就是负责职工的学习和培训工作，其中包括文化知识、基建常识、轴承专业技术等，作为“156 项工程”之一，由苏联专家的技术指导和帮助，1955—1956 年还选派了关键性技术骨干 99 人远赴苏联莫斯科第一轴承厂学习[①]。历年来，教育处组织了各种形式[②]的教育培训活动，促进职工文化素质和技术能力的提升。

洛阳滚珠轴承厂还开办有业余教育，即“洛阳轴承厂职工业余学校”，开办于 1956 年 3 月，地点在 11 号街坊 1 号楼内。学校响应中央“两条腿走路”的方针，在厂属各单位设立“红专学校”，后增设夜大班、扫盲班等，最多时全厂参加学校学习的人数达到职工总数的 96.1%[③]。该学校自 1982 年起更名为“洛阳轴承厂职工学校”。

洛轴技工学校是面对轴承专业的中等技术学校，开办于 1960 年 2 月，是经一机部教育局批准成立的，最初名为“洛阳轴承厂中等专业学校”，校址在 17 号街坊内。该校曾招生 21 个班，1000 多学生，1961 年因国家暂时困难停办。1964 年经一机部批准，再次成立“洛阳轴承厂中等技术学校”，后因“文革”停课，直至 1974 年 4 月恢复，定名为“洛阳轴承厂技工学校”，校址设在厂北。

职工大学教育是 1956 年经教育部批准备案创办的，始称“洛阳轴承厂职工业余大学班”，1964 年改为“洛阳轴承厂工人大学”，1974 年改名为“七二一”[④]工人大学，1982 年 8 月经教育部批准承认，正式列入国家高等学校行列。

以上是洛阳轴承厂内部职工培训与教育的序列，除此之外，在 1958—1959 年间，还承担全国及朝鲜的轴承技术代培工作。曾有“服从生产、大力培训、内外兼顾、主动支援”的口号，1958 年为朝鲜和我国 19 个省、市、自治区的 54 个厂矿机关及学校培训 1199 人；1959 年培训 629 人。图 3-21 所示为当时学校基建及培训情况。

（2）中小学教育

厂办全日制普通小学始办于建厂初期，最初是在 1956 年，设于 14 号街坊

① 《洛阳轴承厂厂志——教育工作》，P244.

② 同上，主要包括一系列的初中班、高小文化学习班、技术设计资料学习班、各种技术专题班等。

③ 《洛阳轴承厂厂志——教育工作》，P247.

④ “七二一大学”又称“七二一工人大学”，是“文化大革命”那个特定历史时期内的产物。

技工学校

职工教育大楼

苏联专家指导技术设计学习

图 3-21 洛阳滚珠轴承厂职工教育基础建设及培训组图
图片来源：洛阳轴承厂厂部

内部，当时共有 5 个人教学班，近 100 名学生，校舍 2017m² [①]（后成为托儿所的用房），随着厂区的建设和人口的增多，后期共拥有 4 所小学，即轴一小、轴二小、轴三小和轴四小。四所小学认真贯彻党的教育方针，重视学生的德智体全面发展，现已成为涧西区知名度较高的小学校。

厂办的全日制中学教育始于 1965 年，依托原有的小学校舍办学，后不断发展壮大，至 20 世纪 80 年代初期共拥有校园面积 21 755.5m²，校舍面积 13 922m² [②]，含轴一中（高中）、轴二中和轴三中（初中）三所中学校，业已发展成为洛阳地区的重点中学，为涧西区乃至洛阳地区的教育作出了贡献。

（3）幼儿教育

1954 建立托儿所，利用 13 号街坊的 31 号家属楼开办了轴承厂的第一座托儿所，当时仅有大、小两个班，儿童 60 名，至 1956 年分别在 13 号和 14 号街坊各建立一座幼儿园，厂区内同时设立 208m² 的哺乳室，1966 年又在厂北职工生活区和 17 号街坊建立了 2 个托儿所，此时全厂的幼儿园共有在读儿童 2000 名，保育工作人员 200 名[③]，如图 3-22 所示。

2. 医疗卫生

1954 年 3 月，在厂北符家屯租用民房成立了洛阳滚珠轴承厂第一个医疗室，1956 年建设 337m² 门诊部一座，1957 年初在 15 号街坊内改建职工宿舍楼一幢约 1 000m²，后不断扩大，负责全厂职工、家属的医疗卫生和保健工作。并同时设立龙门疗养院负责职工的疗养工作。图 3-23 所示为洛阳轴承厂医疗卫生基础建设。

① 《洛阳轴承厂厂志——生活福利》，P266.

② 同上。

③ 同上。

职工子弟第一小学

职工子弟第二中学

洛阳滚珠轴承厂幼儿园

图 3-22 洛阳滚珠轴承厂中小学校及幼儿教育基础建设
图片来源：洛轴厂部

图 3-23　洛阳滚珠轴承厂医疗基础建设
图片来源：洛轴厂部

3. 其他

洛阳滚珠轴承厂建于涧西区建区伊始，职工众多，衣食住行和生产都需要从零开始，除了上述厂区、生活区和教育医疗建设外，厂区还设有大食堂、招待所、理发馆、浴池等配套设施，在 1960 年前后还在河南正阳、后河、洛宁三县建有三个农场，如图 3-24 所示。

大食堂鸟瞰

大食堂内景

来宾招待所

图 3-24　洛阳滚珠轴承厂大食堂及招待所
图片来源：洛阳轴承厂厂志

第四节　洛阳“156 项工程”机械工业方面的建设——洛阳第一拖拉机厂建设历史

一、洛阳第一拖拉机厂建厂背景

（一）中国拖拉机生产的背景

拖拉机是一种移动式动力机械，它最早诞生于 19 世纪中叶的英国，伴随蒸汽机的产生而得以发明。它可以与不同的农具配套，从而实现耕犁、播种、收割、运输等农业作业。

我国是农业大国，几千年的文明都是以农业为基础的。但 1949 年前工业基础极其薄弱，广大农村耕种收割一直是人工和牲畜劳作，并无机械化生产。图 3-25 所示为早期的农用工具。

1858 年，清政府在黑龙江齐齐哈尔设立垦务局，吸引关内移民开垦荒地，1908 年，黑龙江巡抚程德全奏请朝廷批准，以 22250 两白银购入两台“火犁”

图 3-25　我国传统农具木犁
图片来源：作者拍摄于洛阳农耕博物馆

图 3-26　民国时期上海关于拖拉机的宣传画
图片来源：作者拍摄于洛阳农耕博物馆

（拖拉机），至 1949 年，仅有为数极少的农用装备，且全部由国外进口，国内连配件都不能生产[①]，如图 3-26 所示。

因此，“一五”期间，国家尤其重视在民用机械工业方面的建设，在农用机械方面，主要兴建了洛阳第一拖拉机厂、南昌拖拉机厂和鞍山拖拉机厂。我国的拖拉机生产也开始于此[②]。

① 资料来源：洛阳农耕博物馆——拖拉机进入中国。

② 中国一拖常务副总经理闫麟角．沧桑巨变任重道远——我国拖拉机行业的发展与展望，道客巴巴 http：//www.doc88.com/p-7562993251095.html.

（二）作为“156 项工程”的洛阳第一拖拉机厂建厂梗概

洛阳第一拖拉机厂（原名洛阳拖拉机制造厂），是我国“一五”期间苏联援建的 156 项重点工程之一，位于洛阳涧西区涧河南岸，东临洛阳滚珠轴承厂，西与洛阳矿山机器厂毗邻，北邻洛阳热电厂，有陇海铁路和厂内铁路专用线相连，厂前洛潼公路穿过，厂区交通便捷。拖厂于 1953 年开始筹备，1954 年 2 月确定厂址，1955 年动工兴建，提前一年于 1958 年 7 月 20 日生产出我国自行制造的第一台东方红 -54 型履带式拖拉机，至 1959 年 11 月 1 日，全厂基本建成，正式投入生产。表 3-6 所示为洛阳第一拖拉机厂投资建设生产情况。

洛阳第一拖拉机厂投资建设生产情况　　**表 3-6**

计划安排投资	占 156 项电力工程投资比例	实际完成投资	“一五”时期完成投资	建设规模	形成生产能力	“一五”时期形成生产力
35130 万元	13.5%	34788 万元	13750 万元	拖拉机 4.5 万台	同规模	同规模

资料来源：董志凯，吴江．新中国工业的奠基石——156 项建设研究（1950—2000）[M]．广州：广东经济出版社，2004：373

洛阳第一拖拉机厂的建设和发展，得到了党和国家领导人的关切。它的建成，标志着我国农业机械工业进入了一个新的发展阶段，我国自产的拖拉机装备始于此，为我国农业机械化创造了迅速发展的条件。

二、洛阳第一拖拉机厂建厂历史

（一）洛阳第一拖拉机厂的筹建

1. 筹建阶段

如上所述，中华人民共和国成立时国内还没有拖拉机工业，为实现我国的农业机械现代化，在“156 项工程”中就规划决定由苏联帮助我国设计建造第一个拖拉机制造厂。

1953 年 2 月，一机部汽车工业管理局在北京小经厂成立新厂筹备处，负责洛阳第一拖拉机厂和滚珠轴承厂的筹建工作。一方面进行厂址的选择，另一方面进行建设筹备。1953 年 7 月 12 日，正式成立洛阳拖拉机制造厂筹备处，同年 8 月 1 日，一机部向国家计委报批《国营拖拉机制造厂计划任务书》，1954 年 2 月开始勘察设计，同年 10 月，筹备处赴莫斯科与苏联正式签订《拖拉机厂初步设计审批议定书》，且确定洛阳第一拖拉机制造厂生产东方红 -54 型履带式拖拉机。

筹备组先后调查市镇、整理国内外设计基础资料，并进一步成立与生产直接相关的铸钢、铸铁、精密铸造、锻工、冲压、装配等车间筹备组，建设基本建设管理机构，并于 1955 年 10 月 1 日举行正式的开工典礼[①]。

①《洛阳拖拉机制造厂厂志——大事记》，P19-29.

2. 选址

1953 年 2 月，北京新厂筹备处成立后，曾筹划在哈尔滨、石家庄、西安、郑州等地选择拖拉机制造厂的厂址。后来考虑到整个“156 项工程”的布局，中央指示在中原一带的河南省内建厂。因此，筹备组先后在郑州、洛阳、偃师、新安、陕州五个地区进行踏勘进行厂址选择。

第一阶段（1953 年 7 月 15 日—9 月 15 日），筹备组在洛阳西郊的西工区进行选厂。主要区域是从老城西关起至涧河，北至陇海铁路，南至西工的方圆 7.7km^2 的区域，此处地势开阔、土质好，靠近城市与铁路临近，但因该地区是周代王城遗址所在，最终放弃此处的选址。

第二阶段（1953 年 9 月 16 日—11 月 16 日），筹备组在郑州市三官庙、冉屯、京汉与陇海铁路线的三角地带和贾鲁河以西的四个地区勘察，同时在洛阳市洛河以南、涧河以西以及老城东郊白马寺一带进行勘察，对比偃师、新安和陕州的勘察结果，认为偃师、新安和陕州地段狭窄，洛阳东郊白马寺一带地下古墓众多、不利文物保护，而此时中央从工业布局方面的考虑，指示在洛阳建厂，因此，该阶段的结果是将选厂重点转向洛阳涧河以西地区。

第三阶段（1953 年 11 月 17 日—1954 年 2 月 20 日），筹备组集中力量在涧河以西选厂，进行了 1 ： 5000 和 1 ： 1000 的地形图测绘，同时进行了地质钻探，

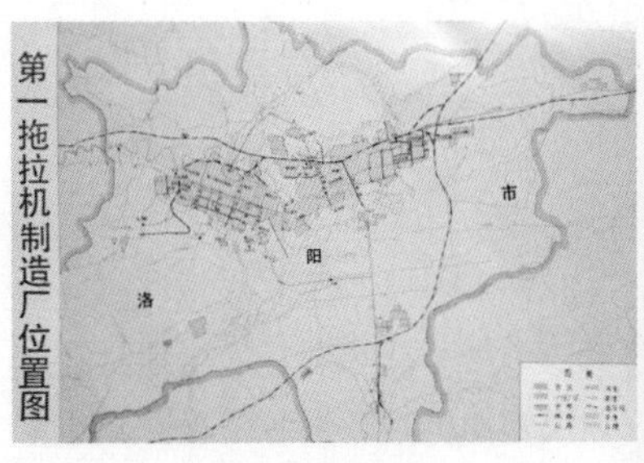

图 3-27　洛阳第一拖拉机制造厂厂址及厂区鸟瞰
图片来源：洛阳拖拉机厂厂部

最终于 1954 年 2 月 20 日经国家计委批准，确定了最终的位于洛阳涧西的厂址。

图 3-27 所示为洛阳第一拖拉机制造厂厂址及厂区鸟瞰。

3. 资料搜集

厂址确定后，筹备处从 1954 年 2 月开始进行勘察设计资料的准备工作，到年底整理出国外设计基础资料、国内设计基础资料和厂外设计基础资料共三套 12 项 42 册，大致包括地形图测绘、地质钻探、铲探与地下古墓处理、土壤荷载试验、抽水试验以及自然地理、基础设施等方面的调查和资料搜集。

（二）洛阳第一拖拉机厂的工程设计与建设

1. 工程设计

洛阳第一拖拉机厂的设计共分为三个部分，即厂房设计、宿舍福利设施设计和厂外公用设施设计。厂区全部工艺和建筑扩初设计由苏联方面担任，其余的由国内单位承担。

1953 年 5 月 15 日，一机部汽车工业管理局筹备处与苏联国家汽车拖拉机工业设计院签订了《中苏关于中国拖拉机制造厂的设计合同》，其中工厂的全部工艺初步设计和技术设计由苏联汽车拖拉机工业设计院负责，施工设计由苏联哈尔科夫拖拉机厂负责，各车间建筑扩初设计以及铸钢、铸铁车间的施工设计由苏联哈尔科夫农业机械设计院负责，如图 3-28 所示。

1956 年 1 月 20 日，中国第一拖拉机厂苏联总专家列布柯夫与夫人抵达洛阳

苏联专家在第一拖拉机厂车间做现场指导

图 3-28　苏联方面帮助第一拖拉机厂设计的史料
图片来源：《洛阳拖拉机制造厂厂志》

1954 年 3 月，第一拖拉机厂与建筑工程部设计总局工业及城市建筑设计院签订厂房建筑设计合同，4 月底与一机部设计总局第一设计分局签订动能站的设计合同，同年 10 月，厂区内的电信、通信工程设计交与邮电部设计院，园林绿化部分由武汉园林管理处负责设计[①]。

2. 施工准备

洛阳第一拖拉机厂的施工建设较为注重建设程序，在统筹安排和施工管理方面都较为高效。

洛阳地下古墓众多，拖厂选址虽远离老城区，但仍有大量的地下墓葬存在[②]。拖厂在建设前期组织了大量有经验的探墓民工进行铲探，并组织专业填孔队进行填孔[③]，为厂房建设做好了地基方面的处理，建厂多年，一拖的工程并无因地基原因而发生质量事故[④]。

和洛阳滚珠轴承厂一样，第一拖拉机厂的建设也是在一片农田上开始的，因此缺乏必备的基础设施建设，第一拖拉机厂负责了铁路专用线、厂区编组站等厂外工程的施工。如图 3–29 所示为第一拖拉机厂内铁路编组站。

1954 年上半年，根据建筑工程部的安排，第一拖拉机厂筹备处开始调集施工力量，按照工程进度组织进场，最多时现场施工人数达到 2 万多人[⑤]，为工厂建设的进度提供了保证。

为了适应施工的需要，1954 年和 1955 年，先后在第一拖拉机厂和滚珠轴承厂之间的 500m 隔离区及宿舍以南的李村地区建设了大批大型临时设施，包括木材加工厂、混凝土构件加工厂、混凝土搅拌厂、砂浆搅拌厂、露天预制构件厂、材料仓库、金属结构加工厂等，总面积达 3 万多平方米，大大提高了建厂的效率。

3. 工厂建设

洛阳拖拉机制造厂的施工是按照“先宿舍后厂房，先辅助生产车间后基本生产车间，边土建、边安装、边调整试生产”的精神进行的。

工厂在基本完成施工准备工作后，于 1954 年 9 月 14 日开始组织生活区 10 号和 11 号街坊宿舍楼的施工，1955 年 10 月 1 日厂房正式动工兴建，如图 3–30 所示。

图 3–29　第一拖拉机厂铁路编组站

图 3–30　第一拖拉机厂开工奠基及破土动工照片

图片来源：洛阳第一拖拉机厂厂部

① 洛阳第一拖拉机厂的设计较为快捷，准备工作较为充分，因此整个工程的施工都以设计为先导，部分存在边设计边施工的情况。

② 1954 年 11 月，拖拉机厂筹备处成立了探墓指挥部，从 1954 到 1955 上半年，在选址区内铲探 90 万平方米，发现古墓 1568 座，地下古河、古井、古坑及古蚁穴 1450 个。

③ 具体处理手法是距地面 1m 以上的用砂填孔，1m 以内的用素土填孔，每 30cm 厚用铁锤夯实一次。

④ 董志凯，吴江．新中国工业的奠基石——156 项建设研究（1950—2000）[M]. 广州：广东经济出版社，2004：253.

⑤ 同上。

厂区土建工程分三批进行：第一批开工的项目有辅助工场、锻工工场、有色修铸工场和总仓库，第二批开工的有冲压工场、发动机工场、木工工场、燃料系统工场和煤气站，第三批开工的是铸铁工场、铸钢工场和标准金属零件工场及拖拉机底盘工厂，同时开工的还有厂区的上下水工程和道路工程。1956 年是土建施工的高潮期，同年 7 月开始设备安装，同时厂区内部煤气、氧气、蒸汽、凝结水、热水、回水等主要管道进入全面施工期。1958 年进入设备安装的高潮期，一年内完成了全厂 60% 设备的安装，部分进入调试生产。1959 年继续土建和设备安装工程，至 1959 年 10 月底，全厂土建工程基本完工，主要设备安装完毕，水、电、道路、气体都已接通，各生产线基本成型，如图 3-31 所示。

根据工厂的建设进度，1959 年 9 月 8 日，一机部以（1959）机基张字第 216 号文，同意第一拖拉机厂向国家交工验收。按照苏联设计，厂区面积 145 万平方米，建筑面积 32.95 万平方米，宿舍区建筑面积 40.94 万平方米，全厂机电设备 1.2263 万台，各种管线长 26.44 万米，各种电缆、电线 106.59 万米，道路面积 5.93 万平方米，铁路 2.166 万米，铁路桥一座 160m 以及附设铁路编组站[①]。从开工到基本建成，历时 4 年。

①《洛阳拖拉机制造厂厂志——大事记》，P52.

洛拖基坑开挖　洛拖锻工工场吊装　架设动力管道

洛拖铸铁厂房施工　辅助工场天车吊装

洛拖发动机工场试生产

图 3-31　洛阳拖拉机制造厂厂房建设施工情况
图片来源：《洛阳拖厂厂志》

图 3-32 洛阳拖拉机制造厂落成投产
图片来源：《洛阳拖拉机制造厂厂志》

1959 年 11 月 1 日，在第一拖拉机厂前广场举行了工厂落成典礼大会。图 3-32 所示为洛拖落成典礼及中国第一台拖拉机——东方红 -54 型履带式拖拉机的诞生。

1960—1962 年的三年里主要完成了一系列前序工程的收尾工作，同时在施工过程中发现了一些有关苏联设计不符合我国国情的方面都予以了改正。后来，苏联方面停止了一些关键设备和技术资料的供应，第一拖拉机厂第一期工程的建设受到了一些影响，直到 1964 年，整个第一期建厂工程才全部完工，形成了计划生产力。这期间完成了车轮车间、精密铸造车间、第二铸铁车间、锻工车间等的兴建，共计建筑面积 9.065 万平方米。

1963—1982 年主要进行了产品的改造，第一拖拉机厂的生产品种不断增多，因此在生产线和生产建筑方面自然有一些扩建和改建工程。且伴随生产的扩大，工人数量也在不断增加，相应的生活区亦需持续建设，该阶段共新增生产建筑面积 1.55 万平方米，辅助生产面积 8300m^2，居住建筑面积 3.56 万平方米。在“六五”期间，也进行了一系列的技术改造工程，新增建筑面积 1.37 万平方米。后期的所有建设均是在“一五”时期的规划和生产设计基础上进行的。

三、洛阳第一拖拉机制造厂“一五”时期建设实践

（一）洛阳第一拖拉机制造厂的厂区规划与主要的生产建筑

洛阳第一拖拉机制造厂是“156 项工程”的重点工程。整个厂区规划及建筑设计是由苏联汽车拖拉机以及农业机器制造部国家汽车拖拉机设计院负责的，工厂工艺有苏联哈尔科夫拖拉机厂负责，全套生产流程的规划均仿照该厂设计，图 3-33 所示为所示洛阳拖拉机制造厂的规划总平面布局。

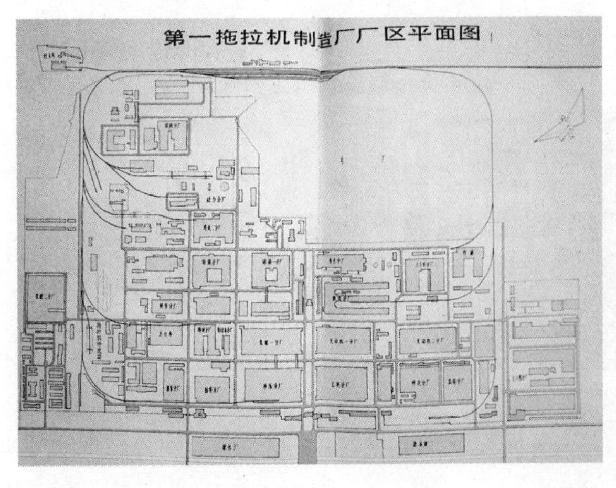

图 3-33　洛阳拖拉机制造厂的规划总平面布局
图片来源：《洛阳拖拉机制造厂厂志》

厂区平面布置与轴承厂大致相仿，即分为厂前区和生产区，厂前区布置办公楼、档案、研究机构，同轴承厂一样，厂前设大广场；生产区的规划有着严格的内在关联，所有生产车间的位置布局是围绕拖拉机生产的工艺流程展开的，核心点是装配工场，即所有的零件、半成品要在装配车间最终组装成为拖拉机，因此，分别设有流水线与上一级产品相连，辅助、工具等布置在相关厂房车间周围，最终产品流向成品仓库，并最终通过公路和铁路编组站运输到全国各地。图 3-34、图 3-35 所示为“一五”时期洛阳拖拉机制造厂的主要建筑。

图 3-34　大门及门头浮雕
图片来源：（左）洛阳农耕博物馆（右）杨晋毅老师拍摄

燃料系统工场大楼

内部铁路运输

图 3-35　洛阳拖拉机制造厂厂区
图片来源：（左）洛阳农耕博物馆（右）作者自摄

（二）洛阳拖拉机制造厂的生活配套建设

洛阳拖拉机厂生活区的兴建同样开始于 1954 年，是本着“先宿舍后厂房，先辅助生产车间后基本生产车间，边土建、边安装、边调整试生产”的精神建造的。

1954 年 9 月，第一拖拉机厂开始建设职工家属宿舍，当年在 11 号街坊建成宿舍 4900m^2，1959 年 11 月，建成宿舍楼房 85 幢，平房 170 幢，总建筑面积 25.88 万平方米。后不断兴建，共建设有 19 个街坊和 2 个工人住宅村，总占地 150.55 万平方米，有宿舍楼房 205 栋、平房 92 栋、简易平房 105 栋，总建筑面积 68.4 万平方米，居住面积 37.2 万平方米。图 3-36 所示为第一拖拉机厂生活区总平面及鸟瞰。

（三）洛阳拖拉机制造厂的科教卫生基础建设

1. 教育

1953 年，洛阳拖拉机厂设教育组，负责全厂的教育工作。

其职工培训系统，在各分厂、处设有职工培训点 22 个，固定教室面积 8447m^2。该培训在拖厂的不同时期围绕不同的内容展开，在筹建时期，主要培训基建、技术和一般文化知识等；1958 年成立了工业大学（“红专大学”[①]），到 1959 年改为“拖拉机学院”，提出生产、教育、科研三结合，当年职工入学比例高达 76.3%[②]。其技工学校前身是天津汽车技工学校，最初于 1953 年 4 月在天津红桥区丁字沽筹建，1954 年 9 月在北京、天津和洛阳招生 500 名，至 1956 年 8 月迁到洛阳，改名为一机部洛阳第一工人技术学校，1957 年划归一拖领导，改名第一拖拉机制造技术学校，最初的校址在武汉路北端，东面与拖厂毗邻，占地 15.9 万平方米，后迁至龙鳞路南端，至今办学已经过半个世纪。

在学生普通教育方面，洛阳拖拉机厂的幼教工作始于 1954 年哺乳室的

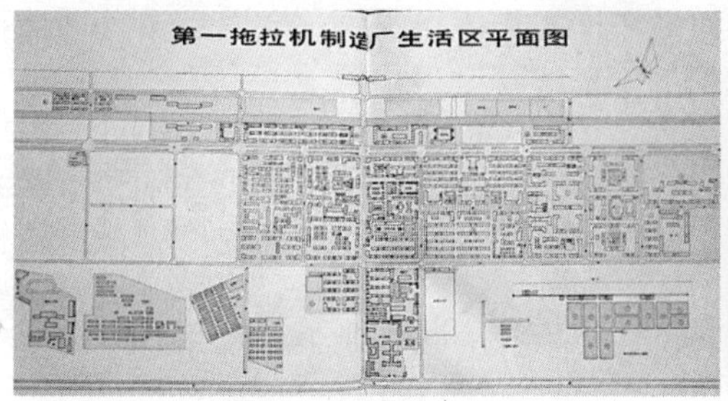

图 3-36　第一拖拉机厂生活区总平面及鸟瞰
图片来源：《洛阳拖拉机制造厂厂志》

① 红专学校，是针对 1958 年“大跃进”时期对劳动者素质有了比较高的要求，但广大劳动者的文化水平都属于文盲、半文盲，不能满足“大跃进”工作的要求，党和政府及时提出了普及文化课、提高劳动老师素质的要求，于是，在全国各地开展了轰轰烈烈的扫盲运动，办起了农民学校、职工学校，有的取名为“红专学校”，意为培养又红又专的劳动者。

②《洛阳拖拉机制造厂厂志——文化教育》，P479.

试办，于 1955 年正式开班，同年 5 月建立幼儿园一所，到 1956 年已经在生活区建立托儿所、幼儿园 5 所，中小学教育方面共有 5 所职工子弟小学，3 所职工子弟中学，1 所技工学校和 1 所职工大学。学校总占地面积 15.86 万平方米，建筑面积 6.135 万平方米[①]。教育系统承担着本厂职工子弟的教育任务，本厂干部、职工的培训工作，同时还为国内外的大专院校、厂矿培训学生和工人。

① 《洛阳拖拉机制造厂厂志——文化教育》，P479.

2. 医疗卫生

1953 年 8 月，洛阳拖拉机制造厂筹备处设立医务室，1954 年 9 月建立卫生所，设床位 30 张，1957 年，正式组建职工医院，建设于 23 号街坊南侧，占地 4 万平方米，1962 年建成职工医院大楼，1984 年建成门诊部大楼。拖厂职工医院负责全厂职工的常规医疗、保健与治疗工作，现已发展成为集医疗、预防、康复、科研、教学和社区卫生保健于一身的三级综合性医院，现名为“东方医院”（河南科技大学第三附属医院）。

3. 其他

除此之外，洛阳拖拉机制造厂还建设有食堂 26 个，建筑面积 2.4 万平方米，茶炉 67 个和汽水站 1 个，建筑面积 180m^2；建设有俱乐部、露天灯光球场和游泳池各一所，建筑面积 3849m^2；浴室 2 个，家属招待所 1 个，建筑面积 7510m^2，来宾招待所 3 个，总建筑面积 5225m^2[②]，如图 3-37 所示。

② 《洛阳拖拉机制造厂厂志——生活福利与文化设施建设》，P58.

技工学校

学院物理试验室

俱乐部

5 号街坊

10 号街坊

23 号街坊

图 3-37　洛阳第一拖拉机厂生活配套设施建设
图片来源：第一拖拉机厂厂部

第五节 洛阳“156 项工程”机械工业方面的建设——洛阳矿山机器厂建设历史

一、洛阳矿山机器厂建厂背景

（一）中国矿山机械生产的背景

近代中国在“机船矿路”[①]方面起步较晚，仅有的一些基本建设始于“洋务运动”，而洋务运动的相关建设屡遭挫折、艰难缓慢，根本无法满足中国工业的发展，乃至使中国在近现代化过程中因此受阻。

① 机船矿路：“机”指的是以兵器为主要生产产品的机器制造业，“船”指战船，“矿”指的是以煤和铁为主的开采，“路”指的是铁路的修筑。

矿山机械既涉及机械制造，同时也关乎矿山开采，因此在机械重工里显得尤为重要。其生产最早在 1907 年前后，汉阳周恒顺机器厂生产了我国第一台 15 ~ 30 马力的抽水机和 60 ~ 80 马力的卷扬机。1922 年上海增茂五金厂开始生产小口径低压阀门、管接头。1926 年上海华德机器厂生产的铸铁阀门，最大口径 6 英寸[②]。

② 黄开亮，郭可谦．中国机械史 [M]. 北京：中国科学技术出版社，2011：231.

1949 年 9 月 29 日中国人民政治协商会议通过的共同纲领规定：“关于工业，应以有计划有步骤地恢复和发展重工业为重点，例如矿业、钢铁工业、动力工业、机器制造业、电器工业和主要化学工业等，以创立国家工业化的基础……”因此，“一五”期间的主要骨干项目上，在重型矿山设备方面，兴建了富拉尔基、太原通用机器厂、洛阳矿山机器厂和沈阳风动工具厂。洛阳矿山机器厂因此成为联合选厂[③]于洛阳的三大厂矿之一。

③ 此处指洛阳第一拖拉机厂、洛阳滚珠轴承厂和洛阳矿山机器厂三厂的联合选址与建设。

（二）作为“156 项工程”的洛阳矿山机器厂建厂梗概

洛阳矿山机器厂（现名洛阳中信重工），是我国“一五”期间苏联援建的 156 项重点工程之一。洛阳矿山机器厂位于洛阳涧西区西部边陲，东临洛阳第一拖拉机厂，西与谷水镇相接，北邻陇海铁路干线，南与河南柴油机厂相对。于 1953 年开始筹备，1955 年 12 月 5 日动工兴建，1958 年 5 月试制出第一台 2.5m 双筒卷扬机，如图 3-38、图 3-39 所示。至 1958 年 11 月建成，正式投入生产，历时两年零十个月。表 3-7 所示为洛阳矿山机器厂投资建设生产情况。

图 3-38　洛阳矿山机器厂生产的我国第一台 2.5m 卷扬机

图 3-39　湖北黄石大冶铁矿曾用的矿山机械

洛阳矿山机器厂投资建设生产情况　　表 3-7

计划安排投资	占 156 项电力工程投资比例	实际完成投资	“一五”时期完成投资	建设规模	形成生产能力	“一五”时期形成生产力
8869 万元	3.4%	8793 万元	5989 万元	矿山机械设备 2 万吨	同规模	矿山机械设备 1 万吨

资料来源：董志凯，吴江．新中国工业的奠基石——156 项建设研究（1950—2000）[M]. 广州：广东经济出版社，2004：369-372

洛阳矿山机器厂在不到三年的繁忙建设中，不但提前完成了建厂任务，形成了生产能力，还为国家节约基建投资 211 万元，是“156 项工程”中投资效果较好的一个建设项目[①]。

为适应国家建设的需要，洛阳矿山机器厂建成后仅 1958—1960 年的三年间，就有 47 种产品问世，解决了当时我国大型矿山的急需，有些项目还填补了国内的空白[②]，是我国重型机械的骨干企业。

① 当代中国重矿机械工业编辑委员会．当代中国重矿机械工业丛书 ——《1953—1985 洛阳矿山机器厂厂史》（内部发行），P15.

② 《洛阳矿山机器厂厂志》，P5.

二、洛阳矿山机器厂建厂历史

（一）洛阳矿山机器厂的筹建

1. 选址

1953 年 7 月，筹建工作正式启动，筹备组曾先后在 7 个地方进行选址工作：首先是在洛阳老城西郊、白马寺西两处进行选址勘察，因地下古墓过多而放弃。此后转移至郑州贾鲁河、三官庙三角地带进行考察，因该地段地下水位高、区域狭窄、无后续发展空间而最终放弃。接着筹备组重返洛阳，在洛河以南进行勘察，又因该区域地下水位高、村庄稠密，地上搬迁工作量太大而被放弃。最终勘察组转移到洛阳西郊涧河以西进行勘察。

当时勘察与厂址的选定主要考虑了以下几点原则：选厂首先要靠近原材料、燃料产地和消费地区，以避免不合理的运输；其次要使物质资源能够充分得以利用；第三要发展经济落后地区，使它尽可能地赶上先进地区，以逐渐消灭各地区经济发展的不平衡性；第四必须全面考虑经济建设的安全和国防的巩固。

最终筹备组选定在洛阳邙山以南、秦岭以北、涧河以西地区（即今厂址）建设工厂。于 1954 年 1 月 8 日经国家计委批准，决定在洛阳涧河西新建我国第一座现代化的矿山机器厂。

2. 资料搜集

1953 年 7 月，“洛阳重型矿山机械厂筹备处”于洛阳老城义勇街 1 号成立。

厂址确定后，筹备处从 1954 年 1 月 4 日至同年 2 月 25 日开始进行勘察设计资料的准备工作，如前面章节所述，一机部在选址和筹建时，是会同洛阳第一拖拉机厂和洛阳滚珠轴承厂一起进行的，而选址所处地区又恰恰是隋代皇家西苑[①]的所在地，因此，在建厂前期有大量的水温、地质以及地下文物的勘察工作。

图 3-40　洛阳矿山机器厂原始地貌
图片来源：《洛阳矿山厂厂志》

① 《河南府志》记载涧河西部地区为 605 年隋炀帝建造的西苑的一部分，当时建有山水、林木、亭台馆谢，是供皇家狩猎玩赏的帝王苑囿。到明朝末年已成为一片水田。

勘察工作主要包括测绘厂区 1 ： 1000，1 ： 6000 的地形图，钻探厂区土壤以获取厂区内水文地质资料，委托太原重型机械厂扬水办公室进行扬水试验[②]以及探墓和地下古墓的处理工作。整体上收集了包括气象、水文、山洪、地震、区域测量、地质构造、地下墓葬等方面的资料，如图 3-40 ~ 图 3-42 所示。

图 3-41　洛阳矿山机器厂地形冬季勘察
图片来源：《洛阳矿山厂厂志》

② 扬水试验是地质学中确定渗透系数和出水量的基本方法之一。在实际水文地质调查中，从井群或从单独井中做扬水试验，通常记录几口井的位置关系（主要是距离）和井的出水量，再根据经验公式计算得到渗透系数。

3. 建厂准备

图 3-42　洛阳矿山机器厂古墓处理工棚
图片来源：《洛阳矿山厂厂志》

建厂前的准备工作首先是古墓的处理，矿山机械厂的生产设备均较第一拖拉机厂和滚珠轴承厂的设备大，因此需要在建设初期进行地基的深处理，而古墓勘探的结果是在该区域共发现地下古墓 1520 座，深度距离地面最浅 4m，最深 11.5m，西汉会稽太守朱买臣之墓就在今三金工车间的地下[③]，因此都需要挖掘回填夯实才能进行后续建设。

建厂前另一方面的工作重点是土地征购和原住民的搬迁，1953—1958 年共征得土地 2614.4 亩[④]用于厂区和生活区的建设，并对被征土地的农民进行安置。除此之外，还需要修建大量的临时性设施。建厂初期，第一拖拉机厂、滚珠轴承厂、矿山机器厂三厂都面临相同的原始条件——在一片麦田里进行零基础建设，矿山机器厂负责了临时公路的修建，同时为建厂还修建了临时修配工棚、通水通电等施工准备工作。

③ 当代中国重矿机械工业编辑委员会．当代中国重矿机械工业丛书——《1953—1985 洛阳矿山机器厂厂史》（内部发行），P3.

④ 《洛阳矿山机器厂厂志》，P34.

建厂准备的第三方面工作是工人宿舍的兴建。和洛阳拖拉机制造厂一样，为保障工厂的顺利建设，首先是解决工人的住宿问题。当时除临时工棚外，正式的职工宿舍从 1954 年 9 月 2 日就开始动工兴建了，第一批工人宿舍是 2 号街坊内的 10 幢宿舍楼[⑤]（在厂区建设开工后的 1955—1956 年又陆续建设了 1 号街坊），从而保障了大量职工的住宿，也为工厂的快速建设提供了后勤保障。至 1955 年 12 月，所有准备工作就绪，洛阳矿山机器厂的厂区建设于 1955 年 12 月 14 日正式破土动工。

⑤ 当代中国重矿机械工业编辑委员会．当代中国重矿机械工业丛书 ——《1953—1985 洛阳矿山机器厂厂史》（内部发行），P5.

（二）洛阳矿山机器厂的工程设计与建设

1. 工程设计

作为“156 项工程”的重点工程，早在 1953 年 9 月 4 日，中苏签订了合同，中央纪委于 1954 年 3 月 6 日正式批准了《中华人民共和国国营洛阳矿山机器厂的计划任务书》[1]。根据合同和批准书的相关规定，苏联承担矿山机器厂全部的初步设计和技术设计。1954 年 10 月，担负设计任务的苏联专家小组共 5 人陆续来到洛阳，帮助进行了产品方案、计划任务书、工厂主要建筑的设计条件及工厂供应技术条件，并对设计工厂的原始资料收集工作作出了指导。

① 当代中国重矿机械工业编辑委员会.当代中国重矿机械工业丛书——《1953—1985 洛阳矿山机器厂厂史》（内部发行），P551.

国外交付的项目包括第一金工装配车间、综合辅助车间、备料切割车间、落锤车间、冷却塔、压缩空气站、全部管道工程和公路工程。根据中苏两国签订的合同，设计任务由原苏联乌克兰煤矿设计院编制，并初步计划 1954—1955 年交付设计文件，1956—1957 年交付施工图纸，1958 年交付完成苏联供应设备，1959 年建成，1960 年投产[2]。

② 中苏第 102293 号合同，洛阳矿山机器厂档案馆。

国内设计与洛阳第一拖拉机厂和滚珠轴承厂一样，统一交予以及不涉及总局、建筑工程部北京工业设计院，由这些单位承担金属结构装备配车间、木工车间、总仓库、厂前区工程及宿舍工程、铸钢车间扩建部分以及锻工热处理和中央试验室等工程的设计任务[3]。

③《洛阳矿山机器厂厂志》，P35.

图 3-43 和图 3-44 所示为苏联设计的洛阳矿山机器厂第一期工程示意图和初期施工场地平整的情况。

2. 工厂建设

洛阳矿山机器厂的施工也是按照“先宿舍后厂房”“先辅助生产车间及服性建筑、后主要生产车间”的精神进行的。工厂在基本完成施工准备工作后，于 1954 年 9 月 2 日开始组织生活区 2 号街坊宿舍楼的施工，1955 年 12 月 14 日厂房正式动工兴建。整个厂房采用机械化、工厂化合综合吊装法，同时边土建、边安装、边试生产，因此在工厂正式投产前已经生产出了大量非标准设备和工

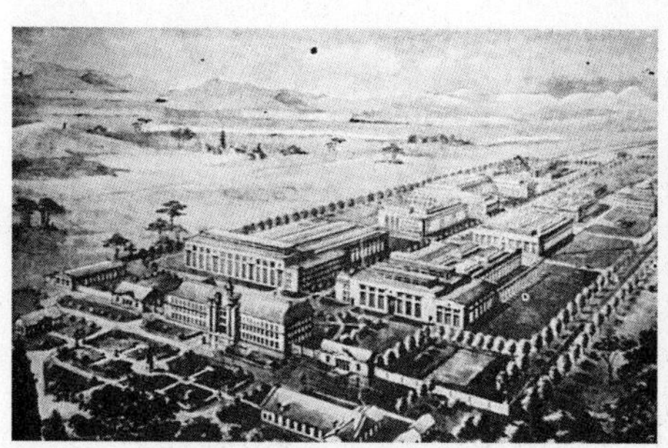

图 3-43 洛阳矿山机器厂第一期工程示意图
图片来源：《洛阳矿山机器厂厂志》

图 3-44 洛阳矿山机器厂场地平整工程
图片来源：《洛阳矿山机器厂厂志》

艺设备。我国与苏联签订的建设合同计划1959年建成，但是因为全厂齐心协力，既节约了投资，又加快了进度，使得整个工程比原计划提前了一年零两个月就完成了。

“像这样一种类型规模的工厂，是不是需要六年才能建成呢？”时任洛阳矿山机器厂厂长的纪登奎提出过这样的疑问。1956年4月20日他给中央起草的报告中写道：“当我们对这个新的工作，还没摸着规律性的时候，谁也没有把握。经过1954年一年多的工作，对设计文件、国内外、厂内外各方面条件有初步的了解后，才敢提出这样一个问题：这个工厂的建设不需要四年，三年就行了。”这个建议，第一机械工业部和苏联方面同意了，建厂进度改为1958年建成，1959年投产[1]。

厂区土建工程的开工顺序是：1955年12月厂区外围围墙修建、火车专用线敷设，金属结构车间破土动工；1956年4月20日木工车间动工，5月17日综合辅助车间动工，8月11日锻工车间及热处理车间动工，9月20日第一金工车间动工，10月23日备料车间动工；1957年3月10日第二金工车间动工，5月21日铸铁车间开工，9月21日落锤车间动工，10月19日废钢处理车间动工，11月14日铸钢车间动工。按照中苏两国的合同，第一期共大小建（构）筑物59个，全部于1958年10月31日前竣工[2]，如图3-45所示。

根据工厂的建设进度，1958年10月31日，国家验收委员会鉴定验收，全场建设质量总体为优等。此时共完成建筑面积194083m^2，厂区建筑面积97736m^2，生活区建筑面积96347m^2，敷设厂内铁路专用线路6660m，埋各种管线22338m。全厂建设不仅在时间上提前了，还在边施工、边试车、边生产的过程中提前生产出不少大型设备，图3-46所示为1958年5月试生产出第一台2.5m卷扬机的场景。

北排水沟施工

内铁路专用线敷设

锻工热处理车间基槽开挖

金属结构车间施工

第二金工车间吊装

备料车间吊装主体结构

图3-45　洛阳矿山机器厂建设施工情况
图片来源：《洛阳矿山机器厂厂志》

① 当代中国重矿机械工业编辑委员会.当代中国重矿机械工业丛书——《1953—1985洛阳矿山机器厂厂史》（内部发行），P5-6.

②《洛阳矿山机器厂厂志——大事记》，P11-27.

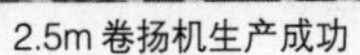

2.5m 卷扬机生产成功　　首台多绳卷扬机生产成功职工与苏联专家合影

图 3-46　洛阳矿山机器厂 2.5m 卷扬机前试生产成功
图片来源：《洛阳矿山机器厂厂志》

国家验收委员会主任、中共河南省委书记处书记李立剪彩

图 3-47　洛阳矿山机器厂落成
图片来源：《洛阳矿山机器厂厂志》

1958 年 11 月 1 日，在洛阳矿山机器厂厂前广场举行了庆祝工厂交工验收和开工生产典礼大会，如图 3-47 所示。

1958 年后，因产品结构的变化，工厂进行了第一次扩建，在 1969 年后进行了第二次扩建，包括焊接车间、三金工车间、四金工车间、第一水压机车间和平炉车间、第二水压机车间以及“704”工程，全部基建工程于 1977 年全部竣工。发展至今成为我国最大的矿山机器制造企业和最大的水泥设备制造基地、中南地区热处理及铸锻中心，是国家机械行业低速重载齿轮研制基地，是国家一级计量企业和国家进口金属材料商检单位。

三、洛阳矿山机器厂“一五”时期建设实践

（一）洛阳矿山机器厂的厂区规划与主要的生产建筑

洛阳矿山机器厂是最早落户涧西区的四个厂矿中最西端的厂矿，应该说是涧西区西北端头。其整体规划与联合选厂的另外两个厂——拖拉机制造厂和滚珠轴承厂异曲同工，均包含中轴对称的厂前广场，厂区分成厂前区和生产区，

厂前广场正对厂前区办公大楼正中，办公大楼两侧布置实验大楼、培训机构等建筑，北侧按照生产流程布置整个厂房，并最终流向产品输出的厂内铁路运输专用线。图 3–48 所示为洛阳矿山机器厂的规划总平面布局。

图 3–49 所示为第一期工程建成的部分办公与生产建筑，图 3–50 所示为 20 世纪六七十年代两次扩建后的厂区建筑物。

图 3–48 洛阳矿山机器厂的规划总平面布局
图片来源：《洛阳矿山机器厂厂志》

（二）洛阳矿山机器厂的生活配套建设

洛阳矿山机器厂的生活区的兴建同样开始于 1954 年，本着“先宿舍后厂房，先辅助生产车间后基本生产车间”的精神建造。1954—1956 年 12 月，建造了 2 号街坊 10 幢大楼共计建筑面积 3 万平方米[①]。1955 年 5 月—1956 年 12 月，建设 1 号街坊 6 幢，3 号街坊 2 幢，平房 21 座（满足 120 户居住）[②]。1957 年 1 月—1958 年 2 月，继续建设了 3 号街坊四栋及 1 号街坊部分宿舍[③]。1961—1962 年因国民经济困难，生活区建设暂停，到 1963 年才恢复，陆续兴建了一系列住宅楼和单身宿舍，至 20 世纪 80 年代，洛阳矿山机器厂生活区已成为生活设施较为齐全的社区。图 3–51 所示为洛阳矿山机器厂生活区平面。

① 《洛阳矿山机器厂厂志——房产管理》，P252–254.

② 同上。

③ 同上。

图 3–49 洛阳矿山机器厂第一期工程综合辅助工场和办公大楼
图片来源：（左）《洛阳矿山机器厂厂志》（右）洛阳矿山机器厂厂部

设备提升分厂

704 分厂

铆焊分厂

图 3–50 洛阳矿山机器厂扩建工程
图片来源：《洛阳矿山机器厂厂志》

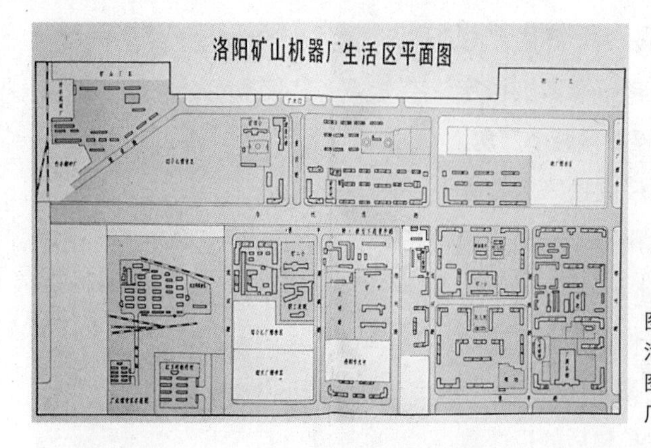

图 3-51　洛阳矿山机器厂生活区平面图
图片来源：《洛阳矿山机器厂厂志》

（三）洛阳矿山机器厂的科教卫生基础建设

洛阳矿山机器厂的职工生活配套设施如第一拖拉机厂和滚珠轴承厂一样，都具备相对完善的教育、医疗、社区服务等建设。图 3-52 所示为矿山机器厂生活福利设施建设。

1. 教育

洛阳矿山机器厂的教育包含职工教育和子弟义务教育。

职工教育开始于 1955 年 9 月，学校占地 19250m^2，取名“第一机械工业部洛阳第二工人技术学校”，1956 年 8 月划归厂领导，改名“洛阳矿山机器厂工人技术学校”，开设车、钳、刨、锻、铸、木模等专业。1960 年经一级部批准，创办“洛阳矿山机器制造学校”①，实际是在原技工学校的基础上开办的，设中专、技工、文化班三部分，后将原学校并入后者。1965 年筹办“洛阳矿山厂中等

① 《洛阳矿山机器厂厂志》，P231-247.

职工宿舍一角

子弟中学

职工浴池

子弟小学

红卫村室内

图 3-52　洛阳矿山机器厂生活福利设施建设
资料来源：《洛阳矿山机器厂厂志》

技术学校”，“文革”时期停课，后恢复为原技校。于1974年创办“职工大学”，后成为电大班，主要培养机械、经济专业的学生。

义务教育包含小学和中学两部分。1955年10月，洛阳矿山机器厂设计筹建第一所小学，设三个年级，六个教室，建筑面积391m²，随着学生人数的增加而不断扩大。1956年取名“涧西区一小”，后改为矿山厂小学。

中学创建于1962年秋季，建校时没有校舍，借用职工业余学校的两个教室上课，1964年新建中学学校，建筑面积4000m²，含17个教室，到1970年发展为完全中学。20世纪80年代进行了扩建，形成了占地26亩，建筑面积6615m²的校舍[①]。

①《洛阳矿山机器厂厂志》，P231-247.

2. 医疗卫生

洛阳矿山机器厂职工医院初建于1953年，当时仅仅是一个极其简单的医务室，1960年初，利用1—6号家属宿舍正式建立“洛阳矿山机器厂职工医院”，1969年在18号街坊新建职工医院大楼，1970年3月竣工交付使用，建筑面积3000m²。负责全厂职工的常规医疗、保健与治疗工作。

3. 其他

1953年建厂初期，建厂筹备处在老城义勇街搭建简易伙房提供职工就餐，1954年、1955年在厂区和宿舍工地搭建大棚食堂，至1958年正式建立生活区食堂和厂区机关食堂。除此之外还建设有职工俱乐部、职工浴池、托儿所等职工福利设施。

第六节　洛阳“156项工程”船舶工业方面的建设——河南柴油机厂建设历史

一、河南柴油机厂建厂背景

(一)中国船舶工业生产的背景

1953年6月4日，中苏两国全权代表在苏联莫斯科正式签订了“六四”[②]协定，规定在中国船厂建造期间，苏联向中国派遣技术专家给予指导，并接受中国造船人员在苏联工厂进行培训。

② 1953年6月4日，中国政府与苏联政府签署了第一个关于海军装备的正式文件《关于海军交货和关于在建造军舰方面给予中国以技术援助的协定》，习惯上，按签订时间称“六四”协定。

(二)作为“156项工程”的河南柴油机厂建厂梗概

1955年5月一机部预备筹建一个船用高速柴油机厂，1956年1月筹建工作在山西侯马开展，1957年9月迁至洛阳涧西开始建厂，1958年11月已有部分车间开始进行零部件的生产，至 1959 年 3 月 3 日，第一期工程的大部分工程几近完工开始投产，历时四年。到 1962 年 12 月，两台高速柴油机装配完成，质量优良[1]。表 3-8 所示为河南柴油机厂投资建设生产情况。

河南柴油机厂投资建设生产情况　　表 3-8

计划安排投资	占“156 项工程”投资比例	实际完成投资	“一五”时期完成投资	建设规模	形成生产能力	“一五”时期形成生产力
8000 万元	23.1%	11306 万元	147 万元	—	—	—

资料来源：董志凯，吴江．新中国工业的奠基石——156 项建设研究（1950—2000）[M]．广州：广东经济出版社，2004：410

河南柴油机厂的建设和发展，得到了党和国家领导人的关切，其生产的柴油机也为我国的海军船舶制造作出了杰出的贡献。

二、河南柴油机厂建厂历史

（一）河南柴油机厂的筹建

1956 年 1 月，筹建机构在北京一机部第四机器工业管理局成立，同年 6 月，时任河柴基建副厂长的李增华带领首批基建人员赴山西侯马开始筹建工作。开展征地、古墓勘探、道路、供水、宿舍临时办公设施的建设。至 1957 年 2 月，经国家建设委员会对侯马、洛阳、开封等地进行厂址比对，认为洛阳建厂条件较优[2]，同年 8 月，国家建设委员会批示将高速柴油机厂迁至洛阳涧西区。同年 11 月完成初步的迁厂工作。厂址位于洛阳涧西区中州西路重庆路，与洛阳矿山机器厂南北相对。图 3-53 所示为河南柴油机厂位置及厂区鸟瞰图。

（二）河南柴油机厂的工程设计与建设

1957 年 10 月，“高速柴油机厂”正式迁入洛阳，并改名“河南柴油机厂”。工厂建设共分为两期，第一期工程由苏联设计指导[3]，第二期工程由国内自行

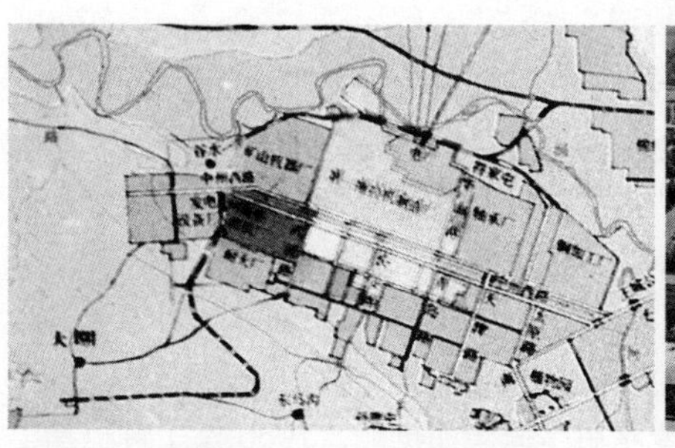
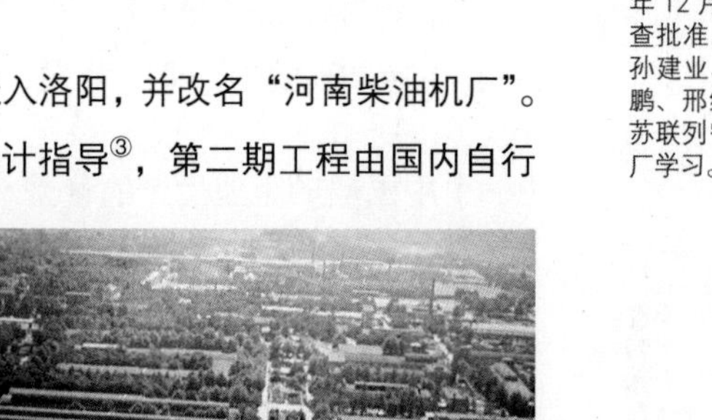

图 3-53　河南柴油机厂位置及厂区鸟瞰图
图片来源：《河南柴油机厂厂志》

① 《河南柴油机厂厂志——大事记》，P13-18.

② 当时洛阳涧西已有洛阳矿山机器厂、洛阳拖拉机制造厂和洛阳滚珠轴承厂在建或部分投产，因此在基础建设投资方面较为经济，且交通便利。

③ 《河南柴油机厂厂志——大事记》，P13-18. 1958 年 5 月 10 日主厂房破土动工，6 月，苏联土建专家来厂，同年 12 月，经一级部审查批准，派河南 407 厂孙建业、陈孟敏、刘志鹏、邢纪昌、朱祥云赴苏联列宁格勒 800 号工厂学习。

设计。1958 年 5 月 10 日，工厂举行开工典礼，32000m^2 的主厂房在 32 个工作日就完成了建筑主体建设，其工具车间、机修车间等生产车间也相继开工，同年 11 月已有两个辅助车间开工生产工艺装备和非标准设备，至 1959 年 3 月已有部分产品零件开始投入生产。1964 年第一季度，第一期基建工程完成，共有 9 个车间、22 个科室。当时的产品图纸、技术条件及工艺文件等全套技术资料都是从苏联购买来经过翻译修订完成的，产品经过试制、运转试验，装艇试航，质量合格[①]。

①《河南柴油机厂厂志——大事记》，P13-18. 1958 年 5 月 10 日主厂房破土动工，6 月，苏联土建专家来厂，同年 12 月，经一级部审查批准，派河南 407 厂孙建业、陈孟敏、刘志鹏、邢纪昌、朱祥云赴苏联列宁格勒 800 号工厂学习。

第二期工程由上海第九设计院负责，包括新建有色铸造车间 10810m^2、第二机械加工组（包括 4 个车间和相关辅助生活间）共 17036m^2，扩建原有生产线，增建仓库组及铁路专用线等工程。第二期工程于 1960 年冬季开工，至 1966 年建成，如图 3-54 所示。

三、河南柴油机厂“一五”时期建设实践

（一）河南柴油机厂的厂区规划与主要的生产建筑

河南柴油机厂位于最西端的洛阳矿山机器厂的南侧对面，其整体规划与建设路北的四大厂矿略有不同，厂区内也有较为严整的对称布局和规划，但因场地限制，并无厂前广场。内部规划同样分为厂前区和生产区，厂区中央设中央绿化。其南侧和西侧是厂内铁路运输专用线。图 3-55 所示为河南柴油机厂厂区规划，图 3-56 所示为其内部办公、生产建筑。

（二）河南柴油机厂生活配套建设

河南柴油机厂的生活福利建设工作始于 1955 年迁厂初期，1956—1965 年的十年，配套设施基础建设基本成型，主要包括住宅区、幼儿园、学校、食堂、招待所等。

河南柴油机厂家属区有 6 个街坊，占地 205 438m^2，在“一五”时期建设

图 3-54　河南柴油机厂开工典礼
图片来源：《河南柴油机厂厂志》

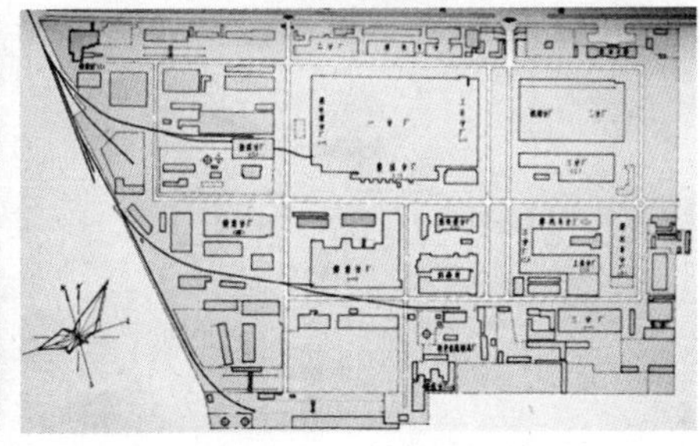

图 3-55　河南柴油机厂厂区规划平面
图片来源：《河南柴油机厂厂志》

建厂初期欢送苏联专家拍照中显示的河南柴油机厂办公大楼，于 2013 年拆除

厂区第一期工程建设的厂房一直沿用至今

图 3-56　河南柴油机厂厂区建筑
图片来源：《河南柴油机厂厂志》

有简易平房 10 排，宿舍楼 16 幢，总建筑面积 25 148m²，后期不断加建，更新，人均居住面积在 7m² 左右，如图 3-57 所示。

（三）河南柴油机厂的科教卫生基础建设

1. 教育

河南柴油机厂的职工教育在建厂初期是以送职工外培为主，迁入洛阳后，先后成立有职工业余学校、红专大学等负责全厂职工的文化、业务和技术教育等工作。后期逐步发展为职工学校和技工学校，负责工厂干部和职工的教育培训工作，还接收海军、陆军以及兄弟厂矿的人员[①]，主要培训相关机器的操作和技术。

河南柴油机厂还下设子弟中学和子弟小学。办学始于 1958—1960 年，办学初期条件极其简陋，后不断发展为一所中学、两所小学的规模。

托儿所成立于 1958 年 8 月，设在 02 号街坊家属宿舍内，1958 年 12 月，正式建设河柴幼儿园，从 500m² 的平房逐步扩大到 2000m² 的幼教楼，保障职工子女的教育。

图 3-57　河南柴油机厂家属区住宅
图片来源：《河南柴油机厂厂志》

2. 医疗卫生

1957 年 10 月伴随河南柴油机厂的建设，厂内建立了卫生所，当时规模小、人员少、条件简陋。到 1962 年厂部成立了正式的职工医院，并于 1964 年建设了医院楼 2000 余 m²[②]，负责全厂职工的医疗、体检和保健工作。

3. 其他

作为工厂的生活配套服务设施，还

① 《河南柴油机厂厂志——大事记》，P180–183.

② 同上，P201.

子弟中学教学楼

工厂大门

技工学校上课

厂区一角

子弟小学标本课

图 3-58　河南柴油机厂生活福利设施
图片来源：《河南柴油机厂厂志》

包括职工食堂、浴室、茶炉、面包房等，这是那个时代在计划经济体制下的一种生活模式，这些机构均为国营，是作为生活必需和工厂福利设施出现的，侧面反映着一厂职工的工作与生活水准，如图 3-58 所示。

第七节　洛阳“156 项工程”有色金属工业方面的建设——洛阳有色金属加工厂建设历史

一、洛阳有色金属加工厂建厂背景

（一）中国有色金属生产的背景

有色金属是发展国民经济、国防工业、科学技术的基础材料和战略物资。特别是在国防现代化的建设方面，对有色金属的需求更是极其广泛，包括飞机、雷达、人造卫星以及导弹武器均需要大量的有色金属。

我国有色金属资源十分丰富，也是世界上开发最早的国家，但 1949 年以前有色金属行业的工业建设十分缓慢，特别是在 1949 年前夕，我国的有色金属行业已沦为以卖矿砂原料为主的半殖民地性质的工业[①]。

①《当代中国》丛书编委会. 当代中国——当代中国的基本建设（上）[M]. 中国社会科学出版社，1989：29.

在第一个“五年计划”时期，国家根据“多出铜、早出铝”的建设方针，开始对有色金属工业进行恢复和振兴[①]。首先完成了在河北寿王坟铜矿的开采和选矿工程，建设了安徽铜官山采矿、选矿和冶炼工程，之后在西北建设了白银有色金属公司、西南东川铜矿两个铜生产基地，同时兴建了洛阳有色金属加工厂进行铜和铜合金的加工，从而奠定了中国铜冶炼工业的基础，经过“一五”时期的建设，改变了我国有色金属工业体系的落后面貌。洛阳有色金属加工厂就是在这一背景下作为 156 项重大工程之一落户洛阳的。

① 《当代中国》丛书编委会. 当代中国——当代中国的基本建设（上）[M]. 中国社会科学出版社，1989：29.

（二）作为“156 项工程”的洛阳有色金属加工厂建厂梗概

洛阳有色金属加工厂，是我国“一五”期间苏联援建的 156 项重点工程之一。1961 年更名为黄河冶炼厂，1972 年更名为洛阳铜加工厂，现名中铝洛阳铜业公司。该厂位于洛阳涧西区涧河南岸，是涧西工业区的门户，西临洛阳滚珠轴承厂，东临涧河，与西工区以河为界。厂内有陇海铁路和厂内铁路专用线相连，厂前洛潼公路穿过，厂区交通便捷。

洛阳有色金属加工厂于 1954 年开始筹备，1965 年竣工投产，是中国大型综合性有色金属加工骨干企业之一，也是目前全国最大的铜加工厂，直属中国有色金属总公司领导。表 3-9 所示为洛阳有色金属加工厂投资建设生产情况。

洛阳有色金属加工厂投资建设生产情况　　表 3-9

计划安排投资	占 156 项电力工程投资比例	实际完成投资	“一五”时期完成投资	建设规模	形成生产能力	“一五”时期形成生产力
17000 万元	8.7%	17550 万元	559 万元	铜材 6 万吨	同规模	—

资料来源：董志凯，吴江. 新中国工业的奠基石——156 项建设研究（1950—2000）[M]. 广州：广东经济出版社，2004：361

洛阳有色金属加工厂的建设和发展，得到了党和国家部委各级领导的关切，冶金工业部副部长吕东、夏耘、一机部副部长沈鸿等人都曾到厂视察。设计和施工也得到了苏联专家的帮助和指导，如图 3-59 所示。

二、洛阳有色金属加工厂建厂历史

（一）洛阳有色金属加工厂的筹建

1. 选址

1953 年，国家决定在甘肃省兰州市建设“有色金属铜铝锌加工厂”，当时曾在兰州西郊工业区铁路南划拨土地预备建厂。因兰州地区地处西北，风沙大，

图 3-59　洛铜厂建厂初期设备试行及苏联驻厂专家
图片来源：《洛阳铜加工厂厂志》

空气中含砂率高，有碍产品质量，苏联专家建议重新选址。1954 年 4 月，国家计委决定将该厂厂址移到洛阳。当时的洛阳已初步规划为新兴的机械工业城市，洛阳第一拖拉机厂、洛阳滚珠轴承厂和洛阳矿山机器厂已选址洛阳正在筹建，因此将有色金属加工厂建在洛阳可充分利用前序的建设基础，节省开支。同年 6 月，国家计委正式宣布其在洛阳建厂的通知，并成立建厂筹备处。

重工业部有色金属工业管理局和有色冶金设计总院组成了选址小组到洛阳野外进行勘察，并撰写了《选择洛阳加工厂厂址及资料搜集的工作报告提纲》[①]，提出了四个厂址方案，分别是洛阳金谷园地区、七里河地区、寄家河地区和谷水西地区。选址小组和建厂筹备处对上述四个地区进行了地形、古墓、投资和交通以及对外协作等因素的全面比对，初步选择在寄家河地区较为适宜。

1955 年 1 月，苏联专家工作组[②]来洛阳帮助选址，此时洛阳涧西区的洛阳第一拖拉机厂、洛阳滚珠轴承厂和洛阳矿山机器厂均已确定选址，经过考察和听证后，一致认为寄家河地区有梯田，场地平整土方量大，工厂货物运输要穿越洛潼公路，在专用线建设方面存在诸多不便，而七里河地区靠近城市中心，又靠近已选定的三厂厂址，基础建设可以为国家节约建设资金，遂最终确定了洛阳有色金属加工厂的厂址。图 3-60 所示为洛阳有色金属加工厂厂址及厂区鸟瞰。

① 《河南有色金属加工厂厂志》，P11-14.

② 包括苏联有色冶金工业部、有色金属加工设计院、总平面及运输设计总工程师卞基柯、运输总工程师西马科夫、管道专家卡尔可夫、电气专家基米特耶夫。

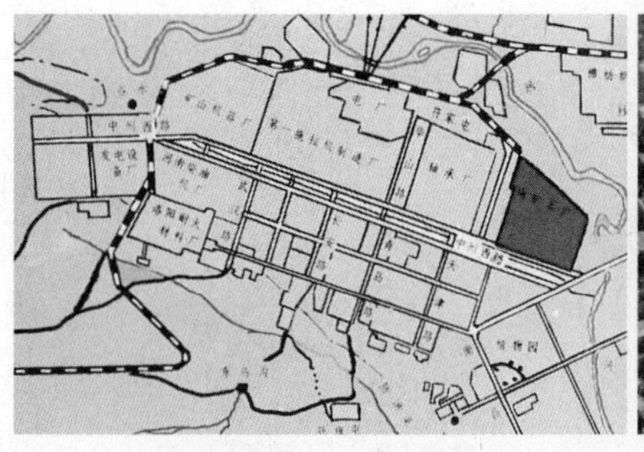

图 3-60　洛阳有色金属加工厂厂址及厂区鸟瞰
图片来源：《洛阳铜加工厂厂志》

2. 建厂准备

1956 年 2 月，国家建委批准了洛阳有色金属加工厂的初步设计及生产规模，开始在洛阳市市政府的帮助下进行征地工作，1956—1960 年，全厂共征地 2713 亩，包括了厂区和生活区两部分，其中厂区的自然边界为东至涧河，东北角至王城公园西围墙，西至嵩山路，南至建设路，北至同乐镇丘陵地带。

之后，冶金部勘察总公司武汉分公司对厂区进行了勘察，整体上收集了包括气象、水文、山洪、地震、区域测量、地质构造、地下墓葬等方面的资料。同时对区域内地下古墓进行铲探，厂区共有古墓 4800 多个，古井古坑及河床 3000 多个[①]，均制成卡片绘制分布图，结合施工进行分批挖掘和处理。图 3-61 所示为洛阳有色金属加工厂的建厂初期古墓勘探及处理的场景。

①《洛阳铜加工厂厂志》，P4.

作为前期建设准备，筹备组编制了设计基础资料九卷，包括《工程地质及水文地质篇》《区域概述及气候气象篇》《总平面及运输篇》《地形篇》《动力供应篇》《供排水篇》《土建篇》《建筑材料篇》和《中国设备产品目录》[②]。

② 同上，P16.

（二）洛阳有色金属加工厂的工程设计与建设

1. 工程设计

作为 156 项重点工程之一，1955 年 5 月 18 日，我国重工业部代表邱纯甫

图 3-61　洛阳有色金属加工厂厂区古墓铲探及处理
图片来源：《洛阳铜加工厂厂志》

与苏联有色冶金部代表尼基金，签订了洛阳有色金属加工厂设计工作实行合同，同时将筹建工作编制的九卷设计基础资料提交给苏联。1955 年底，苏联莫斯科国立有色金属加工设计院完成了该厂的初步设计，1956 年 1 月，我国重工业部代表夏耘、高杨文、唐南屏、洪戈等与苏联有色冶金部代表杨申、邱勃洛夫、伊万诺夫、法米乔夫在北京共同审核了洛阳有色金属加工厂的初步设计，并签署了审核议定书（国家建委 5604159 号文）。同年 6 月，国家建委批准了技术设计。

1957 年，苏联方面陆续交付了辅助工程的施工图，1958—1961 陆续交付了主要生产车间的施工图。

洛阳有色金属加工厂的总平面、运输、铜镍和合金加工系统的生产工艺是由苏联莫斯科国立有色金属加工设计院设计的，供电、变配电、厂区照明等电气工程是由莫斯科国立重工业电气设计院列宁格勒分院设计的。铜电解和铝镁合金生产系统及相关辅助和民用工程是由国内的专业设计院设计的。其中铝镁合金生产系统是由北京有色冶金设计院设计的，后期补充修改则由洛阳有色金属加工设计院负责。职工宿舍 34 号街坊是由河南省建筑设计院设计，与陇海铁路相接的厂外专用线有铁道部设计总局第四设计院承担，通往洛阳热电厂的厂外热力管道由北京电力设计院设计，其余工程均由洛阳有色金属加工厂自行设计。

2. 工厂建设

洛阳有色金属加工厂总的建设顺序是：先民用工程，后工业建筑；先辅助设施，后生产车间。

1956 年 6 月首先开工建设的是职工住宅 34 号街坊，包括宿舍、幼儿园、临时食堂和浴池等，以解决职工的食宿等生活问题。1956—1957 年，为了方便运输建设材料、设备，开工兴建了厂外和厂区铁路专用线、厂区道路，如图 3-62 和图 3-63 所示。

洛阳有色金属加工厂的辅助和附属设施大体分为仓库工程、辅助工程和动

图 3-62　1956 年洛阳有色金属加工厂 34 号街坊住宅动工兴建
图片来源：《洛阳铜加工厂厂志》

图 3-63　1957 年洛阳有色金属加工厂厂外铁路专用线竣工
图片来源：《洛阳铜加工厂厂志》

能工程三大部分。为保证物资的储存，1956—1957 年又修建了设备仓库、材料仓库、供应仓库等附属设施。1957—1958 年，又先后开工兴建了生产水和循环水泵站、热力管网和热力泵站、充电站，至 1959 年主体工程开工时，全厂总平面布局已初具规模。

这一时段的主要工程有：①设备仓库。为迎接大型设备进厂，1957 年 1 月开始兴建设备仓库，共建成砖木混合结构仓库 8 座，总建筑面积 6000m^2。②供应库。苏联设计的总供应库也是此时开工的，共三层（含地下），建筑面积 2545m^2，于 1958 年 7 月完工。③轧辊仓库。预应力混凝土结构，1020m^2，附设铁路专用线和卸货站台，1959 年竣工。④主要的辅助车间。包括综合辅助车间、制土箱修车间等。⑤动能生产设施。包括煤气发生站、保护性气体站、空气压缩机站以及各种动力、热力、电力管道等。图 3-64 所示为部分辅助工程施工照片。

洛阳有金属加工厂主要生产设施共分为三个系统：铜、镍及其合金生产系统，电解铜生产系统和镁铝合金生产系统。主体厂房的建设始于 1959 年 8 月，到 1965 年底全面竣工投产。

铜、镍及其合金生产系统由三个分厂构成，建筑面积分别为 2.12 万平方米、4.81 万平方米和 4.1 万平方米，全部由苏联设计并提供主要设备，均为预应力钢筋混凝土框架结构。电解铜生产系统由北京有色冶金设计院设计，1958 年开始修建，1962 年因国家经济困难停建，1972 年才恢复建设，直到 1979 年才全部竣工，总建筑面积 2.92 万平方米。铝镁合金生产系统也是由北京有色冶金设计院设计的，总建筑面积 2.55 万平方米，后两者主体结构均为预应力钢筋混凝土框架结构。

混凝土预制构件厂

内电缆敷设

循环水泵站施工

轧辊仓库吊装

1957 年完工的充电站

综合辅助车间施工

图 3-64　洛阳有色金属加工厂辅助工程施工
图片来源：《洛阳铜加工厂厂志》

①《洛阳铜加工厂厂志》，P22. 建厂初期，由于原料不足，国家计委安排“分期建设”“细水长流”的建设方针，1958 年 5 月后为适应“大跃进”的形式，要求建设“高速度”“翻一番”，片面追求高指标，致使最终提出了“1960 年大干，1961 年扫尾”的脱离实际的口号，使得许多工程盲目开工，“遍地开花”，导致战线拉长，施工力量严重不足，当年计划投资 1 亿元，但实际上土建施工力量才 400 多人。

②《洛阳铜加工厂厂志》，P39.

③ 同上。

洛阳有色金属加工厂的建设历程十分曲折。在建厂初期，整个厂区在一片农田上开始建设，各种基建所用的原材料不足，不少是由本厂所办的小型水泥厂和轧钢车间生产提供；劳动力不足，当时正值涧西各厂全面开工建设时期，只能加大人工劳动强度；整个建设过程受到“大跃进”的影响，曾在 1958 年脱离实际赶进度；1960 年苏联方面撕毁协议撤走专家；1961 年全国进入三年自然灾害经济困难时期，而这些事件的发生都正值洛阳有色金属加工厂的建设时期，厂方曾一度改变建设方针，从“遍地开花”[①]改为“一个车间一个车间地集中力量建设”，由“边生产边基建”改为“全厂以基建为主、积极进行生产准备”，逐步加快建设速度。图 3-65 所示为洛阳有色金属加工厂主体厂房施工情况。

1958—1959 年伴随部分民用工程和厂区工程的陆续竣工，由负责工程质量的技术监督科组织进行了相关的竣工验收，1960 年，已竣工和部分完工的工程逐渐增多，于是厂里成立了交工验收委员会[②]（包括甲方：代表国家投资的洛阳有色金属加工厂，乙方：承包工程的施工单位，丙方：工程设计及设计管理部门）负责工程的验收工作，1962 年成立验收办公室[③]，至 1965 年，全厂大部分设备安装调试完毕，并通过无负荷试车，生产部门开始进行有负荷试车和试生产，1965 年末，全厂全面竣工投产。图 3-66 所示为大型设备安装场景。

铸造车间施工现场

1959 年全厂最大工程压延车间开工

压延车间吊装现场

图 3-65　洛阳有色金属加工厂主体工程施工
图片来源：《洛阳铜加工厂厂志》

1960 年四重轧机安装

1500 吨挤压机吊装（1961 年）

1960 年试制出第一根半连续铸锭

1962 年宽板轧机试车成功

图 3-66　洛阳有色金属加工厂主体设备安装试车
图片来源：《洛阳铜加工厂厂志》

三、洛阳有色金属加工厂"一五"时期建设实践

（一）洛阳有色金属加工厂的厂区规划与主要的生产建筑

洛阳有色金属加工厂是落户洛阳的 6 个"156 项工程"的最后一个，又是与最早落户的三个厂并排于涧西区北部的厂矿。它的规划和建设与已建成的这三个厂保持了一致性，同时，在空间上与西工区接壤，又是整个涧西工业区建设的门户和起点。

洛阳有色金属加工厂的总平面布局是以苏联原设计为基础，结合后续工程项目的实际情况按生产工艺流程安排的。厂部办公大楼设在厂区的南端，主要生产车间布置在厂区中心地带，成品包装运输等辅助设施设在厂区北部。各生产车间的横向布局按生产工艺流程布置，铜铸锭生产设在中央，铜板带及铜管棒生产置于左右两侧，后期增加的设计项目如通电解系统和铝镁合金系统的生产位于厂区西北部。辅助设施如机修车间、煤气发生站、保护性气体站、空压机站、循环水泵站以及油库、原料库等，均根据节省管道减少运输的原则，布置在生产车间附近，且多数位于厂区北部。

厂前区的建设路与中州路之间，苏联原设计是林木绿化带，用以隔断工厂噪声和粉尘污染，确保生活区的卫生与安静，1966 年后为解决住房困难，将已栽种的果树陆续砍伐后建起住宅。

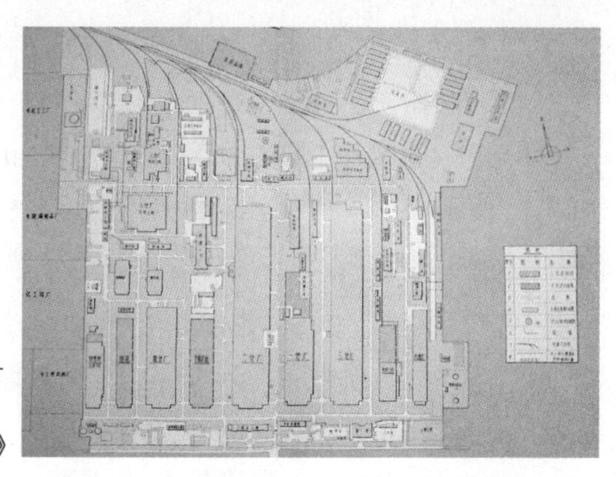

图 3-67 洛阳有色金属加工厂厂区平面图
图片来源：《洛阳铜加工厂厂志》

厂外运输以铁路为主，厂区内设铁路专用线直通洛阳西站与陇海铁路相接。厂区专用线为永久性标准铁路，并附有编组站及 19 条支线，总长 9.3km，火车可以开到各个主要生产车间。厂区内部运输使用汽车和电瓶车，设有封闭式内环路，并有三个出入口与市政建设路相连，交通十分方便。图 3-67 所示为洛阳有色金属加工厂厂区平面图，图 3-68 所示为建厂初期建成情况。

厂办公楼　　制土箱车间竣工（1958）

厂实验检测中心

铜铸锭生产车间

厂区北侧列车运输线

厂前广场绿化

图 3-68 洛阳有色金属加工厂厂区建设
图片来源：《洛阳铜加工厂厂志》

（二）洛阳有色金属加工厂生活配套建设

洛阳有色金属加工厂的生活配套设施包括职工集体宿舍、职工家属住宅，以及食堂、托儿所、学校、医院等。1956 年 6 月，按照“先民用工程，后工业建筑”的建设顺序，34 号街坊率先开工，建筑面积共 21096$m^2$①，均为砖木混合架构三层楼房，1958—1960 年又相继建成了 36 号、37 号街坊。图 3-69 所示为洛阳有色金属加工厂的生活区范围及布局平面及其建成初期状况。

①《洛阳铜加工厂厂志》，P418-425.

洛阳有色金属加工厂（洛阳铜加工厂）生活区平面图

1957 年第一批职工住宅竣工

长春路 37 号街坊外景

图 3-69　洛阳有色金属加工厂生活区建设
图片来源：《洛阳铜加工厂厂志》

（三）洛阳有色金属加工厂的科教卫生基础建设

1. 教育

洛阳有色金属加工厂的教育工作始建于建厂初期，按照类型大体可分为职工培训、职工子弟教育、技工学校、中专学校、职工学校和职工大学等。

（1）职工教育

最早的培训教育管理机构——培训科成立于 1956 年 6 月，负责职工培训和新工人实习等工作。职工培训主要是依靠厂里开办的职工学校，干部培训一方面是在厂里进行基础的文化知识补习，另一方面是外培，包括派送部分技术干部到东北轻合金加工厂、沈阳有色金属加工厂等同行业工厂进行实习，选派职工到苏联弗拉基米尔州卡里秋有色金属加工厂和乌拉尔喀米什克有色金属加工厂实习，学习苏联该行业的生产技术和管理等[①]。

① 《洛阳铜加工厂厂志——文化教育》，P397-408.1958年11月下旬，根据苏联援助洛阳有色金属的协议，选派李名洲、秦荣泰、王金荣、赵振中、赵学仲、陈志华、张琳干、闵友林、黄志英、苏华、万传昆、赵宝良等12人远赴苏联弗拉基米尔州卡里秋有色金属加工厂和乌拉尔喀米什克有色金属加工厂实习。

还开办有技工学校，即“洛阳有色金属技工学校”最早开办于1959年9月，地点在36号街坊3号单身宿舍楼内。1960年经冶金部批准，于1960年2月开办了中专“洛阳有色金属工业学校”，校舍也是利用43号街坊3号职工住宅改造而成，除此之外就是工厂开办的各种业余学校、“七二一工人大学”等。

（2）职工子弟教育

厂办全日制普通小学始办于建厂初期，最初是在1959年4月1日，开办了第一所职工子弟小学，校址设于35号街坊内部，建筑面积1471平方米[②]，随着厂区的建设和人口的增多，后期共拥有2所小学，现已成为涧西区的名校。

② 《洛阳铜加工厂厂志——文化教育》，P397-413.

厂办的全日制中学教育始于1969年，依托原有位于35号街坊的小学校舍办学，后不断发展壮大，为涧西区乃至洛阳地区的教育作出了贡献。

2. 医疗卫生

洛阳有色金属加工厂的职工医疗起步于1954年的厂内卫生室，当时仅有2人。1960年1月，职工医院正式成立，院址设在36号街坊3号楼内，建筑面积2371m^2[③]，后逐步扩大以适应全厂职工、家属的医疗卫生和保健工作。并同时设立龙门疗养院负责职工的疗养工作，1979年新建医院正式落成，建筑面积5955m^2，现已成为洛阳市文物保护单位。

③ 同上，P419-423.

3. 其他

除了上述厂区、生活区和教育医疗建设外，厂区还设有大食堂、俱乐部、图书馆、招待所、理发馆、浴池等配套设施。

第四章 洛阳『156项工程』工业遗产分类构成分析

第一节 洛阳“156项工程”工业遗产构成体系框架的构建

近些年来，国内的工业遗产保护工作已逐步深入开展。作为新型文化遗产，2006年，国家文物局就将“工业遗产的保护”作为当年无锡论坛的主题。2010年11月5日，中国建筑学会工业建筑遗产学术委员会正式成立，发表了《抢救工业遗产——关于中国工业建筑遗产保护的倡议书》，针对当前中国城市高速发展时期工业遗产的保护和利用提出了进一步的工作要求和社呼吁。

洛阳工业遗产保护问题亦聚焦了专家学者的关注，针对城市发展和工业街区保护过程中的矛盾和工业遗产被大肆拆改的情况，各方人士奔走呼号。前国家文物局局长单霁翔教授对洛阳涧西工业区给予了高度评价：洛阳涧西工业遗产是我国20世纪重要的工业遗产。并指出：“洛阳工业遗产，应该成为中国工业遗产的典范”。2007年11月，涧西苏式建筑群被列为洛阳市第三批市级文物保护单位。2010年10月，第三届中国历史文化名街评选活动启动，以第一拖拉机厂、中铝洛铜等企业的厂房以及涧西区2号街坊、10号街坊、11号街坊等为代表的涧西工业遗产街被市文物部门列为洛阳市的申报对象。在专家学者和社会各界人士的共同努力下，2011年4月，洛阳涧西工业遗产街被列入中国历史文化名街，成为入选的30条街道中唯一的工业遗产街。

《下塔吉尔宪章》中工业遗产的定义为：“工业文明的遗存，他们具有历史的、科技的、社会的、建筑的或科学的价值。这些遗存包括建筑、机械、车间、工厂、选矿和冶炼的矿场和矿区、货栈仓库、能源生产、输送和利用的场所，运输及基础设施，以及与工业相关的社会活动场所，如住宅、宗教和教育设施等。”

洛阳涧西工业区因其特殊的形成背景和规划模式，城市格局和城市肌理表现出高度的计划性和如一性。从东到西的各厂在建设路以北一列排开，每个厂正门口均有同等面积、中轴对称的厂前广场和纪念性雕塑；从北到南，依次对应绿化隔离带、居住区、商业网点、科研教育机构和居住区，相邻功能区块之间分别以贯穿涧西区东西的建设路、中州路、景华路和西苑路分隔，从而形成相对一致的城市断面。

近年来，城市高速发展，在狭隘的房地产经济利益驱动下，到处大拆大建。民生的改善和居住质量的提升理应被提到重要高度，但缺乏对城市历史和文化认知理性的开发建设，造成大量工业遗存被拆除，城市肌理被严重破坏，积淀了半个世纪的城市记忆、城市特色转眼间夷为平地。原本可以实现民生改善、经济增长、文化遗产保护和城市特色名片建立等多效共赢局面，却因片面的追求经济效益而失却了。

在当前工业遗产保护的定义和语境下，对于洛阳涧西工业区也不能简单割裂地保护某一条街或某几幢建筑物，而应从整体保护城市格局和城市肌理，城市未来的发展亦应综合考虑，在此前提下谈建设发展的问题。

一、基于生产与辅助设施分类的洛阳“156 项工程”工业遗产构成

基于生产厂区和附属设施的分类是工业遗产较为常规的分类方法。生产是工业的核心，生产流线、生产工艺及相关设备是生产的核心，因此，研究工业遗产，首先应探究生产厂区内的核心生产以及围绕核心生产而建造的厂房、办公楼、构筑物、运输线、绿化景观等，厂内核心的生产流程与工艺技术、生产管理、企业管理以及企业文化等，又是围绕生产开展的，都应属于生产厂区内。一个厂矿的附属设施主要针对职工的衣食住行展开，一般包括食堂、住宅（单身宿舍和街坊公寓）、商业、子女教育、医疗等，依据《下塔吉尔宪章》这些都是工业遗产的重要组成部分。

20 世纪 50 年代，我国的工业产业 70% 以上位于东南沿海地区，内地份额不超过 30%，呈现畸形集中、国内分布严重不平衡现象，且技术设备落后，生产力低下。针对这一情况，国家从四个方面进行战略性调整，其一，改变工业落后、布局不合理的状况，形成完整的工业体系；第二，优先发展重工业；第三，重点发展中西部地区；第四，重视国防工业和工业的国防区位。在此背景下，“一五”期间，国家的 156 个重大工业项目出台，洛阳以其悠久的历史积累和得天独厚的自然条件被列入重点发展的中部城市，有 6 项“156 项工程”落户洛阳，洛阳一跃成为中国的重工业基地。

首先在地理位置上，洛阳地处中原，山川纵横，西依秦岭，东临嵩岳；北靠太行且有黄河之险；南望伏牛，“河山拱戴，形势甲于天下”，有先天的国防地理优势。其次在自然环境和矿产资源方面，洛阳地势西北高东南低，地势平缓，适于建设，且周边蕴含丰富矿产。其三，在交通和水利方面，洛阳得天独厚，北临陇海线和黄河，内部洛河、伊河、磁河、铁滦河、涧河、瀍河等河流蜿蜒其间，有“四面环山六水并流、八关都邑、十省通衢”之称。属于北方少见的富水城市，十分利于工业企业的建设和发展。

1949 年以前，洛阳城建制仅为县治，经济落后，城市基础设施建设不足，城内没有柏油路，路旁遍布明排沟，无路灯体系等；而且当时的洛阳城（今天洛阳老城区）周边地下存在大量历史文物的遗址遗存，从文物保护角度来讲，该地域内的任何建设都将是对历史文化资源的大破坏。此外人口不足，据统计 1952 年洛阳城市人口仅为 62511 人，不足以支撑庞大的工业企业的运转。伴随“156 项工程”6 个重大项目的选址，洛阳城市开始了前所未有的发展。

洛阳模式中，自涧河以西，自东向西依次布置了洛阳铜加工厂、滚珠轴承厂、第一拖拉机厂、矿山机器厂、柴油机厂及最北端的热电厂，采用了“南宅北厂”的格局，自北向南按照工业区、绿化隔离带、居住区、商业区、科研教育区的排列方式建造工业新城，引来大量工业移民，形成了全新的洛阳涧西工业区，如图 4-1 所示。

图 4-1　洛阳涧西工业区城市空间结构

洛阳有其自身的特点，整个洛阳涧西工业区是因6个“156项工程”的选址建设而生的，原有基础建设基本为零，城市是在一片农田上开始建设的，整个规划也是根据6个厂矿的选址和建设而陆续完成的。因整个规划建设处于社会主义计划经济阶段，所有的生产和附属设施均依赖于高度的计划，具体来讲在厂区内，每个厂都具有大致相同的功能规划，包括厂前区（广场、塑像、大门）、办公区、生产区、中央景观大道和位于厂区后部的仓储区和铁路运输线；配合生产的还有相应的科研和高等教育机构，负责相关产品的研发、核心技术的科技研发、攻关等；在生活区，包含了具有“156项工程”特色的“苏式”住宅街坊、子弟中小学校、医院、商业网点等。

二、基于物质与非物质层面的洛阳“156项工程”工业遗产构成

此种划分方式来自近年来我国文物保护领域内的物质与非物质文化遗产的区分。在工业遗产领域的研究中同样存在物质与非物质的遗产分类。因此，有必要建立整体的、系统的保护框架。

1. 基于物质层面的洛阳涧西工业区工业遗产整体保护理论框架

第一，应强调的是城市格局和城市肌理，保护与发展建设都应在此约束下进行，明确和深层次的城市格局和城市肌理研究要先行，从而为城市发展建设提供既定约束条件。

第二，基于上述整体性的工业遗产的普查和测绘以及记录工作的开展，此项亦与第一项的研究相辅相成，也是保护利用的前提。

第三，洛阳涧西工业区工业遗产“点、线、面”的重点保护。

最大的“面”是涧西工业区的整体风貌，进而是历经时代变迁，大量现存的历史风貌建筑组群，其建筑单体、组群、院落布局是重点，目前大面积的工业厂房、现存较为完整的街坊是构成此项的主体；道路景观遗产不容被忽视，横贯洛阳涧西工业区的四条道路建设路、中州西路、景华路和西苑路是形成城市带状格局的骨架和基础，连接起各个厂矿，其道路、绿化以及沿街立面构成了涧西工业区工业遗产保护的“线”；散落分布在此片区的历史建筑单体、景观广场、雕塑等则如星辰般，是洛阳涧西工业区工业遗产的“点”。

第四，基于类型的分别研究，包括工业建筑（狭义）、能源设施、水利设施、住宅、居住区、广场、道路、棕地等。

第五，基于工业遗产区整体性保护的城市发展规划或法规的建立。

第六，保护与利用模式的研究。

工业遗产与工业遗产保护区的保护是要保护工业遗存的整体性格局、工艺、

风貌等，但重在工业遗产的适宜性再利用，要充分发挥工业遗存的价值，避免“福尔马林”式的被动式保护。如何激活城市，使原有社区焕发活力，使之成为居者乐居，旅者愿来，城市建设者珍爱的城市“明珠”，仅仅单纯的保护是做不到的，这有赖于文化的策略和适宜性的利用开发，保护与利用模式的研究应先行，才能更好地为决策者提供参照。

2. 基于非物质层面的洛阳涧西工业区工业遗产保护理论框架

第一，工业史的研究，包括地区工业的发展史和工业技术史。洛阳工业区是中国“一五”时期苏联援建的“奠定中国现代工业基础”的“156 项工程”最集中的工业区之一，所涉及的拖拉机制造、柴油机制造、矿上机械的生产、轴承的研发、有色金属的冶炼加工等对中国的工业发展起着不可或缺的作用，其中涉及工业技术、工艺、设备等技术史的研究有待挖掘整理。

第二，企业厂史的研究，包括厂史、厂志、企业内部刊物、报纸、成就、人物、大事的记载等。

第三，中苏文化技术交流史的研究。“一五”期间这些厂矿的建设多数是在中苏友好时期苏联援建下建成投产的，诸多的建筑风格、式样源自苏联，甚至是苏联原有图纸的异地复制，厂史、厂志中亦有大量篇幅、照片记载，是中苏文化交流的见证，有着重要的历史意义和文化价值。

第四，工业区社会组成、内在结构的研究。如上所述，洛阳是不具备足以支撑如此众多厂矿、企业建设生产的人口的，但在短短的 1952—1958 年 6 年时间里，洛阳人口从 62511 人激增到 391263 人，其重要原因是伴随工业区建立从全国各地大量迁入的工业移民，现在仍然能从道路、市场、餐馆的命名上看到当年移民聚居的情况，诸如青岛路、黔川路、湖北路、安徽路、天津路、上海市场、广州市场、上海大妈饺子等，在相对独立的工业区大量外来移民的长期聚居势必形成新的社会结构，社会语言和内在文化关联，是洛阳涧西工业区工业遗产非物质层面的重要组成部分。

第五，关于目前洛阳涧西工业区工业遗产保护利用的经济性研究和旅游开发、文化产业的研究等。

综上，洛阳涧西工业区工业遗产保护工作任重道远，目前，所有厂矿仍在正常运转，应对其内部厂区、工业建筑进行预防性普查、记录、保护；居住区则面临尴尬的境地，不少房屋年久失修，有的已接近甚是超过了设计使用年限，居民的基本生存环境恶劣，历史风貌的保护和民生的改善如何取得平衡是下一步工作的关键；在科研院所、公共建筑拆建保护的语境下，应该被整体而系统的研究和规划。

三、洛阳“156项工程”工业遗产构成体系

洛阳“156项工程”工业遗产构成体系如图4-2所示。

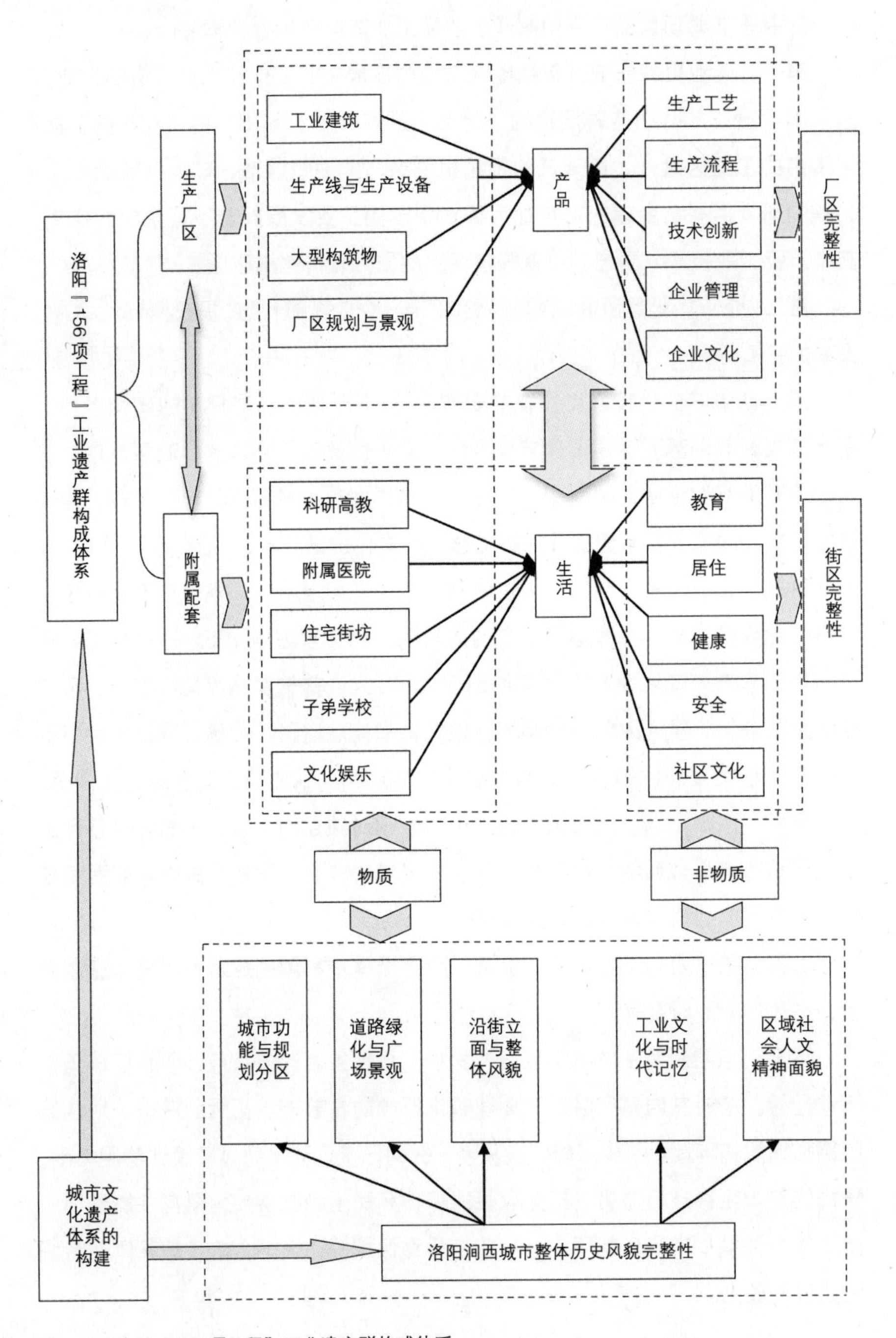

图4-2 洛阳“156项工程”工业遗产群构成体系

第二节　洛阳“156 项工程”生产厂区遗产构成与现状分析

一、洛阳“156 项工程”生产厂区物质遗产构成

(一)洛阳“156 项工程”工业厂区整体规划

1. 厂区规划的特点

“一五”时期落户涧西的这 6 个“156 项工程”,借助苏联专家的指导和帮助,在厂区规划上有着鲜明的特色。大致可以总结为以下几点：

(1)厂区布局形式上大致成矩形结构，内部路网横平竖直，路面宽阔，有与城市路网相接的出入口。

(2)厂区布局在内容上以生产工艺流程和各功能为内在逻辑，总体上分为厂前区和生产区：厂前区布置厂前广场(位于建设路北侧的四个厂均设有厂前广场)、办公大楼、实验大楼、培训机构等建筑，生产区按照生产流程布置整个厂房，并最终流向产品输出的厂内铁路运输专用线。

(3)厂区绿化景观出众，各厂均布置有中央景观轴线，有欧洲古典主义的规划痕迹；厂区内密植行道树，就厂房布置情况设置景观小品，美化厂区；厂前有宏大的厂前广场，并设有主题雕塑彰显时代精神。

2. 典型实例分析

以洛阳第一拖拉机制造厂的厂区规划详述以上三点。

洛阳第一拖拉机厂在整体规划布局上，其内部路网十分整齐，以中央景观大道为中轴，主体厂房分列两旁，如图 4–3 所示。

厂区平面布置分为厂前区和生产区，厂前区布置办公楼、档案、研究机构；生产区的规划有着严格的内在关联，所有生产车间的位置布局是围绕拖拉机生产的工艺流程展开的，核心点是装配工场，即所有的零件、半成品要在装配车间最终组装成为拖拉机，因此，分别设有流水线与上一级产品相连，辅助、工具等布置在相关厂房车间周围，最终产品流向成品仓库，并最终通过公路和铁路编组站运输到全国各地。图 4–4 所示为洛阳第一拖拉机厂厂区道路及绿化情况。

图 4–3　洛阳第一拖拉机制造厂规划布局分析

(二)洛阳“156 项工程”工业厂区建筑研究

1. 总体特点

沿建设路以北，规则分布洛阳有

图 4-4　洛阳第一拖拉机厂厂区道路及绿化情况

色金属加工厂、洛阳滚珠轴承厂、洛阳第一拖拉机厂和洛阳矿山机器厂四大厂矿，内部厂房众多，道路宽阔，绿化丰富。包括办公建筑、科研建筑、厂房及厂区内绿化等。

这些建筑风格统一：办公建筑多为多层砖混结构，部分科研建筑为三角屋架四坡顶，均中轴对称，面宽大，内廊式，建筑装饰精致，门窗及柱头、柱础线脚丰富；办公楼、厂门顶部多有红旗、五星、齿轮等雕刻装饰，具有明显的苏式风格；厂房外立面至今保留有浮雕式的口号和标语，具有强烈的时代感。

厂区规模宏大：仅洛阳第一拖拉机厂占地面积 6451000m^2，相当于隋唐洛阳城的面积；内部道路宽阔，绿化丰富；厂房面积巨大：因建设初期的生产总量计划和流水线设计，多数厂房面积很大，以洛阳第一拖拉机厂为例，其总装配车间最初建设面积 28290m^2。

厂房多为钢筋混凝土结构，内部屋架、屋面板、吊车梁也多为钢筋混凝土结构，少量为钢结构，内部地面依生产状况而不同，热加工厂房及有重型运输的厂房地面为粗砂及混凝土地面，机加工厂房为有刻花的铸铁地面；内在联系紧密：各厂矿内部厂房的布置在最初设计时有着生产流程上的先后顺序与关联性，主要生产车间按照产品的生产流程先后布置，辅助生产车间就近布置于其所服务的主要生产厂房周边，最终流向成品仓库和设于厂房北侧的铁路运输站点。

建筑细节装饰丰富。与现今的工业建筑不同的是，这些厂房在建造方面不仅仅满足生产功能，同时在细节和装饰上十分丰富，在 20 世纪 50 年代国力经济较为紧张的条件下十分难能可贵。这些建筑在用材上并无特殊之处，就是常规的钢筋、水泥、混凝土以及砖石、木材，但在建造细节方面却极尽工匠所能，山花、浮雕、檐口、门窗、道牙、地面均有体现。

2. 典型实例举例分析

（1）办公楼

按照厂区的总体规划，厂前广场正对着厂区大门，进入大门后，占据厂前区中轴线的中心位置的即是各厂的主办公楼。这些办公楼的建筑设计在形式上具有大致统一的特点：即在平面上中轴对称布局、内廊式设计，办公室设在中央走廊南北两侧；立面上总体对称，3 ~ 5 层砖混结构，立面处理采用古典主义的立面处理法则，横向分五段，突出第一、三、五的部分，且以最中间一段为装饰重点，纵向分为三段，通过砌筑材料和外墙装饰材料体现，通常越靠地面的越厚重，入口设柱廊、窗下墙、檐口均通过外墙材料进行线脚及图案的装饰。

苏联是第一个社会主义国家，它的建设经验对于正在开始大规模建设社会主义社会的中国无疑是极其重要的①。他们为中国提供了诸多社会主义建设的经验。在工业厂区规划、厂前区设计、生产车间工艺以及工厂绿化、工业建筑的艺术风貌等方面均力图体现“社会主义的内容、民族形式”和“社会主义现实主义的创作方法”②。在苏联，所谓“社会主义的内容”就是指关心劳动人民的物质和精神生活，反映社会主义制度的优越性，“民族形式”基本是指俄罗斯以及加盟共和国各民族的古典主义艺术与建筑，因此，这一时期的苏联建筑设计实践均有明显的体现——古典柱廊、低层建筑设塔楼等，另外工业、农业生产活动本身也成为艺术设计的内容和元素。此时期的苏联建筑风格也被称为“斯大林风格建筑”，如图 4-5 所示。

“156 项工程”大部分由苏联帮助设计安装，大批来到中国的苏联专家在中国工程技术人员的辅助下共同工作。作为“156 项工程”的哈尔滨量具刀具厂办公楼是由苏联建筑工程部设计总院设计的，充分体现了斯大林建筑风格在中国的移植，如图 4-6 所示。

同样的设计思想也影响着中国的建筑设计师。如 1958 年由北京工业建筑设计院陶逸钟等设计的洛阳第一拖拉机厂大门兼办公楼，就是典型代表。它有着苏联古典主义的立面构图，外柱廊、线脚、柱头等，在“民族形式”的表达方面则体现了中国传统建筑的抽象元素，如柱头部分的雀替造型，以石材表现

① 《人民日报》1953 年 10 月 14 日社论：《为确立正确的设计思想而斗争》中指出：“在近代的设计企业中，有两种指导思想，一种是资本主义的设计思想，一种是社会主义的设计思想。以资产阶级思想为指导的设计原则是一切服从于资本家追求个人的最高利润的目的，设计人员受资本家雇佣，为实现资本家的意愿，同时也为提高自己的名望和物质待遇而进行设计。……资产阶级的设计思想是孤立的，短视的，没有国家和集体的概念，又经常是保守落后的。”

② “十月革命”前后，苏联出现了激进的现代艺术运动——构成主义（我们称为结构主义），并蔓延至文艺的各个领域，苏联政府认为这属于敌对的资本主义的艺术，斯大林下令加以整肃，于是提出了这两个口号。以建筑师茹儿托夫斯基为首，掀起了苏联建筑的古典主义的高潮。

图 4-5　莫斯科国立罗蒙诺索夫大学
图片来源：斯大林式建筑，http：//baike.sogou.com/v70462264.htm

图 4-6　哈尔滨量具刃具厂办公楼
图片来源：http：//pic.sogou.com/d?query

洛阳第一拖拉机制造厂大门（兼办公楼）

洛阳矿山机器厂办公楼

洛阳有色金属加工厂办公楼

洛阳第一拖拉机厂厂徽

洛阳第一拖拉机厂大门柱廊柱头细部

洛阳有色金属加工厂办公楼细部

图 4-7　洛阳“156 项工程”厂办公楼整体及细部装饰
资料来源：上中为《洛阳矿山机器厂厂志》，其余为作者自摄

的中国传统木构榫卯穿插等；同时在厂徽的设计上，充分体现了社会主义工业建设的元素——红旗、五星、党徽、齿轮等，彰显出时代精神。在洛阳矿山机器厂办公楼的设计上同样有着浓厚的苏联设计的痕迹，如古典集中式的构图，两侧办公楼的斜面坡屋顶、中央塔楼、首层柱廊等。洛阳有色金属加工厂的办公楼在细节装饰方面融入了中国传统元素，如柱廊柱头部分的仿木构造型，窗下墙的云纹装饰图案等，如图 4-7 所示。

（2）车间厂房建筑

生产车间是厂区建筑的主体。洛阳“156 项工程”的厂房规模宏大，一些主要的生产车间动辄建筑面积两三万平方米，纵深方向可达几百米。

洛阳第一拖拉机厂坐落于邙山脚下洛阳涧西工业区北侧厂区规划带内，北邻洛阳热电厂，东邻洛阳滚珠轴承厂，向西临近洛阳矿山机器厂，是我国“一五”计划期间投资建设的第一家拖拉机厂，是苏联援建的 156 项重点工程之一。1955 年 10 月破土动工，至 1959 年 11 月，第一期建厂工程基本完工投产。我国第一台自行制造的“东方红”牌拖拉机即出产于该厂，从建厂至今已有半个世纪。其厂区规划严整，绿化出色，厂房规划有机统一，建设初期有着明确的生产流程的内在逻辑性；建筑规模宏大坚固，适应性强，虽经历历次生产线改装，至今仍能够满足使用要求。其装配车间，是我国第一条履带式拖拉机的组装生产线的所在，因此，选取该厂房作为典型案例。

装配车间（原名装配一分厂）是进入厂门后沿南北中轴线的西侧第二座厂房，厂房占地面积 120m×230m，总建筑面积 28290m^2，厂房主体单层9跨联布，为钢筋混凝土排架结构，北半部分厂房屋架下弦结构高9m，南侧结构高6m，高低跨布置。平面按照生产及设备分别有6m×9m，6m×12m，及12m×12m扩大柱网，沿厂房纵向设矩形天窗和高低侧窗，内部明亮宽敞。厂房内部南侧为中国第一条拖拉机总装生产线旧址，内部地面保存有建厂初期特别铸造的印有拖拉机图案的铸铁地砖，内部结构除部分吊车线、生产设备应生产工艺而改变，其余均为建厂初期原物。东侧设三层办公楼，砖混结构，立面清水砖墙砌筑，白色混凝土装饰带，中轴对称，古典构图，正中央有二层挑高的外贴门廊，屋顶中央有装饰性塔楼，具有典型的“156时期”“苏式”建筑风格。与南侧文保厂房协调统一，如图4-8、图4-9所示。

（左、中）装配车间外立面（上右）装配车间内景（下右）铸有履带式拖拉机图案的铸铁地砖

图4-8　洛阳第一拖拉机制造厂装配车间现状

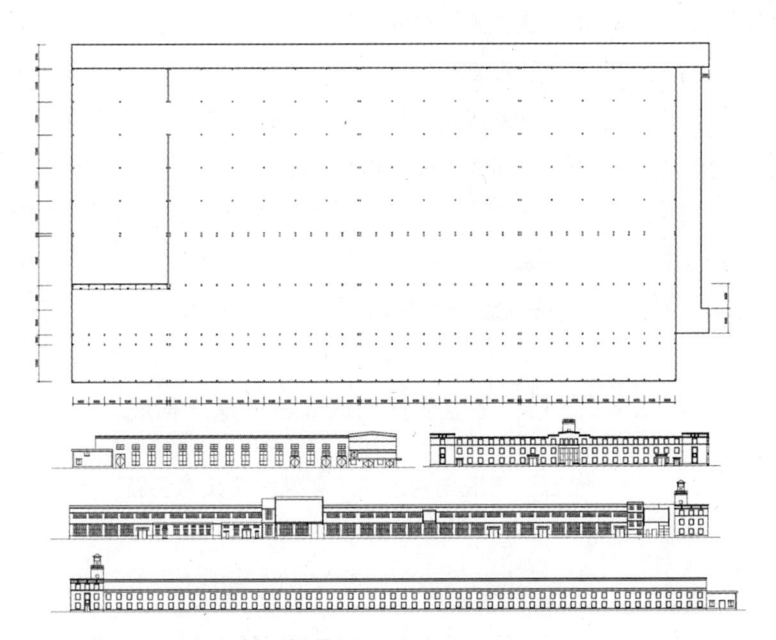

图4-9　洛阳第一拖拉机厂装配车间测绘平面、立面图

（三）洛阳“156 项工程”厂区生产线与生产设备

生产线与生产设备及相关技术是工业遗产的独有特点。生产是所有当下物质遗存于特定时代的活动主体，物质遗存是生产的物证。主要包括建厂初期及后续生产过程以及重大的技术改造等事件中发挥重大作用的设备、流水线以及有代表性的产品等。这些工业设备具有独特性和稀缺性，代表了当时生产技术的先进性，如房内部仍存有部分曾为“中国第一”的大型机械加工设备，如中国第一条拖拉机装配生产流水线等，如图 4–10 所示。

第一拖拉机厂生产的拖拉机

矿山机器厂的 8000 吨水压机

滚珠轴承厂轴承生产线

图 4–10　生产线、产品样品及大型设备

（四）洛阳“156 项工程”厂区大型构筑物

各大厂区均有建厂初期规划建设的铁路运输线路，各种气、固、液体的输送管道、传输带、烟囱冷却塔等。之所以将其另划为一类，是因为：

（1）地标性：这些构筑物地处厂区范围内，但多数型体高大，成为当时城市的制高点，历久则成为人们眼中熟悉与明确的地标。

（2）纪念性：这些构筑物是当时生产运行流程的必要组成部分，是标定生产流线的纪念物。在公路运输发达、原有生产转型的今天，诸多原有的构筑物失去了设计之初的效用，却带给人极强的时代感和历史记忆。

（3）景观性：在工业美学的背景下，这些废弃的构筑物能够引发人们的历史记忆与情感共鸣，成为具有时代印记的景观基础设施。

图 4–11 所示为厂区运输线及构筑物。

二、洛阳“156 项工程”工业生产厂区非物质遗产构成

（一）洛阳“156 项工程”工业企业生产工艺流程及技术创新

1. 生产工艺流程

生产工艺是指生产某种产品所需要的方法和工艺参数等内容，是工业企业的核心技术能力。工艺流程是指产品生产的过程步骤，是技术、设备和生产组

拖拉机大型露天拖拉机停放场

列车专用线站台

厂区内部烟囱管线

列车专用线轨道

废旧机车头

矿山机器厂提升机试验塔

图 4-11　厂区运输线及构筑物

织能力的综合表现形式。

落户洛阳的6个156项重点工业项目均属于当时我国国民经济的支柱产业，是中国工业的“长子”，代表着国内该行业生产工艺流程的领先水平，整理发掘这些工艺资料对研究现代工业发展及其传承有着重要意义，也是当前非物质工业遗产保护的重点。鉴于洛阳 6 个“156 项工程”目前仍在生产，且多涉及军工、航空航天和核工业等重要领域，其主要生产工艺尚未解密，这里仅以洛阳有色金属加工厂为例对其生产流程进行简要梳理。

洛阳有色金属加工厂主要生产铜镍及其合金产品，主要建设有三大生产系统、辅助生产部门及相关保障部门。

三个主要生产体系分别为电解铜生产系统、铜加工生产系统、镁材生产系统。

电解铜生产系统即该厂六分厂，依据生产流程可划分为六个生产工段，分别为阳极工段、电解工段、回收工段、硫酸盐工段、阳极泥工段和机修工段，主要生产电解铜、硫酸铜、精硫酸镍、金锭、银锭、硒、砷等产品，可满足铜加工生产系统生产所需的七成电解铜的供应和保障。该分厂自建成投产以来不断改进生产技术、创新生产工艺、改造升级设备，生产能力和技术水平一直处于国内领先地位。

铜加工生产系统由一、二、三分厂三部分组成，是当时我国规模最大、设备工艺较为先进的铜加工生产基地。一分厂又称熔铸分厂，生产铜、镍及其合金铸锭。下设五个工段：一工段（有芯工频炉）、二工段（无芯中、工频炉）、三工段（机加）、四工段（电、钳）、五工段（工具和筑炉）。图 4-12 所示为扁锭铣面机列。二工段安装的 OKB—597 型中频无铁芯感应电炉先后经历三次试车，形成了从石英砂选型、粒度配比、矿化剂选择及筑炉、烤炉等一整套工艺和规范。生产了我国第一根铝青铜半连续铸锭，并完成了我国原子能工业急需的蒙乃尔合金异形铸件的试制任务，可以说该工段见证了我国原子能工业的艰难起步。二分厂即是板带分厂，主要生产铜、镍及其合金板带材的分厂。下设六个工段，其中开坯工段、板材工段、薄板和带材工段为生产工段；机械工段、电气工段、成品包装工段为辅助工段。图 4-13 所示为热轧机列。该厂研制生产的高强耐腐的高锰铝青铜板材、铁白铜带材及锰铝白铜板材满足了造船工业的需要；另外其生产的各型铜板、铜带连续四年获 4 块国家级优质品牌，另有 8 项产品获国家冶金部、河南省优质产品称号。三分厂又称管棒分厂，是生产铜、镍及其合金管、棒型材的分厂，拥有挤制品生产线、大管生产线、中小管生产线和棒材生产线等四条生产线。图 4-14 所示为轧管机列。1962—1965 年，在试生产阶段，三分厂仅用了几个月的时间就生产出了海军急需的声呐用铁黄铜椭圆管；而后又研制生产了波导管、冷凝管、挤制异型管等多种铜材，满足了国家重点工程急需，填补了国内铜、镍合金加工材料的多项空白。

图 4-12　扁锭铣面机列
图片来源：《洛阳铜加工厂厂志》

图 4-13　热轧机列
图片来源：《洛阳铜加工厂厂志》

图 4-14　轧管机列
图片来源：《洛阳铜加工厂厂志》

镁材生产系统，以生产镁及镁合金板带材为主，是当时我国唯一的镁板材生产基地，下设熔铸、压延和辅助三个工段，27 个班组。在镁材需求量小时该生产线可用于生产铝板材。

基于对洛阳有色金属加工厂三大生产系统的梳理，形成该厂主要生产流程如图 4-15 所示。

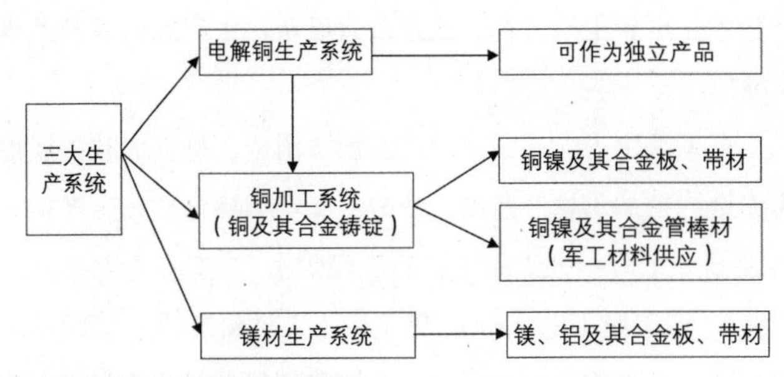

图 4-15　洛阳有色金属加工厂主要生产流程

2. 工业技术创新

技术创新是工业发展的核心动力，从这个角度上也可以说，企业技术创新的历史也就是企业的发展史、创业史。有关技术资料和记载描述对我们研究工业企业生产史以及行业发展史非常重要。洛阳有色金属加工厂是由苏联设计的大型有色金属加工工业，由第六冶金建设公司承建，大部分生产设备由苏联成套供应，还有部分设备是国内企业根据苏联图纸制造。因此，在生产技术发展和生产设备供应，甚至是生产管理都对苏联具有较强的依赖性，受其制约和钳制。所以，团结协作、攻坚克难、勇于实践、自主创新的创业史也是其逐步摆脱苏联技术封锁和遏制的技术发展史，对研究该时期 156 项重点援建工业的发展具有普遍意义。

1964 年 10 月，洛阳有色金属加工厂大型有芯工频感应电炉按照苏联原设计试车，炉底采用东海石英砂、电炉刚玉、黏土和硼砂的混合物捣制，试车时炉底发生严重漏炉。同年 11 月在洛阳耐火材料研究所和耐火材料厂的协助下采用洛阳新安县铁门石英砂取代东海石英砂进行试验，并试车成功。这次试验不但攻克了炉衬关，为全面投产铺平了道路，而且找到了优良的筑炉材料，并可就地取材，降低了生产成本。诸如此类的技术创新不胜枚举。

（二）洛阳“156 项工程”工业企业管理

洛阳“156 项工程”重点工业企业的发展过程是一个从无到有、从弱变强过程。其发展大体经历了建设时期、发展时期、“文革”时期和“文革”后的调整时期四个阶段。作为国有大型工业企业其管理模式也不断发展、完善，并逐步形成具有行业特色的管理体系。

这里以洛阳轴承厂为例进行研究梳理。首先可以通过洛阳轴承厂行政管理机构的发展变化看到这一点，如图 4-16 ~ 图 4-18 所示。

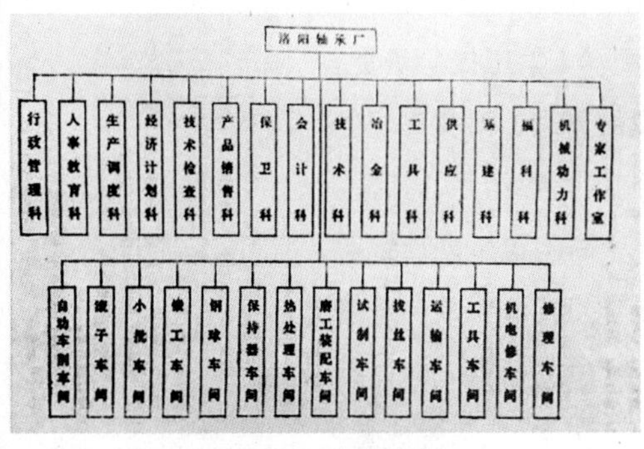

图 4-16　1958 年洛阳轴承厂组织机构图
图片来源 :《洛阳轴承厂厂志》

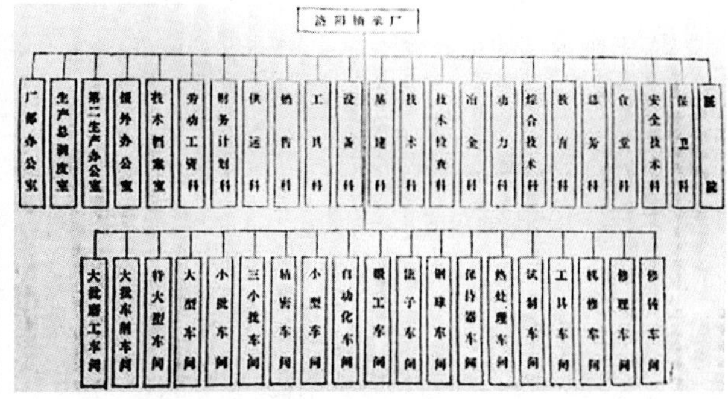

图 4-17　1966 年洛阳轴承厂组织机构图
图片来源 :《洛阳轴承厂厂志》

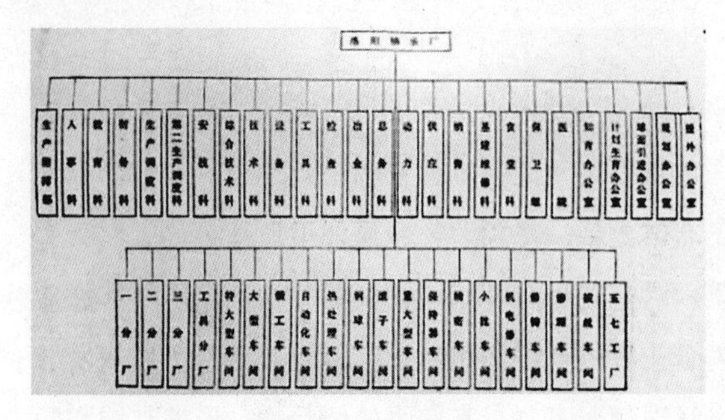

图 4-18 1976 年洛阳轴承厂组织机构图
图片来源：《洛阳轴承厂厂志》

洛阳轴承厂的企业管理体制和模式研究对国有大型工业企业管理具有代表性和普遍性。其进行的主要管理活动有计划管理、生产管理、经营管理、财务管理、劳动管理、质量管理、技术管理、设备管理、物资管理、工具管理、安技环保管理、能源管理、运输管理、建筑物管理、班组管理和计划生育工作。

1. 计划管理

洛阳轴承厂的综合计划管理由经济计划科主管，根据国家计划和市场需要制定企业生产目标，组织和协调全部生产经营活动，以取得最好的经济效益。其主要工作：一是建立完整的计划管理体系并做好相关工作。1959 年制定《技术经济指标管理办法》《指标计算试行办法》《计划编制程序暂行办法》等制度，开展综合平衡工作，基本形成条块结合、较为完整的计划管理体系。1964 年实行“集中到厂部，服务到班组”管理体制，改革计划管理程序，简化指标考核办法。对班组考核品种产量、质量、工时、消耗四个指标和安全、设备维修、班组管理三个条件。二是统一管理全厂的统计业务。1963 年先后制定了《统计管理工作试行办法》《统计指标计算办法》《定期报表审批》等制度，形成了较完整的统计网。三是编制金属材料、辅助材料、外购工具、外购机电备件、劳务和轴承零件等厂内计划核算价格，保证经营管理工作的需要。四是建立、推行和完善各项、各类人员经济责任制。经济责任制的基本分配模式，根据不同情况和特点分别确定。

2. 生产管理

洛阳轴承厂的生产管理由生产调度科和第二生产调度科（军工处）负责。生产管理包括生产作业计划、生产准备、调度、新品种发展管理、落实文明生产的相关工作，通过三级计划、两级调度网和各种规章制度有效组织、指挥、控制生产。1958 年对生产管理进行了大胆探索和试验：一是制定生产计划实行上查、下访、抓紧中间的方法，加强计划的衔接；二是调度工作由单纯依靠调度命令，改为领导分工，跟踪生产，解决薄弱环节；三是发动群众，集体献策修改各种经济指标，重订材料消耗、废品指标，对季末制品盘点、四大件成套、储备定额进行综合分析，形成了三级（厂、车间、工段）管理体制。

洛阳轴承厂的军工生产在专职副厂长的领导下，由军工处负责制定生产规模、计划编制、生产准备、调度及统计等工作。在安排生产时坚持“三先三后”原则，即先军后民，先重点后一般，先新产品后老产品。后对相关制度进行完善和补充，正式形成《军工产品生产技术与质量管理条例》和《军工产品生产管理制度》。

3. 经营管理

洛阳轴承厂的经营管理由销售科主管，主要负责市场调查、制定年度生产计划、产品销售、托收贷款、售后服务、出口贸易及成品仓储管理等工作。

1961 年该厂经营管理正式制定《成品销售管理办法》，后逐步建立完善各种经济责任制 93 个，分解经济指标和工作项目 3465 项。1979 年后国家实行计划调节与市场调节相结合的经济控制手段，不再包产包销，洛阳轴承厂积极响应国家政策，主动作为，迅速丰富营销手段（建立经销网点、长期固定重点协作单位、门市部促进销售，同时开通函电订货，主动发函销售产品）为产品打开了销路，赢得了市场。

洛阳轴承厂对外贸易分为直接出口、直供援外和直供军援三种形式。具体情况可以通过产品直接出口、援外的部分国家和地区及出口情况统计有所了解，如图 4-19 所示的当时的统计情况。

表7—2 洛轴产品直接出口、援外的国家和地区表

	国家和地区名称 \ 供货年份	一九六〇年	一九六一年	一九六二年	一九六三年	一九六四年	一九六五年	一九六六年	一九六七年	一九六八年	一九六九年	一九七〇年	一九七一年	一九七二年	一九七三年	一九七四年	一九七五年	一九七六年	一九七七年	一九七八年	一九七九年	一九八〇年	一九八一年	一九八二年	一九八三年
	合计	2	5	4	7	12	15	18	15	15	17	17	19	22	25	30	37	43	42	45	42	33	31	26	31
1	朝鲜	△	△		△	△	△	△	△		△	△	△	△	△	△	△	△	△	△	△	△	△	△	△
2	越南	△	△	△	△	△	△	△	△	△	△	△	△	△	△	△	△	△	△	△					
3	阿尔巴尼亚		△	△	△	△	△	△	△	△	△	△	△	△	△	△	△	△	△	△	△				
4	蒙古		△	△	△	△	△	△	△				△												
5	古巴		△	△	△	△	△	△	△	△	△	△	△	△	△	△	△		△	△	△				
6	匈牙利				△	△																			
7	澳门				△																				
8	尼泊尔					△	△	△		△	△	△	△	△		△	△	△	△	△	△	△	△	△	△
9	柬埔寨					△	△	△	△	△	△	△						△	△	△	△				
10	缅甸					△	△	△	△				△	△	△	△		△	△		△	△	△		△
11	斯里兰卡(锡兰)					△		△					△	△			△	△	△	△	△	△	△	△	△
12	老挝												△	△	△	△	△	△	△	△	△				
13	印度尼西亚						△	△																	
14	几内亚					△	△	△	△	△	△	△	△	△	△	△	△	△	△	△	△	△	△	△	△
15	马里					△	△	△	△	△	△	△	△	△	△	△	△	△	△	△	△	△		△	△
16	罗马尼亚						△							△	△	△	△	△				△			
17	也门						△	△	△	△	△	△	△	△	△	△	△	△	△	△	△	△	△	△	△
18	阿富汗						△	△	△	△	△	△	△	△	△	△	△	△	△		△	△			
19	加纳						△	△										△	△	△	△	△	△		
20	刚果							△	△	△	△	△	△	△	△	△	△	△	△	△	△	△			△
21	索马里							△				△	△	△	△	△	△	△	△	△	△	△	△	△	△
22	巴基斯坦								△	△	△	△	△	△	△	△	△	△	△	△	△	△	△	△	△
23	坦桑尼亚							△	△	△	△	△	△	△	△	△	△	△	△	△	△	△	△	△	△
24	阿尔及利亚								△		△			△	△	△		△	△	△					
25	叙利亚									△	△					△	△	△	△	△		△			
26	赞比亚									△	△	△	△	△	△		△	△	△	△	△	△	△	△	△
27	毛里塔尼亚									△	△	△	△		△	△	△	△	△	△	△	△	△	△	△
28	乌干达											△		△	△	△	△	△	△	△	△		△		
29	苏丹													△	△	△	△	△	△	△	△	△	△	△	△
30	赤道几内亚													△	△	△	△		△	△	△		△		

图 4-19 洛阳轴承厂对外出口情况统计
图片来源：《洛阳轴承厂厂志》

4. 财务管理

洛阳轴承厂的财务工作由财务科负责，主要工作是为工厂的生产、扩大再生产进行资金筹集、调拨、使用、结算和分配。1958—1966 年工厂的固定资金和大部分流动资金由国家预算拨款（占 70%）或由人民银行贷款（占 30%）保证生产，集中管理，统一核算。资金管理贯彻了“鞍钢宪法”，推行齐齐哈尔机车车辆厂管理经验，采取“集中到厂部，服务到班组”的形式。其中成本管理主要进行成本编制、成本控制、成本核算。各分厂根据总厂下达的指标和有关业务处室分解的指标编制分厂的预算，报总会计师批准后实施；成本控制实行经济责任制，建立健全成本控制指标体系，在指标分级归口管理的基础上实行全面包、全面保，经济效益与经济利益挂钩；各基本生产分厂（车间）成本核算采用定额法，零件移动实行定额，逐步分项结转；各辅助生产分厂分别实行定单法、简单法；全厂生产费用和产品成本的汇总采用双轨制。

5. 劳动管理

洛阳轴承厂的劳动管理由人事处负责，主要工作有劳动定员、劳动定额、劳动工资奖励、工人调配、劳动组织和统计、职工退休退职、维护劳动纪律、对职工进行教育等工作。

劳动定员采用劳动效率定员、岗位定员、设备定员和按组织机构定员等多种形式，从 1958 年至 1983 年全厂性劳动定员工作进行了三次；劳动定额工作开始由劳资科定额组，1957 年制订了《劳动定额管理办法》，各基本生产车间制定了班产定额，辅助车间制定了工时定额，截至 1983 年厂劳动定额先后修改、调整过 12 次，定额水平逐年提高；工票管理是企业管理的一项重要的基础工作，在试生产时期，大部分基本生产个人就试行了生产工票，全厂生产工票最多时发展到 50 多种；劳动工资管理包括职工工资、奖励、考勤、劳动纪律和各种福利津贴等，实施两级管理，人事处设劳动工资科，各分厂、处室均设专职或兼职工资考勤员；工人调配的主要任务是新工人的招收分配、退伍军人的接收安置、合理调配劳动力、配合教育部门组织工人技术培训和技术考核等。

6. 质量管理

洛阳轴承厂的全面质量管理工作由企业管理办公室负责。轴承零配件冷加工质量检验和成品验收由质量检验处负责；热加工质量检验、金属材料和主要辅助材料进厂检验由冶金处主管；全厂长度、热血、力学、电学计量分别由质检处、冶金处、能源管理处质检处进行业务归口管理。1958 年全厂开始推行自检、互检和检查员专检相结合的“三检制”，并在技术检查科成立质量监督检查机构——“高级抽查组”，专门抽查检查验收的轴承成品质量。1959 年开始实行厂、车间和班组定期质量和废品分析制度，所有废品必须集中到车间废品库，由专人负责复检，及时汇总质量信息并抄送各有关部门，作为改进工作的依据。重大质量问题通报全厂或举办废品展览。另外，还十分重视材料质量管理工作，专门设有材料检查和理化试验小组并制定《进厂材料检查管理发放制度》，负责材料质量进厂验收工作。

7. 技术管理

技术管理工作由技术科负责，主要负责产品设计、工艺管理、产品及工艺试验、科技研究管理、专用机床和非标设计、技术情报与交流以及技术资料和档案管理工作。洛阳轴承厂建立健全了一系列管理制度，在促进技术创新，跟踪国外发展动态，打造先进的核心技术能力等方面获得了骄人的成绩。

8. 设备管理

洛阳轴承厂的设备管理系统包括设备处、各车间的机动科及机修分厂和修造车间，采用两级管理和两级维修的体制。机修车间负责全厂设备的大修任务、吊车的日常维护和计划修理；修造车间负责工业炉、槽子等非标准设备的修理和设备安装任务。各车间机械师工部负责本车间及兼管单位设备的日常维护以及中修以下的计划修理任务。1964 年学习齐齐哈尔机车车辆厂企业管理经验，对设备管理制度进行了完善调整。但是，在“文化大革命”时期，设备管理受到严重冲击，设备技术状况严重恶化，据统计当时的设备完好率只有 57.4%，严重带病和“趴窝”的设备全厂达 1525 台。图 4-20 所示为各种管理制度与条例。

图 4-20　洛阳轴承厂各种管理制度与条例
图片来源：洛阳轴承厂厂办

（三）洛阳“156 项工程”工业遗产档案

档案资料是工业遗产的重要组成部分。通过企业的内部档案我们可以清晰地了解企业曾经的生产情况和经营状况。档案资料中往往包含重要的历史信息，有待后人去发掘与整理。工业遗产档案应包含狭义的档案资料、报纸、图书、照片、笔记，以及宣传标语、合同、证书、奖状等。它们是承载工业遗产非物质的精神、记忆的物质载体，是弥足珍贵的历史史料。

洛阳 6 个“156 项工程”均属于国有大型企业，拥有完善的企业档案管理结构，特别是涉及苏联援建的相关资料、图纸，不少都是涉密的，需要严密地保管，除此之外，各厂还出版了相应的厂史、厂志、内部报纸、书刊等。如洛阳滚珠轴承工厂就曾创办油印版《工地生活》《前进》《洛阳轴承》等，洛阳有色金属加工厂也曾创办《洛铜报》，当年不少中央领导的批示、文件也都是珍贵的史料，如图 4-21、图 4-22 所示。

图 4-21　洛阳第一拖拉机厂竣工验收鉴定书
图片来源：洛阳农耕博物馆

洛阳矿山机器厂厂长、总工赴苏联审定初步设计的历史照片　　洛阳铜加工厂厂志

图 4-22　洛阳“156 项工程”各厂相关档案资料
图片来源：左：《洛阳矿山机器厂厂志》；右：《洛阳铜加工厂厂志》

（四）洛阳“156 项工程”工业企业文化与企业精神

20 世纪 50 年代，国民经济经历了最初的社会主义改造和调整与充实，在“一五”期间正式开启了工业现代化的大规模建设模式，举国上下万众一心，建设社会主义的热情空前高涨。人们以进入工厂成为一名工人而引以为傲，以工人阶级为主体的建设队伍信心满满，尽管条件艰苦，技术落后，仍保质保量地完成了建设任务。图 4-23、图 4-24 所示为在建设初期，洛阳各厂的工人在极其艰苦的条件下建设工厂的情形。

老一辈人不远千里移民至此，曾在这里抛洒热血与汗水，用青春书写中国工业的崭新篇章，这里承载了一代人在艰苦的岁月，在计划经济的体制下，怀着无私奉献的至高精神的大半个世纪的生活与工作，记载了中国内地制造业发展的辉煌。

企业文化与企业精神是凝聚企业职工工作作风的群体内在意识的总和。它包括了工人们的思想意识、价值观念、道德规范、意志追求等，是企业内部全体职工的行为取向。因此，良好的企业文化和企业精神的培养有助于一个企业内部凝聚力、向心力的形成，也就有利于企业的长远稳定发展。这包括各种形式的活动，如工业文学、诗歌、表演、报告、演出以及技能竞赛、比武等。如各厂党委邀请工程兵政治部“雷锋事迹报告团”作报告，号召职工争当雷锋式工人，教育青年树立共产主义道德品质，争当“五好”青年，助人为乐蔚然成风。又如在全国范围内影响较为广泛的“工业学大庆”“铁人语录”等活动，号召全国工业企业“爱国、创业、求实、奉献”。各厂矿争相学习大庆油田的先进经验，大学解放军，大学石油部，争创“五好”企业。

良好的作风是企业的“传家宝”，应该一直流传下去，熏陶年轻一代，培养职工队伍的健康成长。

图 4-23　第一拖拉机厂职工采用人工夯实地基
图片来源：洛阳农耕博物馆

图 4-24　人工开挖地基搬运土方
图片来源：《洛阳矿山机器厂厂志》

第三节　洛阳“156项工程”配套设施遗产构成与现状分析

一、洛阳“156项工程”配套科研高教遗产

（一）洛阳涧西工业区高校和科研院所整体风貌

伴随“一五”时期落户涧西的6个“156项工程”的建成，洛阳涧西区逐步成为我国新兴的以机械制造为主体的工业城市。这些厂多数属于中国工业的奠基石，是中国工业的优秀代表，其企业的产品研发、工艺改进、人才培养势必要求有相关的配套资源。在第三章中简要陈述了配合各个厂矿的教育和科研体系：有提供子弟受教育的国家义务教育体系，也有辅助生产的工人、技师的培养学校和各级各类辅导机制，与此同时，大专院校和科研院所的配套和支持必不可少（图4-25）。与洛阳工业区各个企业配套的高校和研究所有：

（1）洛阳农机学院（河南科技大学，中国农机、轴承教育中心）；

（2）洛阳拖拉机研究所（中国拖拉机研究中心）；

（3）洛阳耐火材料研究院（中国耐火材料研究中心）；

（4）725研究所（中国船舶材料研究中心）；

（5）机械工业部第四设计院（中国农机工厂设计中心）；

（6）有色金属设计院（中国有色金属工厂设计中心）；

（7）机械工业部第十设计院（中国轴承工厂设计中心）；

（8）轴承研究所（中国轴承研究中心）；

（9）矿山机械研究院（中国矿山机械研究中心）等。

轴承研究所

有色金属设计院

洛阳农机学院1号楼

医学院教学楼

图4-25　洛阳涧西科研院所

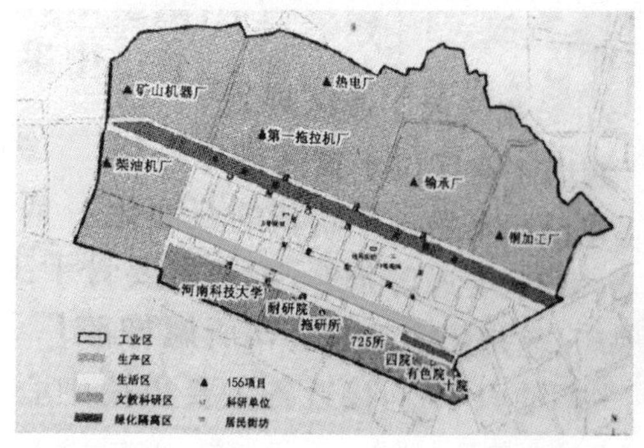

图 4-26　各科研院所在洛阳涧西的空间分布

图片来源：王兴平，石峰，赵立元 . 中国近现代产业空间规划设计史 [M]. 南京：东南大学出版社，2014：119

以上均是国内同行业中最大、最重要的教育、研究和设计单位。这些单位的建设和发展壮大与各大厂矿一起，构成了洛阳涧西工业区发展的主体动力，也为洛阳涧西工业区留下了宝贵的时代印记和建筑遗产。图 4-26 所示为其在洛阳涧西的空间分布情况。

表 4-1 为洛阳“156 项工程”相关科研院所一览表。

洛阳“156 项工程”相关科研院所一览表　　**表 4-1**

名称	成立时间（年）	地址	具体情况	业绩与贡献
机械工业部第十设计研究院	1958	西苑路最东段南侧，毗邻牡丹广场，西邻有色院	前身是第一机械工业部第五设计局，1958 年 5 月由北京迁至涧西，成立轴承工厂设计室，1978 年更名为机械工业部第十设计研究院，主要承担全国轴承工厂的设计	承担国家轴承工厂的设计以及各类民用建筑设计，为轴承行业采用新工艺、新技术和新设备作出贡献
洛阳有色金属加工设计研究院	1964	西苑路东段南侧，毗邻牡丹广场	承担全国轻有色、重有色和稀有金属及其合金加工企业的设计，具有设计国外先进水平的有色金属加工企业和国内先进水平的大型民用建筑的综合能力，是我国有色金属及其合金加工企业的设计中心	西南铝加工厂、西北铝加工厂、西北铜加工厂、宝鸡有色金属加工厂等厂的设计，东北轻合金加工厂、洛阳有色金属加工厂等大型企业的技术改造，天津铝合金型材工程等
机械工业部第四设计院	1959	西苑路东段南侧，东临有色院，北临牡丹广场	原名农业机械工业部工厂设计院，是一个多专业综合性工厂勘测设计中心	全国 80% 中马力拖拉机厂，50% 的手扶拖拉机厂，67% 的中小马力柴油机厂以及蒙古、阿尔巴尼亚、越南等国家重大援外项目等
洛阳船舶材料研究所（725 所）	1961	西苑路 21 号	1961 年始建于北京，1962 年迁往大连市，1971 年迁来洛阳涧西，隶属中国船舶总公司第七研究院，从事船舶和海洋工程结构以及相关领域使用的新材料的研制、新工艺、防污防腐新技术、材料性能研究、科技情报研究、标准化研究等	研究成果广泛应用于船舶、机电、石油、化工等部门，研究成果部分达到国际、国内先进水平，部分填补国内空白，部分获得国防军工奖励
洛阳拖拉机研究所	1952	西苑路中段南侧	1952 年创建于北京，1959 年迁至洛阳涧西，属机械工业部农机局领导，是国内拖拉机行业产品技术研发中心和质量检测中心	协助部、局编写拖拉机行业科技发展规划以及技术引进规划，承担拖拉机行业的技术、工艺、材料、测验设备的开发研究、产品设计及试验、测量检验、评定仲裁以及技术咨询、人员培训等工作

续表

名称	成立时间（年）	地址	具体情况	业绩与贡献
洛阳矿山机械研究所	1956	建设路206号，毗邻洛阳矿山机器厂	前身是一机部矿山机械所矿山机械处，1956年成立于北京，1957年合并到机械科学院，1958年迁至沈阳并更名为一机部重型机械研究所，1964年与西安重型机械研究所矿山部分合并成立一机部矿山机械研究所，1965年从沈阳迁入洛阳，1978年改名今称。是全国矿山机械的研究和技术开发以及质量监督检测中心，也是全国矿山机械标准化技术委员会和《矿山机械》杂志编辑部所在地	采掘机械、矿井提升机械、破碎、磨矿、筛分机械、洗选机械、建材机械、工程机械、轧钢机械、起重、榨糖机械等的研究和生产试制，为我国冶金、煤炭、化工、军工等行业作出了巨大的贡献。具有机械硕士研究生授予权
洛阳轴承研究所	1957	七里河吉林路南侧	我国目前较大的轴承专业科技研究中心，主要承担轴承产品的研究、轴承制造工业以及装备的研究、轴承材料计入处理工艺研究、轴承质量控制与测试技术、防锈与润滑等的研究工作	荣获国防科委、国防工办、国家科技、全国科学大会等各类国家科技进步奖，为我国国防尖端技术提供了特殊结构、性能良好的专用轴承
洛阳耐火材料研究所	1964	西苑路南侧，东西毗邻拖研所和河南科技大学	直属冶金工业部领导，是国际标准组织耐火材料物理、化学检验方法国内技术归口单位，冶金部耐火材料质量监督检测中心和省耐火材料工业产品质量监督检测中心站	镁铬质中间色涂料的研制与应用，铂铱合金净化熔铸工艺，耐火绝热板、耐火纤维制品、镁砂、高钒铝土等的研究
洛阳农机学校（河南科技大学）	1958	西苑路中段南侧48号，毗邻耐研院	初建于1952年，前身是北京汽车拖拉机制造学校，1953年底迁至天津，1956年农业机械制造和拖拉机制造两个专业迁至洛阳建立了洛阳拖拉机学校，1958年在此基础上成立了洛阳工学院，后更名为洛阳农业机械学院，1982年恢复原名，2002年合并扩大成为河南科技大学	建院初期是为机械工业培养工程技术和管理人才的高等院校。在材料科学、轴承、农业机械等专业培养上较为突出。现已成为省内前三的综合性大学

（二）洛阳涧西工业区高校和科研院所典型案例研究

本文以洛阳农机学校为例展开分析。

洛阳农机学校位于西苑路中段南侧48号，初建于1952年，前身是北京汽车拖拉机制造学校，1953年底迁至天津，1956年农业机械制造和拖拉机制造两个专业迁至洛阳建立了洛阳拖拉机学校，1958年在此基础上成立了洛阳工学院，后更名为洛阳农业机械学院，1982年恢复原名，2002年合并扩大成为河南科技大学。建院初期为农业机械工业培养工程技术和管理人才的高等院校。在材料科学、轴承、农业机械等专业培养上较为突出。现已成为河南省内名列前三的综合性大学。

1. 筹备、建设与搬迁

20世纪50年代，一机部三次搬迁原建于北京的拖拉机工业学校的校址，最终将其定为洛阳，与洛阳第一拖拉机厂配套，在洛阳建设拖拉机制造学校，为其培养中级技术人才。

1955年12月，一机部正式决定在洛阳筹建拖拉机制造学校，并于1956年1月19日正式批复建筑设计计划任务书。预计于1956年暑期开始招生，三年内达到最大规模，学校发展规模为 2250 名在校学生，设拖拉机制造、农业机械制造、汽车拖拉机电器装备三个专业，学制 3 年①。

校址由洛阳市城市规划建设部门划定，位于涧西区洛阳第一拖拉机厂南侧，南界西苑路，东界长安路，北邻景华路，西到郑州路，占地约 $16.7hm^2$。学校校舍规划与设计由一机部委托建筑工程部中南工业建筑设计院设计绘制图纸，由建筑工程部洛阳工程局负责承建。1956 年 4 月进行勘测与探墓工作，5 月破土动工，到 9 月中旬开学时，除主楼的三层外，其他建筑大部分竣工，招生、教学等工作如期展开。

与此同时，原天津拖拉机制造学校的拖拉机制造专业和农业机器制造专业的师资、设备等于 1957 年 9 月完成了从天津到洛阳新学校的搬迁任务②。

图 4-27 所示为洛阳工学院（原洛阳拖拉机制造学校）校址、规划平面及鸟瞰。

2. 课程教学与管理

如其办学初衷，学校以培养对口第一拖拉机制造厂的专业人才为目标。最初设置的三个专业：拖拉机制造专业以拖拉机制造工艺为主要业务范围，培养以拖拉机机械加工、装配为主的中等技术人才；农业机器制造专业以农业机具设计制造为主要业务范围，培养以小型机具设计为主、兼顾制造工艺的技术人才和生产管理人才；机器制造专业则是以机器制造工艺与设备为主要业务范围，培养从事制造工艺、工具设计、设备改装与维修的技术人才。图 4-28 所示为 1958 年该校教学工作机构，图 4-29 所示为各专业学生的实践教学计划表。

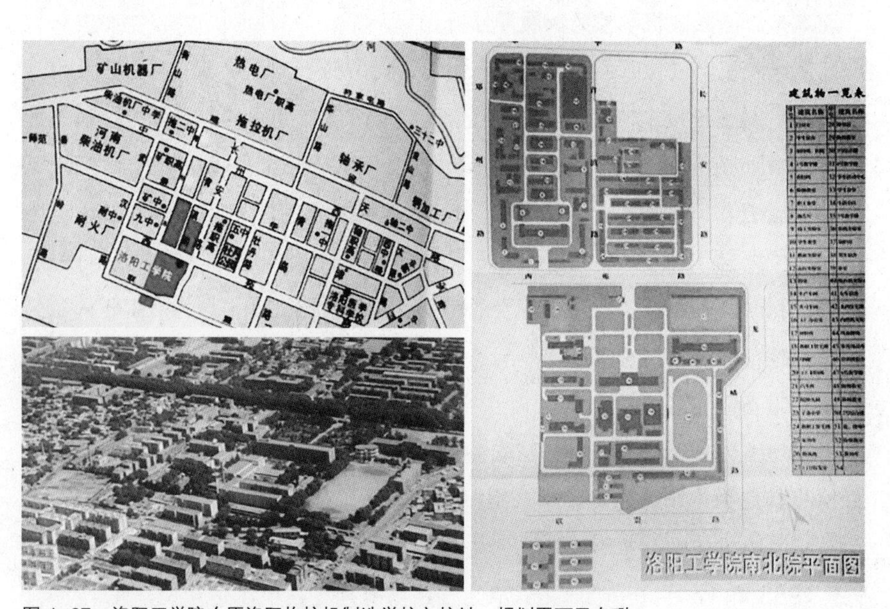

图 4-27　洛阳工学院（原洛阳拖拉机制造学校）校址、规划平面及鸟瞰
图片来源：《洛阳工学院志》

① 洛阳工学院志编纂委员会 . 洛阳工学院志 [M]. 郑州：中州古籍出版社，1998：59-60.

② 同上。

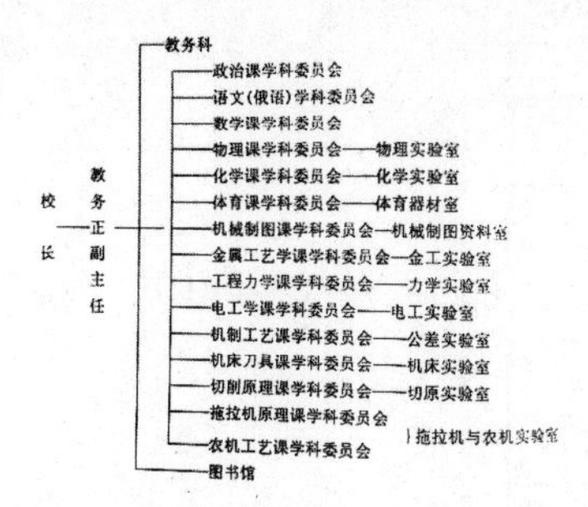

图 4-28　1958 年该校教学工作机构图
图片来源 :《洛阳工学院志》

表2-5　各专业学生教学实习、生产实习、科技研究计划综合表

实习周数 专业 实习工种	拖拉机专业	农业机械专业	机制专业
铸工	8	8	8
锻焊热处理	8	8	8
钳工	8	8	8
铣刨磨工	4	4	8
车工	16	16	16
机修	——	——	4
拖拉机修理构造实习	4	——	——
拖拉机驾驶修理实习	2	6	——
科技研究	4	4	4

图 4-29　1958 年各专业学生的实践教学计划表
图片来源 :《洛阳工学院志》

3. 典型建筑现状及测绘

历经半个多世纪，校园的规划与建筑经历了多次的建设与更新，现存最有历史也最具 50 年代建筑特色的建筑应属河南科技大学西苑校区（即原洛阳拖拉机制造学校旧址）的 1 号教学楼和 2 号教学楼，分别建成于 1957 年 3 月和 1961 年 8 月，均为砖混结构。1 号教学楼建筑面积 10388m^2，共 5 层，总造价 63.57 万元，2 号教学楼总建筑面积 10840m^2，共 6 层，总造价 88.11 万元。图 4-30 所示为两栋教学楼的现状。

这两栋教学楼从风格上来看具有较为典型的古典主义建筑立面的格局，即中轴对称，在立面及平面的布置上横向分五段，竖向分三段，均以最中间一段作为装饰重点，在 1 号教学楼中，中央局部 5 层，采用拱形门窗洞，局部阳台悬挑，窗下墙、檐口等利用材料和凹凸进行线脚装饰，门厅和墙面局部使用混凝土花格布置。与此同时，在这两栋楼的设计与建造上已明显看出建筑设计在风格样式上逐步突破古典主义的装饰手法，不断融合进现代建筑简洁干练的处理方式，利用建筑结构、门窗等固有建筑要素排列的韵律、建筑构件自身的质感和建构营造建筑美感。

图 4-31 和图 4-32 所示为两栋教学楼的平面、立面测绘图。这两栋教学楼曾是涧西最高的两栋建筑物，是洛阳拖拉机制造学校的标志，也是“156 项工程”工厂配套科研院所的见证。

图 4-30　河南科技大学 1 号、2 号楼实景

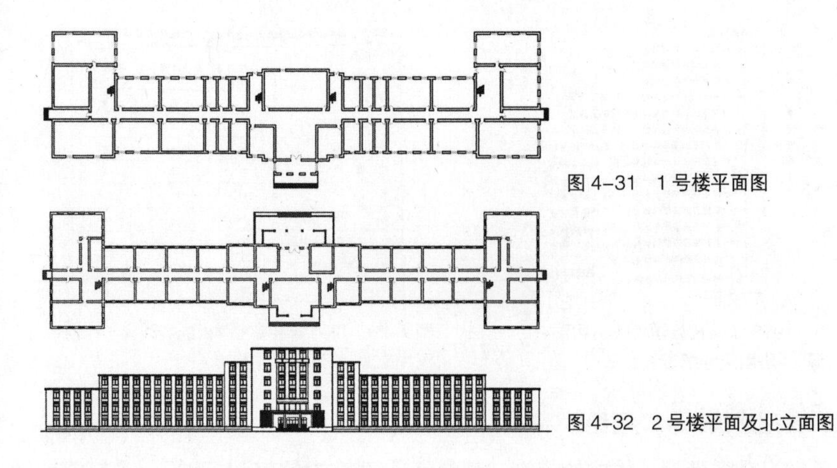

图 4-31　1 号楼平面图

图 4-32　2 号楼平面及北立面图

二、洛阳“156 项工程”住宅街坊建筑分析

（一）洛阳“156 项工程”苏式街坊初始建设情况概览

从 20 世纪 50 年代开始，洛阳这座城市在苏联的帮助下，迅速建成投产了 6 座工业厂区，生活区的建造也是在苏联专家的指导下进行的设计。洛阳涧西区的建设就是伴随“156 项工程”的建设展开的。

街坊内的建筑与建筑之间呈围合结构布置，形成较为封闭的内院空间。内部辅以绿化，乔灌木搭配，空间节点多设置花坛、凉亭等，景致宜人。其建筑单体风格统一，均是红色清水砖墙，红机瓦三角坡屋顶，层数在 2 ~ 4 层之间，主体结构为砖混结构，三角木屋架，墙身较厚，可达 50cm，明显与洛阳当地气候不符，是苏联建筑设计标准移植的具体见证。楼面、楼门有装饰性花纹，房顶有檐角，个别街坊建筑楼层铺设了木地板，在 20 世纪 60 时代属于造价较高、风格相对华丽的高标准建设。这些建筑因其独具特色的建筑风格，被称为“苏式”建筑。这种风格的建筑多见于 20 世纪五六十年代全国“156 项工程”的建设地，如太原、西安、长春等工业城市，曾是一个时代占据住宅设计领域的主流风格，如图 4-33 所示。

作为一个时代的纪念，苏式建筑群越来越受到社会各界和学术领域的关注，洛阳作为 156 项工业建设的重点新兴城市，存留有大量的该类建筑遗存，应当对此进行深入研究。

（二）洛阳“156 项工程”苏式街坊典型案例研究

1. 街坊的规划与布局

街坊的建设是和每个厂的总体建设相关的，通常是在建设各厂的主体工业建筑之前先进行职工住宅的建设，以保证建厂工程的后勤。这一阶段的街坊规划，

太原享堂路矿机宿舍

西安庆华厂苏式住宅

兰州西固区苏式建筑群

洛阳 2 号街坊苏式住宅

图 4-33 各地苏式住宅建筑群
图片来源：网络

多为围合型内庭院，住宅多为 3 ~ 4 层坡顶砖混结构建筑，容积率较低，庭院内部规划有绿化景观、凉亭等休憩场所。因其街坊的规划也多半是在苏联专家指导下进行的，对比同时期的苏联住宅小区规划，我们发现其周边围合式的布局十分相似。如果说苏联乌里雅诺夫斯克街坊是苏联斯大林时期古典主义在住区规划的典型体现①，那么洛阳同时期街坊的规划应是这一规划思想在中国的典型代表。

① 袁友胜，陈颖. 洛阳一五工业住区价值认定[J]. 新西部，2012，(9). 文中提出：当时社会主义的苏联在与帝国主义、国内外资产阶级斗争的形势下，需要的"有意味的形式"是必须区别于他的对手的，这样，曾经是沙皇俄国采用的古典建筑语言，因其区别于资产阶级对手的现代建筑语言而被发掘，并以"民族传统"的形式出现，在规划中强调平面构图、立体轮廓，讲求轴线、对称、放射路、对景、双周边街坊街景等古典形式主义手法，在住区规划中体现为周边式街坊形式。

2. 住宅单体的设计与建造

伴随 6 个"156 项工程"的建设，洛阳涧西陆续建设完成的有 36 个街坊共计 425 栋楼房。初建档次不同，有高档型的居民楼，如按照建筑工程部提供的 301 号图纸建设的 10 号街坊，也有较为普通的街坊如 1 号、2 号、34 号、36 号街坊，还有为职工提供的公寓、宿舍等如 5 号、6 号街坊。街坊内部以中低层（2 ~ 4 层）建筑为主，建筑密度较低。尽管层数不多，但由于建筑层高较高，且有坡屋顶，建筑总体高度一般在 15m 左右。图 4-34 所示为涧西现存三种典型街坊实景。

通过测绘，查找当年设计图纸和现场调研发现，每幢建筑均采用单元式布局，有一梯两户、一梯三户和一梯四户等户型。户型设计有明显的苏联特色，单户面积较大，包含客厅（起居室）、卧室、厨房、卫生间和储藏间及外挂小阳台等功能空间。户型设计特点：第一是住宅面积较大，单户面积最大可达 80m^2 左右。第二是客厅面积最大，占据整个户型面积的一半左右，建成后，厂方发现部分街

单元外廊式 5 号街坊

文保单位 10 号街坊

普通式 34 号街坊

图 4-34　现存街坊实景

坊建设标准过高，不得已将部分住宅户型再次分隔，如一户分给两家或三家居住，合用厨房卫生间的情况因此产生。图 4-35 所示为典型建筑户型图。

1980 年以来，这 36 个街坊大部分已经改造重建，较完整保存 20 世纪 50 年代原貌的街坊已经不多。1987 年在洛阳市政府领导下，由洛阳市土地规划局等单位编制的《洛阳历史文化名城保护规划》，已经将 2 号街坊、10 号街坊、11 号街坊列为保护对象。2011 年 4 月，洛阳涧西工业遗产街被列入中国历史文化名街，156 时期建造的苏式住宅街坊成为其重要的组成部分。图 4-36 ~ 图 4-38 为部分单体建筑设计及测绘图。

3. 整体建筑与装饰风格

邹德侬在《中国现代建筑史》一书中总结我国第一个“五年计划”时期属于“民族形式的主观追求期”，他认为“大约在 1953 年‘一五’计划前后，一些民族形式建筑的设计已经开始，其直接原因是强调学习苏联以及‘社会主义内容、民族形式’口号的引入”[①]。

① 邹德侬，戴璐，张向炜 . 中国现代建筑史 [M]. 北京：中国建筑工业出版社，2010：34-39.

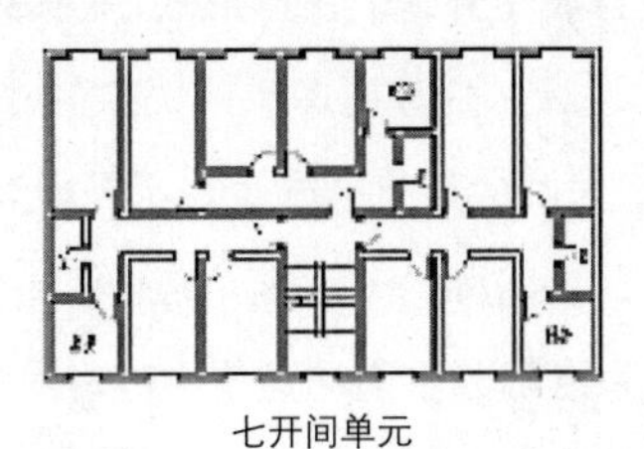

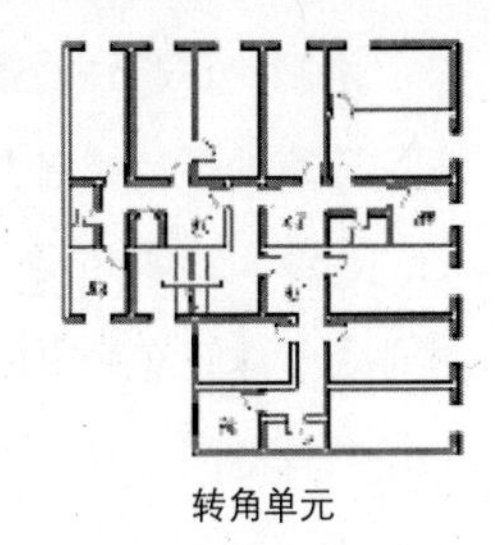

图 4-35 洛阳涧西街坊标准住宅单元户型
图片来源：转引自袁友胜，陈颖 . 洛阳“一五”工业住区价值认定 [J]. 新西部，2012,（9）

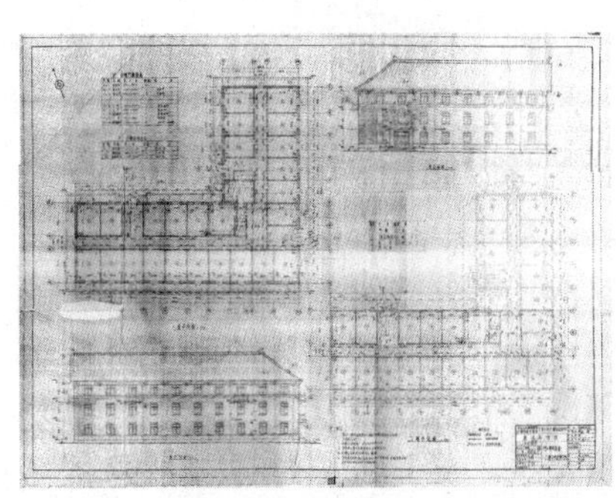

图 4-36 10 号街坊 7 号单身宿舍单体建筑设计
图片来源：洛阳市文物局

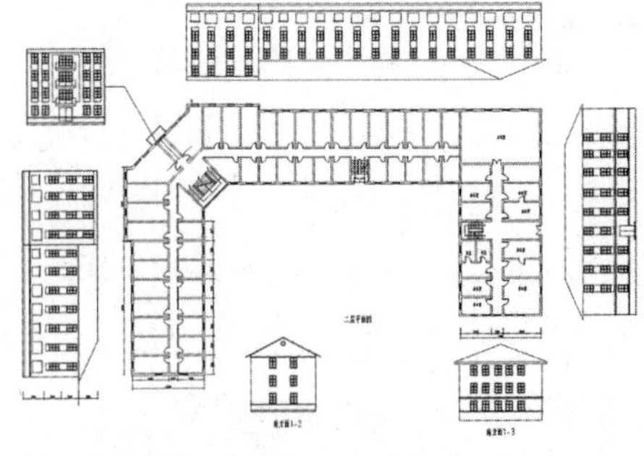

图 4-37 36 号街坊单体建筑测绘图
图片来源：作者及其学生宋丽萍、冯宣超绘制

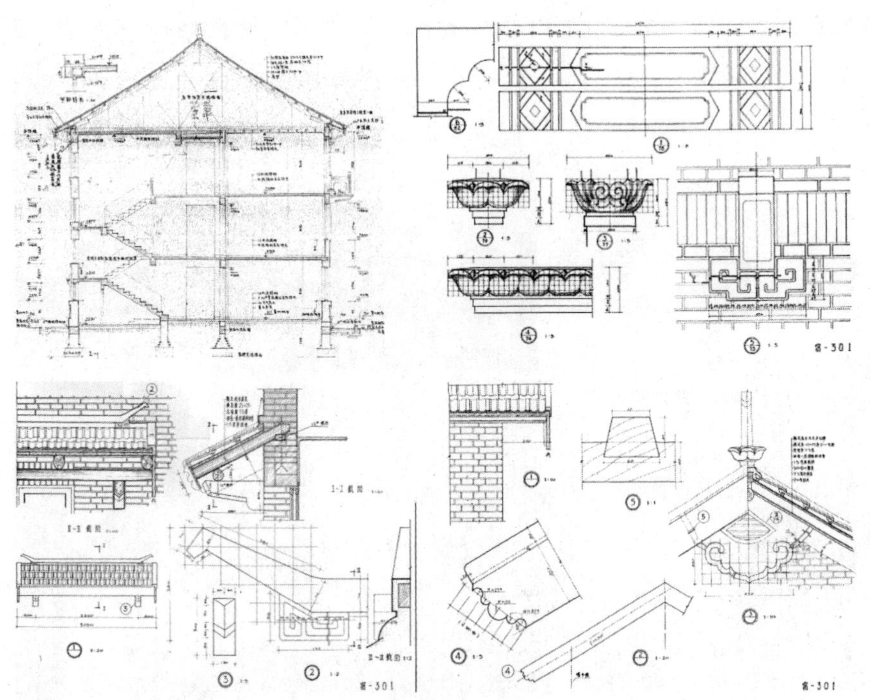

图 4-38 洛阳苏式街坊建筑中传统建筑装饰元素的应用
图片来源：洛阳市文物局

洛阳的“苏式”建筑群属于外来的民族形式，主要来源于第一个“五年计划”期间苏联的设计或者合作设计，是苏联本土的民族形式或地域形式[①]；同时在不断的建设实践中，中国传统民间的建筑形式也在不断地为“民族形式”提供灵感，并体现于建筑实践中。因此，洛阳的苏式街坊融合了中外两种民族形式，并使之和谐共存。图 4-39 所示为洛阳苏式街坊建筑中苏联民族形式和中国传统建筑装饰元素的混合应用。10 号街坊 7 号宿舍的这一张剖面图，可见结构和空间均不是中国传统结构的做法，但在其他的三张细部详图中我们看到，屋脊、博风板，以及局部檐口都使用了中国传统建筑元素，在阳台底沿和柱头的线脚装饰上采用了古典主义的格局（涡卷）和中国传统的莲瓣元素相结合的做法。

① 邹德侬，戴璐，张向炜. 中国现代建筑史 [M]. 北京：中国建筑工业出版社，2010：47.

又如建于 1954 年的涧西区 2 号街坊也是洛阳涧西区建设史上开工最早的高档住宅区，它既是中苏合璧特色鲜明的苏式住宅区，也是当时开工最早、建成最早的精品工程示范，在建设过程中，每道工序力争精益求精，为保证质量，每块砖必须能够具备 76kg 的承重能力，粉碎的石子也都经清水清洗后才放入搅拌机，清水砖墙的砌筑要求最为考验工人的技术，砖缝宽度被严格控制在 1cm，不合格的均要推倒重砌。

伴随厂里职工的不断增多，曾有一段时间建成的住房面积难以满足厂内职工的居住，于是这些最初建设标准较高的街坊内，一套房子被分隔成 2~3 户，大家彼此照应，和睦相处，共用一个厨房、卫生间等。形成了独具特色的邻里关系。这些街坊的建筑不仅仅是一个时代的住宅工程，更承载着一代人艰苦创业、精益求精的时代记忆。图 4-40 所示为 2 号街坊实景。

图 4-39　洛阳苏式街坊装饰细节

图 4-40　2 号街坊实景

三、洛阳“156 项工程”工业遗产其他配套设施

（一）商业配套构成

在“一五”时期，洛阳一跃成为全国重点工业城市。伴随各大厂矿的开工兴建，十几万人口汇集到洛阳投入到工厂、城市的建设大潮中，立志在一穷二白的土地上描摹出最新最美的社会主义蓝图。到 1957 年底，洛阳城市人口已从 1949 年底的 6 万多人猛增到 52.9 万人，仅次于当时的上海、北京、广州和武汉。但就当时的实际情况而言，原始地貌一片平坦，原有 6 万人口的洛阳老城商业网点远在建设地点 10km 以外，如何解决突然增长的庞大人口的生活问题成为一个难点，这不是仅仅依靠建设职工宿舍和住宅能够满足的。

1955 年，洛阳方面开始谋求国内其他城市的帮助，于是派人前往上海、广州等商业较发达的城市，动员其国有商业企业和私营商户内迁洛阳，支援洛阳正在进行的工业建设大潮。此后的两年间，诸多商户从上海等地源源不断地迁到了洛阳，例如在洛阳颇负盛名的新源祥棉布店、万氏照相馆（后改名人民照相馆）、上海理发店、大新酒楼、上海旅社等均是从上海迁入洛阳的；三乐食品厂、大利食堂、广州食堂（后来的广州酒家）等是从广州迁到洛阳的。据不完全统计，在 1955 和 1956 年两年约有 3500 人、17 个加工厂、88 个商店累计 2717 名职工随其公司或企业迁到洛阳。图 4-41 所示为上海商户搭乘列车支援洛阳的老照片。

洛阳方面在规划上将上海商户集中在位于西苑路和中州路之间原 704 工地所在的大型市场内，并改名为“上海市场”，将从广州迁来的商业企业安排在太原路和景华路交叉口附近，并取名为“广州市场”。自此，两大商业集聚地开始落地生根，至今仍在原地，仍用原名。图 4-42、图 4-43 所示为上海市场、广州市场今昔对比。

（二）文教卫生设施

1. 教育事业

洛阳涧西区的教育事业起步于 6 个“156 项工程”，这些厂矿绝大多数职工是因支援 6 个“156 项工程”建设与生产而自全国各地移民而来，洛阳的城

图 4-41　在上海火车站台欢送的场景上海饮食服务业员工奔赴洛阳支援建设
图片来源：洛阳城市规划展览馆

20 世纪 50 年代的上海市场棉布店和今日的上海市场步行街

图 4-42　上海市场今昔对比

图片来源：http：//image.baidu.com/search/detail?ct=503316480&z=0&ipn=d&word

最初的广州市场百货商店到今日的广州市场步行街

图 4-43　广州市场今昔对比

图片来源：http：//image.baidu.com/search/detail?ct=503316480&z=0&ipn=d&word

市人口因这 6 个厂而在短期内迅速翻番[1]，一方面是职工的专业、职业教育，需要各厂建设自己的职工培训机构、职业技校、中专、夜大或广播电视大学，另一方面是要解决职工子女的入学教育问题。

① 丁一平.1953—1966 工业移民与洛阳城市的社会变迁 [D]. 石家庄：河北师范大学，2007.

工厂的集中布置和居住区的统一规划使得洛阳涧西工业区在教育的布局上也十分密集，各厂居住区周边都有各自的附属学校，从幼儿园直至初中，时至今日，这些学校仍在使用，部分已成为区属甚至市属的重点学校，涧西区的义务教育事业也在整个洛阳市名列前茅。各厂原有附属的职业技校、中专也不仅仅为原属厂矿服务，因企业与行业的优势，这些院校早已在全国范围内招生，为全国相关行业的工矿企业输送人才。

2. 医疗卫生

一座城市的产生原因有很多种，洛阳作为新兴工业城市，是在一片麦田上迅速崛起的一座城市，所有的城市基础设施建设都需要从零开始。医疗卫生事业是伴随各厂建立初期的医疗卫生队开始的，随着时间的推移，不断在人员、设备、医疗条件上壮大和发展，成立了自己厂矿的附属医院，今天部分医院已达到三甲水平。图 4-44 所示为现已成为洛阳市文物保护单位的洛铜医院。

3. 体育娱乐

伴随各大厂矿的建成和洛阳文教事业的大力发展，文体娱乐事业的发展也十分迅速。各厂纷纷建设自己的体育场馆、俱乐部、影剧院，强健职工体魄，丰富业余生活。图 4-45 所示为当时文体活动的照片。

图 4-44　洛铜医院

图 4-45　第一拖拉机厂体育馆现状

（三）对外接待建筑

20 世纪 50 年代初，在 6 个“156 项工程”建设期间，300 多名苏联专家来到洛阳进行技术指导、从事生产建设。国家考虑到需要为苏联专家提供安逸舒适的生活环境，选址在离厂区较远的安静地段建设苏联专家招待所，由当时的冶金部和一机部投资 80 万元，按照北京友谊宾馆的建筑图纸进行施工，于 1955 年 12 月兴建并定名为“友谊宾馆”，是中苏两国人民友谊的见证。

友谊宾馆位于西苑路东段北侧，毗邻太原路口，占地面积 16.8 亩，建筑面积 9581m^2，5 层高，内设酒吧、舞厅、咖啡厅、美容室、按摩室、医务室、电传、汇兑、邮电服务，含客房 327 间，床位 687 张，会议室 9 个，餐厅 2 个，在 20 世纪 50 年代，友谊宾馆的房间设施配备可谓一流——从上海采购的钢丝床、沙发、写字台、大衣柜、地毯应有尽有，卫生间还装有热水淋浴和抽水马桶，一年四季都供有热水。是当时功能最为齐全，设施最为齐备的宾馆建筑。

1956 年 10 月 1 日，友谊宾馆正式开业。原先在各工厂分散食宿的苏联专家统一入住该处。随着各大厂援建工作的深入开展，苏联专家及其家属不断增多。原有服务设施已不能满足接待需要，友谊宾馆又于 1958 年 5 月建了 3 层小楼、俱乐部和游泳池。当时各行各业对友谊宾馆给予特殊照顾，肉类和水果供应再吃紧，只要是友谊宾馆来选购，保证苏联专家身在异乡也能吃到地道的家乡美食。

1956—1960 年接待苏联专家及其夫人、子女 2140 人。1960 年，所有在华的苏联专家都撤回，友谊宾馆的服务对象开始转向招待内宾——曾被市民称作洛阳的“国宾馆”，是洛阳重要的对外接待宾馆。2005 年 1 月，由于老式的古典建筑在防震、防沉降、消防等方面已经不适应要求，承载着洛阳 50 年沧桑变化的友谊宾馆最终拆迁了，代之以新的 24 层四星级豪华友谊酒店。图 4-46 所示为友谊宾馆今昔对比。

第四节　整体大于局部之和——洛阳涧西工业区整体风貌

一、城市功能分区与路网绿化

“一五”时期的洛阳城市规划，在空间形态上洛阳是一个带形城市，东西长，南北短，就涧西工业区自身来讲，这一带形的空间同样存在，涧西区东西长 6.5km，南北宽 4.2km，图 4-56 所示为“一五”时期的洛阳涧西工业区路

图 4-46　洛阳友谊宾馆今昔对比

图片来源：中共洛阳市委《请君只看洛阳城》

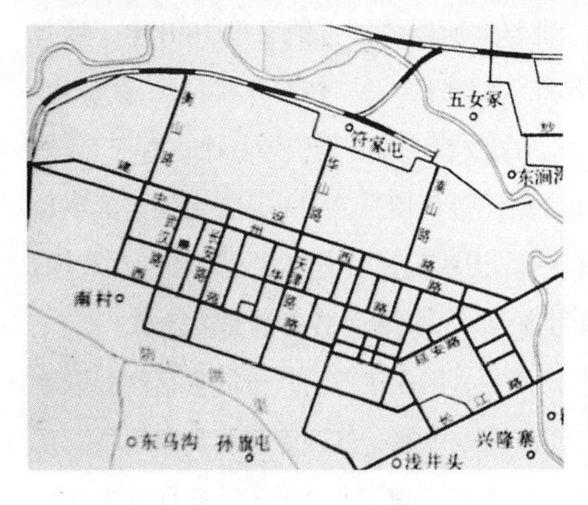

图 4-47　“一五”时期洛阳涧西工业区路网规划

图片来源：《洛阳市志》

网规划。而纵向的道路强化了这一空间的分隔，并通过道路规划分割出具有高度计划性的城市功能分区。

通过图 4-47 可以看出，纵穿涧西区的建设路、中州路、景华路、西苑路将涧西区由北向南切割成带状的四条，分别是工业区、居住区、商业区和教育科研区，纵向道路连接南北交通，经过半个世纪的岁月，这些道路的沿街绿化已然成为涧西区特有的城市风貌，如中州路的道路两侧和中心绿化带遍植雪松，又如西苑路的法桐，历经半个多世纪，两侧的行道树在道路上面搭成拱形，已成为洛阳著名的林荫大道，其道路中央绿化带已成为市民休憩运动的街心公园，如图 4-48 所示。

“一五”时期规划的路网，因其高度的时代性和计划性，使得城市呈现出严格的功能分区与城市肌理，但也存在着交通与城市发展的问题。如纵贯东西的道路通畅，交通方便，而南北向的道路在设计之初主要供职工上下班交通及日常生活通行，且以自行车和步行为主，除了纵贯南北的“五经”（太原路、天津路、青岛路、长安路、武汉路）之外，全长 6.5km 的涧西区南北向还存在诸多街区间的小路，但多数道路南北不对位，在长达 50 余年的城市发展中逐渐显示出其拥堵和出行不畅的问题，也对城市的进一步发展构成了限制，直到 2000 版城市规划方对部分道路进行打通，以拓展城市发展的空间。

中州路雪松行道景观

上下行道路中间的街心公园

西苑路法桐林荫大道

图 4-48　涧西区城市道路景观

二、广场景观与沿街整体风貌

"一五"时期的洛阳涧西区城市规划，在空间形态上存在重要的五个节点，即涧西的五大广场：自西向东依次是洛阳矿山机器厂厂前广场、洛阳第一拖拉机厂厂前广场、洛阳滚珠轴承厂厂前广场、洛阳有色金属加工厂厂前广场和位于西苑路东部端头的牡丹广场。厂前广场的存在极大地增强了各厂大门和厂前区的恢宏气势，是构成涧西区工业遗产的重要组成部分，也是构成涧西独具时代特色的城市整体风貌的重要组成部分。图 4-49 ~图 4-52 所示为广场今景。

图 4-49　洛阳矿山机器厂厂前广场

图 4-50　洛阳第一拖拉机厂厂前广场

图 4-51　洛阳滚珠轴承厂厂前广场

图 4-52　洛阳有色金属加工厂厂前广场

第五章 洛阳『156项工程』工业遗产本体价值评价初探

第一节 洛阳“156项工程”工业遗产价值评价的理论前提

在国际文化遗产保护的大背景下，中国对于文化遗产的价值认识也在逐渐深化，其结果是文化遗产种类不断增加，工业遗产就是其中较新型的遗产类型。在中国，古代建筑先于近现代遗产完成了“遗产化”的过程，但是近现代遗产尚处于“遗产化”的中间阶段，即很多人已经认为近代遗产具有价值，应该保护，但是还没有完全进入“遗产化”的最后阶段，即法律保护阶段。这个时期的近现代遗产十分脆弱。由于我国城镇化和产业转型的快速推进，相对于近代遗产“更新”的现代工业遗产面临着更为严峻的挑战。加速推进对现代工业遗产价值共识的进程迫在眉睫。

一、工业遗产价值评价目标与意义的明确

国际工业遗产保护委员会（TICCIH）《关于工业遗产的下塔吉尔宪章》就工业遗产的价值做了初步的说明：

（1）工业遗产是工业活动的见证，这些活动一直对后世产生着深远的影响。保护工业遗产的动机在于这些历史证据的普遍价值，而不仅仅是那些独特遗址的唯一性。

（2）工业遗产作为普通人们生活记录的一部分，并提供了重要的可识别性感受，因而具有社会价值。工业遗产在生产、工程、建筑方面具有技术和科学的价值，也可能因其建筑设计与规划方面的品质而具有重要的美学价值。

（3）这些价值是工业遗址本身、建筑物、构件、机器和装置所固有的，它存在于工业景观中，存在于成文档案中，也存在于一些无形记录，如人的记忆与习俗中。

（4）特殊生产过程的残存、遗址的类型或景观，由此产生的稀缺性增加

了其特别的价值，应当被慎重地评价。早期和最先出现的例子更具有特殊的价值[①]。

综上可以明确，对于工业遗产的理解和认知是所有针对工业遗产工作的前期和基础，是推动我国近现代工业遗产化的起点。在我国国民经济高速发展的今天，城市更新的速度前所未有，遗产的保护与城市发展之间的矛盾无时无刻不存在，优秀遗产的消亡也是分分钟的事情，因此，加速推进我国当前工业遗产的“遗产化进程”任务紧迫，没有认知和理解就无从谈及保护与利用，而其中最关键的是对工业遗产本体价值的认定，即从工业遗产本身出发，暂不考虑其后续被再次利用的价值潜力，探究其自身固有的价值的过程。

① TICCIH《关于工业遗产的下塔吉尔宪章》，2013.

二、国内外关于工业遗产价值评价的研究

如上所述，《下塔吉尔宪章》所提及的工业遗产价值包括历史价值（historical value）、科学技术价值（technological and scientific value）、社会价值（social value）、审美价值（aesthetic value）。

我国现行的文化遗产价值认定体系，即《中华人民共和国文物法》（2007年）、《中国文物古迹保护准则》（2004年）等法规准则中提出的历史价值、科学价值、艺术价值，强调文化遗产的固有价值。

英国的工业遗产保护工作引领全球，“英格兰历史建筑和古迹管理委员会”所制订的纲领性文件《保护准则：历史环境可持续管理的政策与导则》也成为目前该领域内的重要参考[②]。

国内学者也针对这一工业遗产的核心问题展开了广泛的研究，内容涉及工业遗产的价值构成、评估体系、评价方法和个案评估等，如表5-1所示。

② “英格兰历史建筑和古迹管理委员会”（即“英国遗产”）所制订的纲领性文件《保护准则：历史环境可持续管理的政策与导则》（Conservation Principles: Policies and Guidance for the Sustainable Management of the Historic Environment）2008。将历史环境的价值界定为四大方面，成为英国对工业遗产价值构成理解的基本框架，包括：物证价值（Evidential value），指“一个场所能够提供有关过去人类活动的物证的潜力”，紧密依赖于遗产的物质实体；历史价值（Historical value），指“一个场所能够把过去的人、事件、生活的各个方面与现在相联系，使其得以展现或关联”，历史价值不像物证价值那样紧密依赖于物质实体，遗产物质实体的改变和更新并不能轻易地降低其历史价值；美学价值（Aesthetic value），指“人们能够从一个场所中获得感官或智识上的激发和启迪”；共有价值（Communal value），指“一个场所对于与其相关的人们具有某种含义，在他们的集体经验或记忆中扮演着角色”。包括纪念和象征价值、社会价值、精神价值，主要是指遗产或历史环境对于与其直接相关的人群的价值，如它给予社区和居民的归属感、认同感、情感联系、集体记忆。

国内工业遗产价值体系研究现状汇总　　表5-1

一级标准	二级标准	提出者和文献来源
历史价值	时间久远	刘伯英等，2010；张健等，2010；刘翔，2009；齐奕等，2008；蒋楠，2013
	时间跨度	刘瀚熙，2012
	与历史人物的相关度及重要度	刘伯英等，2010；张毅杉等，2008；李先逵等，2011；刘瀚熙，2012；蒋楠，2013；刘洋，2010
	与历史事件的相关度及重要度	刘伯英等，2010;张毅杉等，2008;张健等，2010;蒋楠，2013
	与重要社团或机构的相关度及重要度	蒋楠，2013
	在中国城市产业史上的重要度	张毅杉等，2008；刘翔，2009

续表

一级标准	二级标准	提出者和文献来源
科学技术价值	行业开创性	刘伯英等，2010；张健等，2010；齐奕等，2008；李先逵等，2011
	生产工艺的先进性	刘伯英等，2010；张毅杉等，2008；刘瀚熙，2012
	建筑技术的先进性	张毅杉等，2008；蒋楠，2013
	营造模式的先进性	刘翔，2009
审美艺术价值	产业风貌	刘伯英等，2010；张毅杉等，2008；张健等，2010；齐奕等，2008
	建筑风格特征	张健等，2010；张毅杉等，2008；齐奕等，2008
	空间布局	张健等，2010；刘瀚熙，2012；刘翔，2009
	建筑设计水平	刘翔、蒋楠，2013
社会文化价值	企业文化	刘伯英等，2010；张健等，2010；李先逵等，2011
	推动当地经济社会发展	张毅杉等，2008；李先逵、刘瀚熙，2012；蒋楠，2013
	与居民的生活相关度	张毅杉等，2008；刘瀚熙，2012
	归属感	张健等，2010；刘伯英等，2010；刘瀚熙，2012
生态环境价值	自然环境	张健等，2011；刘洋，2012
	景观现状	张健等，2011
	人文环境	刘洋，2012
精神情感价值	精神激励	刘翔，2009
	情感认同	刘翔，2009；刘洋，2012
真实性		张健等，2010；刘翔，2009；刘洋，2010
完整性		张健等，2010；刘翔，2009；刘瀚熙，2012
独特性		李和平等，2012
稀缺性		李和平等，2012
濒危性		李先逵等，2011
唯一性		李先逵等，2011

上述工业遗产价值指标的多样性也代表着“遗产化”过程中不同角度的价值取向，代表着中国文化遗产保护语境下的思考。

三、天津大学国际文化遗产保护研究中心的研究进展

天津大学建筑学院国际文化遗产保护研究中心《我国近现代城市工业遗产保护体系研究》课题组综合了英国、美国、日本及我国自身的研究基础，利用历次全国工业遗产学术会议征询业内专家意见，于2014年提出了《中国工业遗产价值评价导则（试行）》[①]，本次选取的标准尝试能直接体现工业遗产的自身特征、具有可操作性，归纳为12项指标[②]。

① 在2014年中国文物学会工业遗产会上推行，得到了与会专家的一致认同。

② 2014年提出了《中国工业遗产价值评价导则（试行）》分别为：（1）年代；（2）历史重要性；（3）工业设备与技术；（4）建筑设计与建造技术；（5）文化与情感认同、精神激励；（6）推动地方社会发展；（7）重建、修复及保存状况；（8）地域产业链、厂区，或生产线的完整性；（9）代表性和稀缺性；（10）脆弱性；（11）文献记录状况；（12）潜在价值。

其中，（1）年代和（2）历史重要性，体现工业遗产的历史价值；（3）工业设备与技术和（4）建筑设计与建造技术，从工业生产和工业建筑两方面体现工业遗产的科技价值和美学价值；（5）文化与情感认同、精神激励，关注工业遗产的精神文化层面的价值；（6）推动地方社会发展，关注工业遗产在当代对地方社区居民社会生活的价值；（7）重建、修复及保存状况，与工业遗产的真实性问题直接相关；（8）地域产业链、厂区，或生产线的完整性，主要强调工业遗产不同层面的完整性问题；（9）代表性和稀缺性；（10）脆弱性；（11）文献记录状况；（12）潜在价值，是其他对工业遗产价值具有重要影响的因素。如图 5-1 所示。

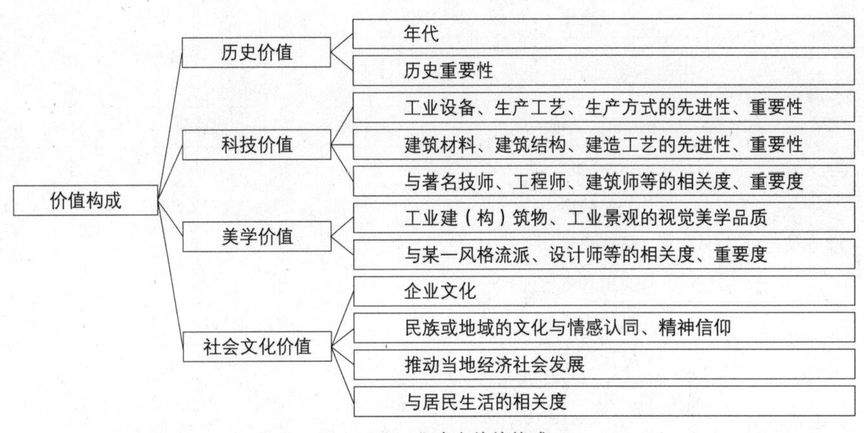

图 5-1　工业遗产价值构成

本书对洛阳“156 项工程”时期工业遗产的价值剖析将基于该导则进行，同时将以洛阳现代工业遗产的特点对该导则进行相关的补充和修正，也是对该导则在实践评价的一次验证。

第二节　洛阳“156 项工程”工业遗产价值剖析

“一五”时期国家投资兴建的 156 项重点工业项目是中国工业的奠基石。洛阳在“一五”时期投入建设的 6 个 156 项重大工业工程，均属于国家大项投资，这 6 个单位均可称得上是中国工业的“长子”。从厂区规划到单体建筑，数量极为庞大，在我们推进现代工业“遗产化”的过程中，如何保护他们取决于如何认识这些由庞然大物构成的群体，而推进遗产化认知的关键又取决于对其本体价值的剖析与界定。本节将从单体、厂区、城市三个不同的尺度，通过对典型案例的剖析逐步展开，从而探索对洛阳“156 项工程”的本体价值认定。

一、基于工业建筑单体的洛阳“156 项工程”工业遗产价值评价

本小节以上一章介绍过的洛阳第一拖拉机制造厂装配分厂为例进行解析。依据天津大学徐苏斌教授带领的国家社科重大项目“我国城市近现代工业遗产保护体系研究”课题组在此基础上研究提炼并通过中国文物学会工业遗产分会颁布了《中国工业遗产价值评价导则 2014（试行）》，现对该建筑单体作为工业遗产的本体价值做剖析，如表 5-2 所示。

就单体建筑的真实性来讲，整座建筑物从建成至今未曾迁移，内部主体结构及地面、墙面均保持了原状，东立面主体结构不变，但在外饰材料上后期采用了新的瓷砖贴面；就其完整性来说，整体厂房因仍在生产至今保存良好，所遗憾的是作为生产我国第一台东方红 54 型履带拖拉机的生产线在 20 世纪 90 年代技术革新时被拆除，在原来位置改换成今天的新的生产线；从稀缺性角度来讲，装配车间是整个洛阳第一拖拉机厂从零件到成品拖拉机至关重要的一个场所，其建筑结构和建筑风格是该厂一期工程建设时期的典型代表，也是至今厂区内为数不多保持原有建筑风格和内在构件元素的车间，因此，具有不可替代性。综上，笔者认为洛阳第一拖拉机制造厂装配车间具有较高的遗产本体价值，应给予良好的保存和保护。

第一拖拉机厂装配车间工业遗产本体价值评定 表 5-2

	一级指标	二级因子	具体描述
价值构成	历史价值	·年代 ·与历史人物、历史事件、重要社团或机构的相关度及重要度 ·物证价值	建于 1955 年，是“一五”时期中苏友好“蜜月期”苏联援建的 156 项重工业之一，是我国第一座拖拉机制造厂，苏联专家按照苏联哈尔科夫拖拉机厂图纸建设的，该厂房是装配车间，拥有我国第一条拖拉机总装配生产线，生产了中国第一台拖拉机“东方红”牌拖拉机。是中国农用机械产业发展的代表和物证
	科技价值	·工业设备生产工艺、生产方式的先进性、重要性 ·建筑结构、材料、建造工艺、规划设计等的先进性、重要性 ·与著名技师、工程师、建筑师等的相关度、重要度	“156 项工程”是中国工业的奠基石，装配车间 1959 年 11 月基本建成并投入使用。1963 年改造时期生产履带式拖拉机，1982—1984 年生产轮式拖拉机。1958 年即拥有苏联进口 623B 特种转台铣床、6021BH1 特种鼓形铣床，和我国第一条拖拉机总装配生产线。 建筑建设初期就使用大型钢筋混凝土排架结构，建筑规模宏大
	美学价值	·工业建（构）筑物及景观的视觉美学品质 ·与某风格流派、设计师等相关度、重要度	建筑东立面采用苏式风格，古典对称构图、二层挑高门廊、核心塔楼，立面清水砖墙，有白色混凝土细部线脚装饰，具有典型的时代风格和苏联援建时期的印记。 延伸 230m 的排架结构和连贯的顶部矩形天窗使得内部纵向空间韵律感十足，地面为铸造有印花的厚重铸铁地砖，有着强烈的工业文化震撼力
	社会文化价值	·精神文化价值 ·社会价值	新中国的机械工业基础极其薄弱，洛阳“156 项工程”时期的工业建设是当地居民和大量因工业而移民至此的人们满怀社会主义建设激情艰苦奋斗的见证，凝聚着父辈工人阶级的精神和记忆，是一个时代最为团结、积极的社会精神的物质见证，对后世也有着重大的教育意义和社会价值传承意义

二、基于工业厂区完整性的洛阳“156 项工程”工业遗产价值评价

工业遗产相较于其他建筑遗产的特性在此显现无疑，即任何产品的生产都存在一定的生产流程，小到一条生产线，大到产品生产的上下游企业、原材料产地等。就单一工厂内部来讲，一定是有组织、有顺序的，反映到建（构）筑物层面，也因此形成了达成其内在生产逻辑的排布方式。当我们研究工业遗产的完整性时，一定要找到其内部的生产组织流程，以此作为连接各个单体建筑的内在关系。

（一）以生产流程为核心链条的工业遗产物质构成

以一台东方红 54 履带型拖拉机的生产为例，图中中间区域为总装配车间，所有生产配件的车间均围绕其周围布置，工具、机修、模具车间又布置于其他各生产车间周边作为辅助，生产出的成品导向粗箭头所指的总仓库并最终通过内部铁路专用线连接陇海铁路运输到全国各地。

一台东方红 54 型履带式拖拉机的生产涉及其各部分零件的生产与组装，也涉及生产、组装零部件的工具的生产和维修，同时生产出的成品拖拉机在被销售前或订货后、运输前又必须有足够的场地以供其停放，最终必须有可行的运输工具与运输方式将其运往需要它的地方。从生产、组装到储存、行销需要一系列的建（构）筑物，因此处在核心生产流程上的建（构）筑物和生产设备必须被考虑进工业遗产完整性的物质构成范畴。图 5-2 所示为洛阳第一拖拉机制造厂生产区原始规划及建（构）筑物。

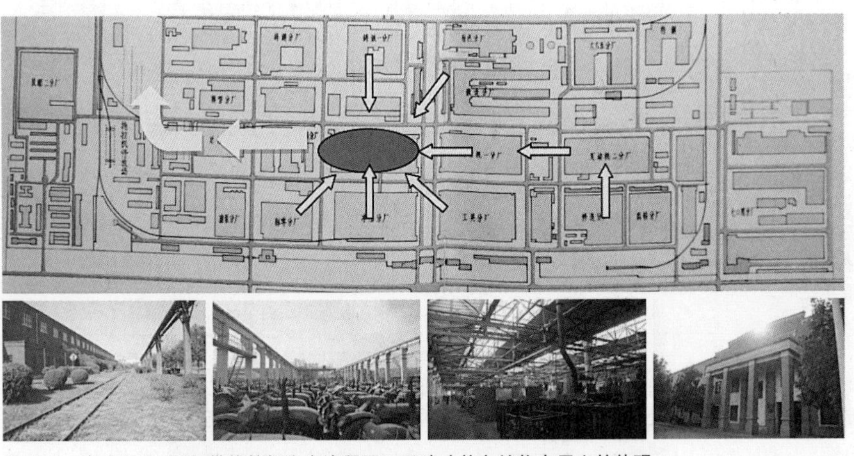

图 5-2　东方红 54 型履带拖拉机生产流程于厂区建（构）筑物布局上的体现

（二）以厂区规划布局为线索的工业遗产物质构成

在单一生产流程的基础上，实际上任何一款产品都有其研发的过程，其生产都需要相应的计划和管理，这也拓展了狭义的生产流程范围，即还应包含生产办公、管理、教育等场所以及涉及生产的整个厂区。

由于苏联援建，厂区的规划设计带有显著的古典主义构图特点，即中轴明确，建筑对称，厂前区有规模宏大的厂前广场，对称的带有外廊的一拖主大门，采用东、西双门制，主体办公楼亦中轴对称，进入生产区，中央花坛绿植的景观大道成为整个厂区的中轴线，两侧分列规模宏大的厂房建筑；围绕拖拉机生产，存在原材料的加工、零配件的生产，模具、工具的生产与维修，主要产品的整体装配、存放、运输等，形成了具有高度计划性、条理清晰的厂区内生产流线，构成这一流线的所有建（构）筑物的“点”即是构成核心生产流线完整性的组成部分，就厂区建筑规划而言，生产厂房的布局一方面表达了内在清晰的生产逻辑，同时也是最为节约、能耗最低的流线布置，具有异国特色的构图模式，风格突出、技术先进的厂区建筑都是构成厂区工业遗产完整性的重要组成部分。

三、基于工业遗产群的洛阳“156 项工程”工业遗产价值评价

局限于单体、单点式的认识工业遗产，会造成作为产业链、遗产群在完整性上的缺失。许多工业遗产群在尚未被认知、评价前就遭到大面积拆除，多数是因为对工业遗产群体性价值认识不足造成的，这也是工业遗产研究最初时段的不足之处。

伴随对洛阳现代工业遗产价值评价研究的不断推进，我们发现整体大于局部之和的内在规律，即如若单个评价工业遗产的独立点，如一座建筑、一台设备、一条生产线，评价结果往往会淘汰众多遗产点，而仅保留其中单体相对较为优秀者，而这种评价与分级势必造成大量遗产点得不到应有的保护，因为，从遗产群的角度来看待，只有将其放置于社会、地区、行业的大环境中，将之纳入工业遗产的整体视野下，才能凸显出其自身特定的价值，才能保证遗产群的完整性。

本节将从工业遗产群的角度探讨洛阳“156 项工程”工业遗产的价值。

（一）评价依据

2003 年由 TICCIH 发起，并最终由联合国教科文组织正式批准的《下塔吉

尔宪章》中明确界定了关于工业遗产的范畴：

"由工业文化的遗留物组成，这些遗留物拥有历史的、技术的、社会的、建筑的或者是科学上的价值。这些遗留物具体由建筑物和机器设备，车间，制造厂和工厂，矿山和处理精炼遗址，仓库和储藏室，能源生产、传送、使用和运输以及所有的地下构造所在的场所组成，与工业相联系的社会活动场所，比如住宅、宗教朝拜地或者是教育机构都包含在工业遗产的范畴之内。"

"工业遗产的保存在于保存其功能上的完整性，任何对工业遗址的干涉活动都应该尽可能地向着此目标迈进。如果机器设备或者部件被拆除，或者是如果构成遗址整体的辅助元素遭受破坏，那么工业遗址的价值和真实性将严重削减。"

2012年11月4—11日，国际工业遗产保存委员会第15届会员大会在台北举行，会议正式发表了《台北亚洲工业遗产宣言》(Taipei Declaration on Asian Industrial Heritage)。宣言明确了亚洲工业遗产无论在其产生历史、发展规模、保存现状及面临的问题都是有别于欧美的工业遗产，如何在国际遗产保护的框架下，建立针对亚洲工业遗产历史和现状具有亚洲特色的工业遗产保护机制是今后亚洲各个国家都面临的重要课题，特别是对中国这种面临着产业转型、城市化高度发展的发展中国家，如何走具有自己特色的工业遗产保护道路尤为重要。

该宣言第二条指出：亚洲工业遗产面临的紧迫现状，"亚洲地区由于都市扩张、土地开发、人口快速增长、产业结构、技术更新及生活方式的快速改变，导致许多位于都市或者市郊的工业遗产面临闲置或拆除的命运"，相对欧洲已经成熟的工业遗产保护策略，亚洲工业遗产保护确实面临着众多的问题和巨大的压力。

宣言第四条指出："亚洲地区的工业遗产往往见证了国家或地区的现代化过程，是历史不可分割的一部分。此外，亚洲工业化的成就应归功于勤劳工作的当地居民。工业遗产与当地居民的生活、记忆、历史以及社会变迁密切相关。"

宣言第六条特别说明了："亚洲工业遗产中许多关键的要素如先进的工厂和设备是由殖民者或者是西方国家输入的。反映当地建筑史、建造技术史或设备史的美学与科学的价值应尽可能整体保存。工人的住宅、原料产地和运输设施都应作为工业遗产的组成部分而被保护。"

在上述研究的基础上以及我国原有的文物价值评价标准的基础上，结合天津大学徐苏斌教授课题组的《中国工业遗产价值评价导则（试行）》，是本书价值评价部分的理论依据。

（二）基于工业遗产群的洛阳“156 项工程”工业遗产本体价值评价

（1）年代

就本书研究的对象而言，其所处的年代较为单一，即中华人民共和国成立初期的“一五”时期，虽然在后续一直都有不断的扩建、加建，但至少到“六五”时期，结合整个国民经济和社会发展的情况，工厂、城市的发展都趋于稳定，整个建筑风貌没有太大的变化，全部都是现代工业遗产。就其重要性来讲，尽管它们不及古代、近代遗产年代久远，但却是一个时代的发端，既是我国通史中的现代范畴，同时也是我国真正意义上现代工业的起点。

（2）历史重要性

洛阳“一五”时期建设的 6 个“156 项工程”，见证了中国工业现代化建设的起步与辉煌，是 20 世纪五六十年代中国 156 项重点工业建设的核心组成部分。

中国工业基础极其薄弱，除了在部分领域如丝绸、棉纺、化工等有一些近代民族工业的基础，在重工业领域基础十分薄弱，即便有一些造船、能源、矿业也因长年战乱而饱受摧残，“机、船、矿、路”一度成为制约国民经济发展的重要问题，在苏联援助下的“156 项工程”的建设，极大地改变了中国重工业落后的面貌，而落户洛阳的 6 个项目，也是“156 项工程”中的重中之重，包含电力——洛阳热电厂、重型机械——洛阳矿山机器厂、农用机械——洛阳第一拖拉机厂、精密机械——洛阳滚珠轴承工厂、有色金属冶炼——洛阳有色金属加工厂和船舶动力机械——河南柴油机厂，这些厂矿生产的产品都是当时关系国计民生的重要物资，广泛应用于人民生活、生产和国防领域，为地区发展和国家工业建设、经济发展作出了极大的贡献。它们的存在是一个时代的光辉印记，是社会主义建设初期工人团结加紧建设的历史印证，是中国工业现代化的基点，是中苏社会主义阵营团结友谊的见证。

例如拖拉机的生产极大地改变了我国农业生产的落后面貌。图 5-3 所示为 20 世纪 50 年代我国农业耕作全部依靠人力的情况。农业机械化程度极为低下是该时期阻碍我国农业发展的巨大问题，1955—1964 年针对农业机械化的问题《人民日报》发表过多篇社论，农业机械化也成为整个社会一时的关注热点。图 5-4、图 5-5 所示为著名的“东方红”54 履带型拖拉机及其运往祖国各地的历史图景。图中这台是洛阳第一拖拉机厂生产的第一代产品，也是我国第一代大批量生产的拖拉机，1965—1996 年服役于黑龙江二龙山农场，31 年完成耕地作业 47.3 万标准亩，且创造了 31 年无大修的历史记录，成为黑龙江垦区的标兵车，节约柴油和大修费用 13 万余元，被北安农垦作为“北大荒精神”

图 5-3　20 世纪 50 年代我国东北、新疆垦荒时农业耕作全部依靠人力
图片来源：洛阳农耕博物馆

的象征，其 6 位车长中，有 3 位荣获省级以上“劳动模范”称号。1996 年被收藏进洛阳农耕博物馆。

图 5-6 所示的河南柴油机厂生产的“轻 12V-180 型”柴油发动机既满足了我国船舶装备，还向十多个国家出口，曾获得第六机械工业部和河南省国防工办优质产品称号，图 5-7 所示为由该型号装配的我国海军舰船。

洛阳热电厂的建设，促成了郑州、三门峡、洛阳三地联合大电网的建设，是豫西地区电力发展的里程碑，不仅为工业发展提供了能源保障，也为地方人

图 5-4　著名的“东方红”54 履带型拖拉机
图片来源：洛阳农耕博物馆

图 5-5　洛阳第一拖拉机厂生产的拖拉机被运往全国各地服务农业生产
图片来源：洛阳农耕博物馆

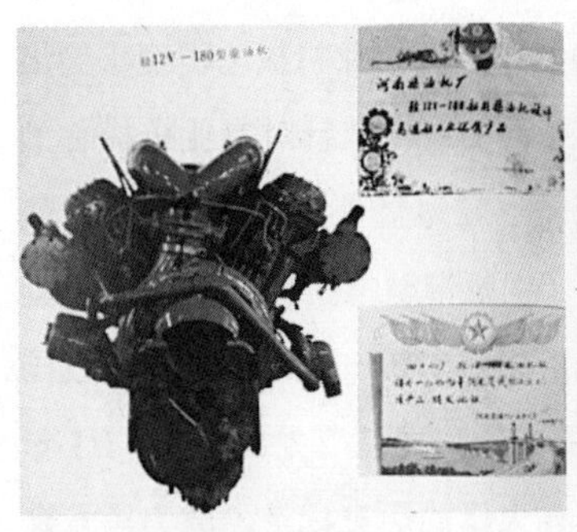

图 5-6　轻 12V-180 型柴油发动机
图片来源：《河南柴油机厂厂志》

图 5-7　由轻 12V-180 装配的我国海军巡逻艇
图片来源：《河南柴油机厂厂志》

民生活的现代化奠定了基础。

洛阳滚珠轴承厂的产品也是至今驰名中外的轴承生产基地，与哈尔滨、瓦房店并称“哈、瓦、洛”，是我国一个轴承时代的创举。

伴随6个“156项工程”的规划与建设，洛阳新兴工业城市的建设也如火如荼，工业企业的建设带动了城市基础设施的建设，包括城市道路、绿化、广场、住宅区、商业、教育、医疗、外事等一系列建设，同时也带动了豫西地区的工业与城市发展。图5-8所示为洛阳涧西工业区的整体建设。

洛阳“156项工程”是一个艰苦创业、卓绝奋斗年代的历史见证。洛阳涧西工业遗产是中华人民共和国成立初期规划建设的，其物质遗存具有鲜明的时代印记，老一辈人不远千里移民至此，曾在这里抛洒热血与汗水，用青春书写中国工业的崭新篇章，这里承载了一代人在艰苦的岁月，在计划经济的体制下，怀着无私奉献的至高精神的大半个世纪的生活与工作，记载了中国内地制造业发展的辉煌笔墨，每一幢建筑、每一个设备都有它背后的故事，因此具有极高的历史价值。同时，洛阳涧西区及其厂矿及生活区多是中苏友好合作的见证，在东西方文化交流史上，像中国第一个“五年计划”时期那样，一个欧洲国家对一个东方国家大规模的、全面的经济、技术援助和文化交流，是极其罕见的。它是一段非常特殊的历史，有重要的历史意义和文化意义。图5-9所示为矿山机器厂建成投产欢送苏联专家并赠送锦旗的历史照片，图5-10所示为第一拖拉机厂职工满怀希望，欢欣鼓舞投入生产的历史照片。

图5-8　伴随“156项工程”的洛阳涧西工业区的整体建设
图片来源：《洛阳涧西区区志》

图 5-9　洛阳矿山厂建成投产欢送苏联专家并赠送苏联设计院锦旗
图片来源：《洛阳矿山机器厂厂志》

图 5-10　描金姑娘—— 一名在为拖拉机“东方红”商标描金的拖厂女工
图片来源：洛阳农耕博物馆

(3) 工业设备与技术

①工业结构的从无到有

1949 年后的洛阳仅仅拥有当前洛阳老城明清洛阳古城的面积。各项基础建设事业几近为零，唯一的工业仅有洛阳电力的微弱支撑，城市现代化基础极其薄弱。

国家“156 项工程”中 6 项选址建设洛阳，行业涉及能源电力、矿山机械、农用机械、精密轴承、船舶动力机械、有色金属冶金等，成为全国以机械制造为主体的现代工业基地。这些行业在当时国内的建设，不仅仅是地区的首创，也是我国重工业的基石，在建设和投产过程中克服了各种技术难题，引进了苏联的先进技术，进行了多方面的尝试，艰苦卓绝，印证了老一辈工人阶级的努力奋斗。表 5-3 所示为洛阳“156 项工程”在中国工业现代化进程中的地位。

②技术交流与创新

众所周知，我国现代工业的基础极其薄弱，“156 项工程”一方面是建设中国自己的工业基础，同时也是在与苏联签订的援助协议下进行大规模的技术引进。这其中包括了厂区规划、建筑设计、施工组织的相关图纸，大型生产设备的进口，苏联专家技术人员的来华驻厂指导工作以及中方人员赴苏联学习考察。

洛阳 6 个“156 项工程”均是在苏联方面的指导下建成投产的，图 5-11 所示为苏联专家在培训拖拉机厂技术人员，图 5-12 所示为洛阳铜加工厂 12 名技术人员远赴苏联进行技术学习与交流时与苏联同事的合影。建厂初期，成吨的图纸从苏联运往洛阳，如图 5-13 所示。

很多设备也是接受苏联援助，原装进口的，如表 5-4 所示。其他设备如给水泵也均是苏联产。

我国在此基础上的技术革新和自主研发也在努力进行着。

洛阳“156 项工程”在中国工业现代化进程中的地位　　表 5-3

行业	企业	时间	贡献与地位
机械制造（农用机械）	洛阳第一拖拉机厂	1956 年至今	我国第一个拖拉机制造厂。 出产了我国第一台拖拉机——东方红 54 履带型拖拉机。 设计试制了 75 型履带式拖拉机、54/75 型履带式液压悬挂拖拉机、75 型履带式简易液压拖拉机，60T/60TJ 履带式推土机、54 型宽窄履带式变型拖拉机、75 型履带式电启动拖拉机，35/50kW 柴油发动机，54G/75G 排灌机、160 马力工业履带式拖拉机、40 型、150 型轮式拖拉机等。 东方红 -665 越野载重汽车等系列产品。 产品销往全国 29 各省市，为全国的相关厂矿装备工艺设备，培训技术骨干，是我国农用机械行业的奠基石和开创者
机械制造（轴承）	洛阳滚珠轴承厂	1954 年至今	国家直属国营工业企业，是我国轴承行业的骨干企业之一。 多种产品荣获国家级质量金质奖章。 生产出我国最大的外径为 5.082m、重 9.5 吨的特大型轴承。 除自身发展外，自 1966 年起支援全国 17 个省市和西藏自治区，承建海山、海林、襄阳三个三线轴承厂，促进了河南省内、国内三线轴承工业的发展。 研制成功航空发动机轴承、坦克轴承、精密光学坐标镗床主轴用超精密轴承以及我国国防科研重点工程使用的特殊性能特殊结构轴承，填补了我国轴承工业的一些空白 （葛洲坝水利、1700 轧机工程、核反应堆、核潜艇、新型飞机、海洋石油钻井船和巨型计算机、中远程导弹及人造卫星发射设备均有使用洛阳轴承厂产品）
机械制造（矿山机械）	洛阳矿山机器厂	1956 年至今	拥有全国最大 8000 吨水压机。 1958 年设计试制出我国第一台 2.5m 双筒卷扬机。 1958 年参考苏联图纸，自行设计制造成功了我国第一个多绳摩擦式提升机。 研制改造了我国第一台 2×2 落地式多绳提升机，生产出我国设计制造的有效荷载最大的单绳斜坡提升机。 1964 年设计出我国第一台双筒 3m 单绳系列提升样机，后在此基础上设计了新的 XKT 型单绳缠绕式提升机系列，使我国提升机制造技术水平前进了一大步，从而结束了我国卷扬机生产的仿制阶段。 设计制造出我国矿山深立井大吊桶施工需要的凿井提升机，填补了我国大型凿井提升机的空白。 其他诸如洗选设备、脱水设备、采掘设备、冶金轧钢设备、水泥设备、齿轮减速设备等均在 20 世纪 70 年代达到国际先进水平，为我国的矿业发展作出了极大地贡献
机械制造（军工船舶）	河南柴油机厂（原河南 407 厂）	1956 年至今	从苏联引进轻 12V-180 型系列柴油机，在此基础上研发改进机型用于扫雷艇、巡逻艇等高速舰船主机、应急发电站等。 从西德引进 D234 系列柴油机并摸索研制出升级机型用于船舶电站、高峰电站、备用电站等。 自行设计 LY80A 摩托车所用发动机等
有色金属冶炼	洛阳有色金属加工厂（洛阳铜加工厂）	1957 年至今	1962 年试制出我国海军急需的声呐用 HFe59-1-1 铁黄铜椭圆管。 生产的各式铜材、镁材为我国的国防军事、重点工业项目的建设提供了优质的材料，且一直承担国家急需材料的试制任务。填补了我国在铜、镍合金加工材的多项空白。使我国海军建设用材立足于国内。 是我国镁板材的唯一生产基地，它的建立和投产结束了我国镁板、带材依赖进口的历史。纯镁带的生产也填补了国家的空白。铝镁合金的各项创新研究与生产为我国航天航空事业作出了极大的贡献
电力	洛阳热电厂	1956 年至今	是河南省的主力电厂，既供热又供电，它的建成投产促成了郑州、三门峡、洛阳大电网的建成，不仅解决了洛阳市人民的生产、生活用电问题，也解决了豫西地区电力缺乏的问题，其首阳山电厂的建设也充实了华中电网的供电能力

图 5-11　苏联专家在培训拖拉机厂技术人员

图 5-12　1959 年洛阳有色金属加工厂 12 名职工赴苏联学习考察合影
图片来源：中铝洛铜厂部

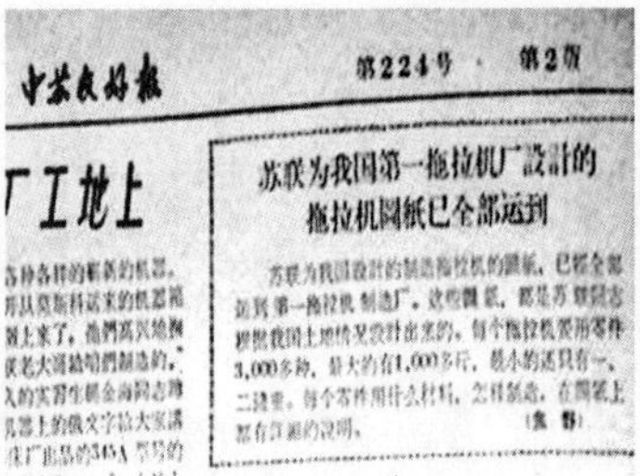

图 5-13　1956 年 9 月 19 日的《中苏友好报》登载的关于委托苏联设计的拖厂图纸全部运到的消息
图片来源：洛阳农耕博物馆

洛阳“156 项工程”——洛阳热电厂建厂初期接受苏联援助设备举例　　表 5-4

工厂名称	引进设备	型号	生产厂家
洛阳热电厂	1 号发电机	TB2-30-2	苏联联合厂
	2、3、5 号发电机	TBC-30	苏联哈尔科夫新西北利亚厂
	4 号发电机	TBC-30	苏联哈尔科夫厂
	1-3 号汽机	BNT-25-3	苏联乌拉尔汽轮机厂
	4-5 号汽机	BNT-25-4	苏联运输机器制造部传动机汽轮机厂

如前述著名的“东方红 54 型履带式拖拉机”最早是从苏联引进的“德特 -54 型履带式拖拉机”，产品的设计工作就是从翻译苏联原文图纸开始的，随着国民经济发展的需要，洛阳第一拖拉机厂对之进行了一系列改进和创新，设计产出了 20 多种新型拖拉机。

又如洛阳矿山机器厂最初的 1957—1964 年，主要是仿制苏联的提升机，从 1964 年起开始对仿苏提升机的结构进行改进，伴随国家矿山、能源工业的发展，对矿井提升机的技术、品种、规格提出了新的要求，原有的仿制苏联以及改进型机械远远不能满足矿山开发的需要，开始对全国几十个矿山企业进行调查，编制出我国自主研发生产的型号和规格，突破层层技术难关，实现自主研发到国际领先的自强之路。

洛阳有色金属加工厂的建成和投产最为曲折，也最能体现企业在技术的自主创新方面的努力。它的建成时间最晚，恰逢国内“左倾”错误和苏联单方面撕毁协定，苏联方面大举撤出专家及相关技术支持，而当时我国的国防工业，特别是航空工业所需的有色金属如镁也是全部依赖苏联进口，苏联方面的撤出成了“卡脖子”的大事，这就要求我们必须自强，在短短 10 年时间里试制出我国海军急需的声呐用 HFe59-1-1 铁黄铜椭圆管，生产的各式铜材、镁材为我国的国防军事、重点工业项目的建设提供了优质的材料。其一直承担国家急需材料的试制任务，填补了我国在铜、镍合金加工材的多项空白，使我国海军建设用材立足于国内不依赖进口，成为我国镁板材的唯一生产基地，它的建立和投产结束了我国镁板等依赖进口的历史。纯镁带的生产也填补了国家的空白。铝镁合金的各项创新研究与生产为我国航天航空事业作出了极大的贡献。

（4）建筑设计与建造技术

洛阳“156 项工程”的建设规模大，建设周期短，是计划经济体制下高度计划的产物，从城市规划到建筑设计再到景观塑造，具有极其鲜明的时代特色，是中国现代建筑史里程碑式的见证。

工业厂房的建设凸显了现代建造技术的应用。第一个“五年计划”时期，我国整体的国民经济还属于调整时期，除了开埠较早的近代工商业城市外，内陆城市多为闭塞，建筑材料、较早技术和构筑方式仍以传统技术为主。洛阳地处中原，20 世纪 50 年代仍是以木构、砖砌、土坯为主的建造方式，而“156 项工程”的建设，使这一地区迅速进入到钢筋混凝土的现代建造技术领域。可以说，工厂的生产建筑是我国采用现代建筑方式和建造技术的一条潜在的但却是数量可观的渠道①。

① 裴钊．现代主义建筑进入中国的一条潜在道路 [C]// 中国第五届工业建筑遗产学术研讨会论文集，西安，2014.

这些厂房设计规模巨大，主体结构为钢筋混凝土排架结构；柱网分布均匀，采用 6m × 6m、6m × 12m、12m × 12m 柱网布置，纵深最大可达 300 多米，且多数为多跨、高低跨布置；整体采用侧窗、高侧窗、屋顶矩形天窗采光；内部生产流线清晰，功能分区明确，有完善的生产、更衣沐浴等辅助用房和办公用房；地面根据不同的生产需要而设置，拖拉机的装配车间有印着拖拉机图案的铸铁地砖，而在铸铜、炼钢的车间，厂房内部使用了更为粗糙的地面，为方便运输，车间内部设置有传送带、火车轨道等；屋顶大部分已采用预制混凝土屋面板。这些厂房已建成半个多世纪，至今仍能满足生产需要，主体结构坚固如新。这都充分说明这些建筑在当时已是拥有十分先进的建造技术，即便在今天看来仍可作为钢筋混凝土结构的工业建筑典范，如图 5-14 所示。

图 5-14　洛阳“156 项工程”厂房建筑结构

工厂的办公楼、住宅街坊则具有鲜明的时代特色。洛阳的 6 个“156 项工程”从设计到施工，均是由苏联援助，因此建设完成的房屋具有典型的苏式风格，即 20 世纪 50 年代苏联古典主义的构图，因苏联所处地域的气候寒冷而长期发展而来的适合很冷地区的建造方式均被原样移植到了地处温带的中原洛阳。如直坡屋顶、50 墙、苏式中轴对称的立面构图、柱廊等。这些元素在设计和建造过程中经中方绘图员、施工员的手，又糅合了中国传统建筑的元素，二者和谐共存，形成了独具特色的苏式风格建筑，这一建筑现象不仅存在于洛阳，也存在于全国所有“156 项工程”的建设地，他们因所处地域的不同而被融入了不同的地域传统建筑元素而略显不同，这也构成了我国特定历史时期特定建设项目跨地域的时代风格，如图 5-15 所示。

（5）文化与情感认同、精神激励

新中国成立初期，国民经济恢复期的各行各业均是百废待兴，工人阶级作为社会主义建设的主力军，艰苦卓绝，努力奋斗，谱写了一个时代的华彩篇章。

洛阳滚珠轴承厂厂史中记载：建厂初期缺乏科学文化知识，缺乏建设和管理现代化工程的经验，厂党委就提出“安下心来，钻进去”的号召，选派工人到哈尔滨轴承厂、瓦房店轴承厂、苏联莫斯科第一轴承厂学习，同时还组织大家学习共产主义理想、工人阶级的光荣传统、古都洛阳的历史、轴承工业在国民经济中的地位和作用以及轴承生产技术、安全生产知识和厂规厂纪等，并且认为这种良好的作风是企业的“传家宝”，应该一直流传下去，熏陶年轻一代，培养职工队伍的健康成长[①]。

①《洛阳轴承厂厂志》，P17.

（6）推动地方社会发展

洛阳“156 项工程”对洛阳地区的社会发展起到了极大的推动作用。

首先，洛阳“156 项工程”的建设，直接促成了现代洛阳城市的发展和规划，促成了以机械工业为主的新兴工业城市——洛阳的诞生。与此相伴的是整个城市基础设施的建设，从道路、市政设施、供水供电供暖到工人住宅街坊的建设、

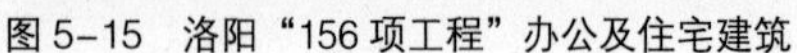
图 5-15　洛阳“156 项工程”办公及住宅建筑

各类学校的建立、商业市场、医疗卫生等一系列城市基础设施的建设，在短短的 5~10 年里迅速推动了洛阳城市的现代化进程。

①教育事业

如前所述，洛阳涧西区的教育事业起步于整个 6 个“156 项工程”，一方面是职工的专业、职业教育，其中各厂都包含了自己的职工培训机构、职业技校或职业中专、夜大或广播电视大学，除此之外，部分还以产品研发为核心成立了研究院和高等院校，如洛阳农机学校（今河南科技大学）、有色金属设计院、机械工业部第四设计院等，使得涧西区不仅仅是以机械制造为核心的工业区，还是洛阳市的科研中心、教育中心；另一方面是要解决职工子女的入学教育问题，因此各厂开始兴办托儿所、幼儿园、附属小学、附属中学。

②医疗卫生

洛阳作为新兴工业城市，所有的城市基础设施建设都需要从零开始。医疗卫生事业随着时间的推移，不断在人员、设备、医疗条件上壮大和发展，成立了自己厂矿的附属医院，今天部分已达到三甲水平（表 5-5）。

涧西区各大医院简表 **表 5–5**

名称	原属	成立时间（年）	医院等级
东方医院	洛阳第一拖拉机厂	1954	三级综合性
洛轴医院 （现洛阳市第六人民医院）	洛阳滚珠轴承厂	1954	二级
洛铜医院	洛阳有色金属加工厂	1960	三级
洛矿职工医院	洛阳矿山机器厂	1953	
河柴职工医院	河南柴油机厂	1957	
河南科技大学第一附属医院	前身为洛阳涧西医院，洛阳医专， 后并入河南科技大学	1956	三级甲等

图 5–16　洛阳矿山机器厂足球赛和职工合唱比赛
图片来源：《洛阳矿山机器厂厂志》

③体育娱乐

文体娱乐事业的发展十分迅速，各厂纷纷建设自己的体育场馆、俱乐部等，强健职工体魄，丰富业余生活。图 5-16 所示为部分大型体育场馆及当时文体活动的照片。

而且，洛阳涧西区的文体事业不仅仅是职工、学生的业余生活内容，还培养出不少国家级、省级的运动员和裁判员。如曾就读于轴承厂小学的汪见虹，1976 年进入省队，于 1985 年获得世界业余围棋赛冠军；就读于轴承厂小学的李勇和矿山机器厂小学的李小波后来成为全国首届青运会足球冠军队的队长和队员；矿山机器厂的郑德祥、何彭儒，河南柴油机厂的秦鹏是国家级的乒乓球裁判员①。

① 《洛阳涧西区志——体育队伍》，P235-237.

④职工宿舍

“先宿舍、后厂房；先辅助车间及服务性建筑、后主要生产车间”是当时 6 个“156 项工程”在洛阳建设的整体计划。伴随这些项目的建设，洛阳涧西陆续建设完成有 36 个街坊共计 425 栋楼房。均是院落围合式布局，此外在厂北区还建设有一定数量的平房，称为“红卫村”。这些住宅区均统一规划统一建设，距离工厂的步行时间不超过 15 分钟，以满足职工上下班的便利问题。2011 年 4 月，洛阳涧西工业遗产街被列入中国历史文化名街，“156 项工程”时期建造的苏式住宅街坊成为其重要的组成部分，如图 5-17 所示。

（7）重建、修复和保存状况

建筑遗产的重建、修复和保存现状涉及遗产的真实性问题。洛阳“156 项工程”时期的工业遗产数量巨大，分布集中，绝大多数工厂仍在生产运行，街坊也仍然在用。但在城市高速发展的今天，整体保存情况不容乐观。

厂区内，生产运行和产品升级需要不断地改进、更换生产设备、生产线，随之发生的还有对应厂房的改、扩建和原地拆除建设新厂房，这使得作为工业遗产最核心的物质构成生产工艺与设备较难以保留，同时经营模式的转变也打破了原有的生产流线组织。这些工厂都建于 20 世纪 50 年代，计划经济时代，工厂的原材料采购、产品研发生产、销售都由国家宏观计划调控，这些厂区内部的布置也较清晰地反映了这一内在因素，特定的厂房生产特定

图 5-17 现存洛阳涧西区工人住宅街坊

的产品，服从总厂的生产流程。改革开放以来，我国总体经济进入市场经济阶段，多数产品从上游的原材料、配件到产品的研发、生产、销量都由市场管控，为创造更大的利润空间，许多产品就可能不再是本厂生产而是选择市场上质量、性价比更好的来源，厂内的经营模式也由原有的车间转制成分公司、分厂实行自负盈亏，这样一来，最初规划的整体厂区的生产流线实际上已被割断，部分厂房因此可能被废弃不用，部分厂房也可能因此而迅速拆除建上更新的厂房。有的工厂效益好，很多有年代的历史建筑在厂区的更新中快速被拆除了。

在洛阳“156 项工程”现存的建（构）筑物中不存在重建问题，如图 5-18 所示。

住宅区内，这些已建成半个多世纪的老街坊，曾是那个时代工人引以为豪的住宿标准，但随着时代的进步和人民生活水平的提高，这些街坊住宅越来越难以满足人们日常生活的需要，内部基础设施年久失修，部分主体结构已超出安全使用年限，外部不断改建加建。与此同时，地产的开发也对老街坊的保护构成威胁，高层住宅已在老街坊周边拔地而起。原有街坊相关的配套设施如食堂、市场也在逐步拆除中，如图 5-19 所示。

我国工业遗产研究起步较晚，涉及现代工业遗产的研究更是如此，在推进遗产化的过程中，许多建（构）筑物遗存的价值有待不断地被挖掘，随着时间的推移和城市经济水平的进一步提升，人们会越来越需要这样的历史纪念物的

洛阳矿山机器厂厂内被保留的厂房

洛阳第一拖拉机厂厂内的新建厂房

洛阳第一拖拉机厂厂内的废弃厂房

图 5-18　厂区保存现状

图 5-19　迅速消失的洛阳涧西区工人住宅街坊

存在，但快速发展的城市和遗产急剧消失的速度都使得这一工作变得越来越来不及，而未来的某一天人们认识到其更深层的价值时将悔之晚矣。

（8）地区产业链、厂区或生产线的完整性

①工业遗产群的整体性

这里包括了前序章节所述的洛阳“156 项工程”时期工业遗产构成的所有要素，既包括物质方面的，也包含非物质方面的。具体来讲，物质方面的首先应包含 6 个“156 项工程”的主体工厂，附属于各工厂的住宅街坊、学校、医院、文化体育设施等，其次是在城市规划层面上，因工厂、附属设施的建设而形成的高于个体的内容，如城市基础设施的建设、道路、绿化、广场、景观和长久以来形成的历史风貌等。在非物质方面，应关注企业文化、企业精神、厂史厂志、社区生活等。

纵观全国“156 项工程”建成的 147 项工程，在建设初期如此规模集中布置建设的也仅有 8 个城市，其中也仅有西安和洛阳两座古都，像洛阳涧西区这样因“156 项工程”而生的城市新区，高度集中的工业布局，集约、计划性的城市规划都是十分罕见的，在现存情况来看，也是最为完整的，加之当时在处理古城和新型工业区的规划时，采用了远离古城建新城的做法，规划形成的带形城市布局成为我国城市规划史上著名的“洛阳模式”，这些都使得洛阳“156 项工程”工业遗产群成为国内现存最为完整、最为典型的现代工业遗产群。

洛阳涧西区避让洛阳悠久历史遗留下的大量文物遗存，抛开老城建新城，并同时考虑工业生产所需的物质条件而选址，在自身规划建设中，合理布局，集中规划，实现了生活、学习、工作、游憩各大功能的明确分区和合理分布，利用带形城市的生态优势，打造了绿色的工业新城，一度成为洛阳规划布局最合理、人口平均受教育程度最高的城区；其企业对洛阳乃至全国的社会经济发展起着至关重要的作用，例如，第一拖拉机厂生产的拖拉机和推土机，长期占有中国拖拉机保有量（按标准台计算）的 50% 以上，承担着中国当时 60% 机耕地的耕种作业量。矿山机器制造厂生产的矿山用大型提升机、洗煤厂用大型洗选设备和钢厂用冷轧管机，在国内市场占有率分别达 90% 和 80% 以上。洛阳“156 项工程”曾创下多个中国第一，即便是今天，洛阳涧西区的整体布局与建筑遗存仍能成为工业遗产的卓越代表，清华大学单霁翔教授曾对洛阳涧西工业区给予了高度评价：洛阳涧西工业遗产是我国重要的 20 世纪工业遗产，并指出：“洛阳工业遗产，应该成为中国工业遗产的典范。”

目前存留的建筑遗存带有鲜明的苏联援建时期的建筑风格，其恢宏的体量与高度计划性的布局具有典型的时代印记，是 20 世纪 50 年代意识形态的真实写照，具有很深的社会认同感和归属感。这些遗产的保护与存留必将成为老一辈工人阶级艰苦劳动的纪念，亦有对后代的教育意义。

②厂区的整体性和核心生产线的完整性

厂区的完整性应包含生产厂区内办公、科研、生产、辅助、存放、运输等一系列建（构）筑物、道路、绿化等。

工业厂区面积巨大，期望完整的保留所有物质遗存是不现实的，而且这些厂区仍在使用，作为以生产为主要功能的工厂，生产线、厂房设施的更新换代是不可阻止的，也是有悖于历史发展的。年代和历史重要性等一系列指标有助于评价、分级厂区内的不同内容，因此，厂区的整体性问题也应是有层级的，如前所述的涉及建厂初期生产组织核心流线的应是构成厂区整体性的核心组成。

（9）代表性和稀缺性

遗产的代表性具体是指它是否在时代、类型、特征等相同或类似的遗产中所具有的典型性，即它是否能够代表同时代、同行业、同类型遗产的普遍性；遗产的稀缺性则是在此基础上，遗产本身是否具有同类遗产中珍贵的、稀有的甚至罕见的独特性，这一特性代表了该遗产与同类遗产相比较具有更高的价值和重要性。

洛阳“156 项工程”时期工业遗产，充分具有我国现代工业遗产的代表性和稀缺性。

首先，它是中国“一五”时期 156 个项目的重要组成部分，有 6 项重大项目同时落户洛阳。他们都是苏联援建的项目，从筹建、规划设计、施工、竣工投产、产品试制、研发到自主创新，经历了大致相同的时段和过程，其规划与建设反映了计划经济时代高度集中的集体意识形态，全国在同一时期建设的这些项目在体量、风格上有着极大的相似度，而洛阳从建设初期的规划到建成以及今天的保存状况来看，都具备 156 项工业项目的典型性和代表性。

同时，洛阳涧西工业区是因“156 项工程”选址而规划建成的新兴工业城市，在众多“156 项工程”集中布局的城市中，洛阳具有其他城市不具备的一些特点：

①在城市选址上，一方面，洛阳是九朝古都、历史文化名城，“156 项工程”的选址建设避让了明清洛阳旧城，选择在 5.6km 外的涧河以西建立新城，避免了“摊大饼”式的城市扩张模式，从而形成了带状的城市格局，也因此成为城市规划史上享誉中外的“洛阳模式”；另一方面，“156 项工程”的选址充分考虑了国防军事安全、生产所需的水源、交通等问题，既节约了建设成本，还保

障了建设进度。

②在规划设计上采用了高度集约的规划模式，6 个“156 项工程”除了洛阳热电厂为其他各厂和城市供电、供暖外（这也是热电厂的自身生产功能），其余各厂虽同属机械工业之间并无产业链上的相关度，是通过严整的规划、高度计划性的城市功能空间的排布建造的工业新城。

③在城市建设上，“156 项工程”是在零基础设施的情况下建设的，选址位于涧河以西的麦田，地上除陇海铁路和涧河无任何可供生产、生活利用的基础设施，地下却有成千的古墓葬需要处理。为了文物保护和厂区建设的安全性，6 个厂矿的勘察与地下文物及地基处理是其他“156 项工程”不具备的内容。

④从现存状况来看，6 个“156 项工程”至今都在正常运转生产，单体存量远远超出其他“156 项工程”集聚的城市，因其独特的布局方式，城市肌理和整体风貌都保存较为完整良好，是我国“一五”时期保存至今为数不多的典型代表。

（10）脆弱性和濒危性

目前我国工业遗产研究和保护工作更多地停留在高等院校和研究机构，换言之是专家学者在关注，社会对工业遗产的普遍认知水平较低，对仅有 50 年历史的现代工业遗产更是认识不足，因此“156 项工程”建成了 144 项，至今完整保存的寥寥无几，在城市更新和“退二进三”的过程中，有的被夷为平地再次进入地产开发，有的或剩下点状的某个或某几幢厂房、宿舍，或剩下一段铁路作为城市景观，在城市高速发展的过程中逐渐消失殆尽。

洛阳“156 项工程”部分厂矿已列入搬迁名单，搬迁后留下的厂区将面临这一考验，是否能够给予充分的价值认知和全面考虑的保护再利用方案，都决定了这些遗产的未来命运。附属的职工住宅街坊已达到其设计使用年限，建筑结构的安全性和持久性需要被重新检测，内部设施的年久失修也增加了保存的难度，2015 年春节期间，洛阳涧西 5 号街坊仅存的 1 幢 20 世纪 50 年代的住宅因火灾被毁。随着时间的推移和城市的发展对现有区域的更新要求，这些遗产的濒危性将越来越严重。

（11）文献记录情况

目前各厂的档案馆保存有大量的同时代的图纸文件（部分尚未解密），20 世纪 80 年代各厂编辑的厂史、厂志，档案馆、博物馆中馆藏的历史照片、报纸、合同文件、批示等，这些重要的历史文献是进一步研究洛阳“156 项工程”工业遗产的原始史料，是洛阳工业遗产的重要佐证，其本身也是遗产的重要组成部分。

（12）潜在价值

我国的工业遗产研究起步较晚，且恰值城市化进程高速发展的时期，在推进遗产化认知的道路上实际上才刚刚起步，尽管我们尽最大可能发掘现存遗产的价值，但限于当代思维方式、技术手段和认识水平，难以做到完全和完善。因此，伴随社会的进一步发展和经济水平的进一步提高，研究者的视野和研究深度都会进一步提升，全民对遗产的认知也进一步深入，一定会发掘出当前未被发现和未被重视的潜在价值。

四、工业遗产价值评价的地域性与时代性特征

近现代工业遗产的价值评价有别于古代文化遗产的认定。主要原因是其年代并非十分久远，各自因特定的历史原因而产生，又因特定的人文地理环境而迥异，相较于古代遗产，其现存量大，有的甚至仍然在用，对大量的现存遗产的认定和分级分类是界定其价值的必要条件；同时，也因为其存量的相对众多，其独特性和濒危性尚未得到相关重视或未被认定就已经灰飞烟灭，这使得其保存与保护更具挑战性。

那么何以会出现上述的情况，笔者认为主要是对近现代工业遗产的认定仍然沿用了和古代遗产同样的方法，即年代越久远越珍贵。固然，年代久远的存量很可能是“物以稀为贵”者，但即便是从我国近现代的工业遗产领域来讲，地域性和时代性是两个十分重要的评价标杆。

以中国“156 项工程”为例，如果将近现代的时间不做划分，那么仅“年代”一项，现代以及当代的工业遗产自然无法与近代时段的工业遗产相抗衡，那是否说明现当代的工业遗产在其历史价值上就不如近代的工业遗产呢，答案毋庸置疑是否定的，“156 项工程”是中国工业的奠基石，具有开创时代的重大意义，在这里，“时代性”就起到了衡量现当代工业遗产的重要作用。

同样在“地域性”问题上，我们以 156 项重大工业项目为例，建成的 144 项工程中，因各种历史原因，在分布上也不尽相同，作为集中布局、重点建设的新兴工业城市也只有 8 座，这既是历史文化名城、古都，同时又是“156 项工程”重点建设的也只有西安和洛阳两座城市，二者在规划建设与布局发展上又因各自的地理文化、社会经济等因素而各有特色，对此类城市现代工业遗产的价值界定，地域性的因素因此变得不可或缺。当前关于现代工业遗产的研究还较多地局限在单个工业遗产点的研究上，如一个城市、一座工厂、一幢厂房，缺乏行业的，以及产业链、上下游之间的关联研究，伴随该领域研究的深入，势必会发现关于产业之间、城市之间、产业上下游之间的关系，从而形成遗产链，

那么地域性会表现得更为突出。

综上所述，研究我国近现代工业遗产的价值认定，既存在具有普遍意义的价值评价导则，同时又要注重其时代性和地域性特征，才不至于评价偏颇而至痛失重要遗产。

第三节　洛阳“156 项工程”工业遗产分级保护构成层级

一、国内学界关于工业遗产分级保护的理论探讨

根据《中华人民共和国文物保护法》的编制方法，文化遗产在保护时按照国家级、省级、县市级等分级制定相应的法规和政策进行保护，基本构成如图 5-20 所示。

在工业遗产领域，对不同工业遗产的本体价值评价也会得出不同的结果，这就直接指向了工业遗产分级保护问题。针对这一问题，国内不少学者进行了相关的研究归纳与探索。

张毅杉、夏健《城市工业遗产的价值评价方法》一文中给出工业遗产保护分级，文中将城市工业遗产直接分为国家级、省级、市级三个层级，并制定了相应的分级保护原则。刘翠云、吴静雯、白学民、张国俊《工业遗产价

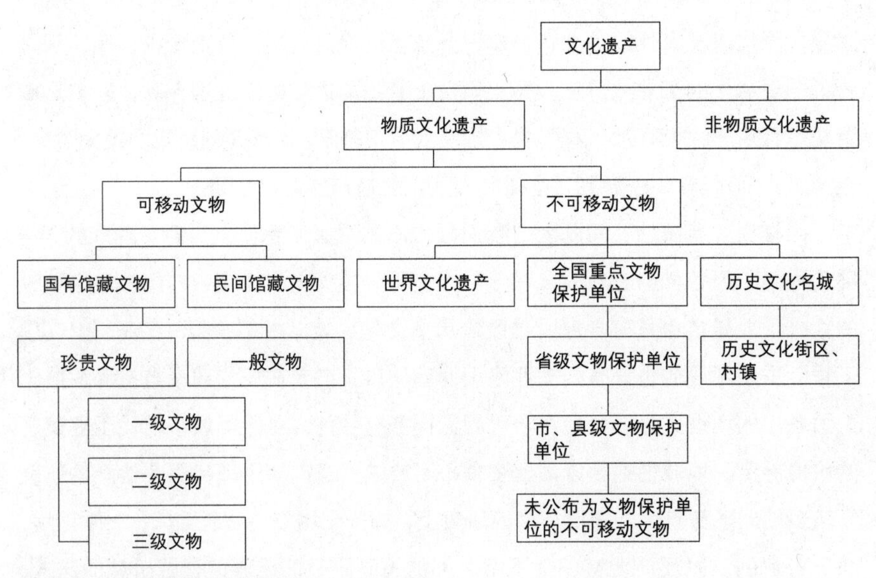

图 5-20　我国文化遗产保护层级
图片来源：单霁翔. 文化遗产保护与城市文化建设 [M]. 北京：中国建筑工业出版社，2009：76

值评价体系研究——以天津市工业遗产保护为例》在价值评价体系基础上对天津市工业遗产进行了保护等级划分，分为优秀工业遗产、突出的工业遗产和一般工业遗产。李和平、郑圣峰、张毅《重庆工业遗产的价值评价与保护利用梯度研究》在价值评估量化打分的基础上，将重庆各种类别的工业遗产分为四个等级：文物类工业遗产、保护性利用类工业遗产、改造性利用类工业遗产、可以拆除的一般工业遗存。对每一分级的后续保护原则基本上都涉及功能转化、保护与再利用的关系一级原真性的问题，认识也基本一致，如表 5-6 所示。

工业遗产分级保护原则 表 5-6

遗产名称	功能转化	保护与利用关系	再利用原真性
优秀工业遗产	重在保护其功能与景观完整性与真实性，严格保护城市工业遗产及其周边历史风貌，不应作为商业性房地产开发	保护占绝对比重，以原址原物保护为主，不进行整体结构的变更，只进行一定程度的维修保养	再利用程度不得影响保护价值因子的承载体以及城市工业遗产功能的原真性
突出的工业遗产	在严格保护外观、结构及其场所主要景观特征的前提下，对其功能可作适应性改变，必须与遗产价值相适应，且不应用作商业性房地产开发	保护程度相对一级工业遗产降低，保护占较大比重，可适度再利用，遵循对现有设施的发展优先于任何形式新的发展的开发原则，保护与再利用有机结合	利用的空间以及新的用途必须与原有场所精神兼容
一般工业遗产	保护好建（构）筑物外观和场所主要特征的前提下进行改造性再利用，可以充分再利用城市工业遗产，增加现代化设施，赋予新的功能，与周边城市环境与功能互动发展	保护程度相对于前两级工业遗产再降低，保护建（构）筑物外观和场所的主要特征，保护方法灵活、多样、充分利用	再利用要突出历史文化价值，注重保留历史痕迹。新建材料应尽可能从原有场地采取，挖掘原有场所的潜力

资料来源：刘翠云，吴静雯，白学民，张国俊．工业遗产价值评价体系研究——以天津市工业遗产保护为例 [C]//2012 中国城市规划年会论文集，2012

佟玉权、韩福文、许东《工业景观遗产的层级结构及其完整性保护——以东北老工业区为例》从景观视角研究工业遗产建筑群，提出景观视角下的工业遗产是由工业区域（带）景观遗产、工业城市景观遗产、城市工业区景观遗产和工业建筑（群）景观遗产所构成的多层级结构系统，如表 5-7 所示。并从空间维度上提出了工业景观的保护层级，如图 5-21 所示。

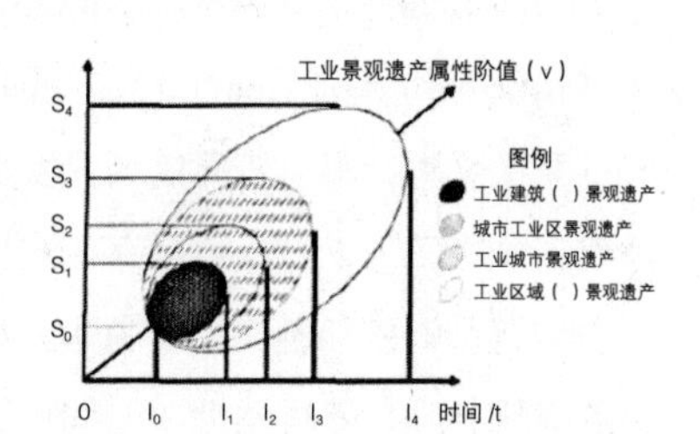

图 5-21 空间维度上的工业景观的保护层级

图片来源：佟玉权，韩福文，许东．工业景观遗产的层级结构及其完整性保护——以东北老工业区为例 [J]. 经济地理，2012，(2)

工业景观遗产的构成层级与保护规划　表 5-7

工业景观遗产名称	保护规划重点内容	保护规划法律体系
工业建筑（群）景观遗产	保护具有典型性、标志性的工业建筑物（构筑物），依据建筑物（构筑物）特点规划设计多样性的再利用方式，尊重建筑物（群）所在历史文化空间，对周边环境进行规划控制	文物保护单位或优秀历史建筑（群）
城市工业区景观遗产	除了保护好具有典型性、标志性的工业建筑（群）外，重点保护好工业建筑（群）之间的区域联系，通过保护老工业区道路、水系网络以及工业建筑的历史格局，形成具有完整意义的工业风貌	历史文化街区
工业城市景观遗产	以延续城市历史文脉为宗旨，确立工业城市的历史文化主题，选择能够集中反映工业城市历史文化风貌的城市老工业区或典型的工业建筑给予重点保护，按景观遗产整体保护要求，进行规划设计	历史文化名城、名镇
工业区域（带）景观遗产	按照时间演化、空间格局及文化属性（价值）“三位一体”的要求把握工业区域（带）景观遗产的整体性，通过设立工业遗产保护规划区（带）和创建区域合作机制，实现大尺度工业遗产的完整性保护	工业遗产保护规划区（带）

资料来源：佟玉权，韩福文，许东．工业景观遗产的层级结构及其完整性保护——以东北老工业区为例 [J]. 经济地理，2012，(2)

二、洛阳“156 项工程”工业遗产分级保护体系的构建

遗产分级保护体系的构建是建立在对其价值的合理、充分评价的基础上的。如前所述，洛阳“156 项工程”工业遗产既具有常规工业遗产的代表性和典型性价值，还具有自身的地域特色和时代特点，我们已采用《中国工业遗产价值评价导则（试行）》对洛阳工业遗产群进行了深入的剖析，同时应就其价值进行分级。

在此需要特别说明的几点问题是：

（1）天津大学建筑学院国际文化遗产保护研究中心的研究成果《中国工业遗产价值评价导则（试行）》是现阶段国内业界推进工业遗产的遗产化专业认知的重要文件，具有较高的理论高度和指导意义，其范围涵盖我国近现代以来所有的城市工业遗产。但具有普遍性的文件在针对具体的评价对象时的可操作性是难以回避的问题。针对中华人民共和国成立以来的我国现代工业遗产，考虑到不同行业、不同类型、不同地域的现实情况，有必要在深入评估时进行进一步的条文阐释。使得相关的评价因子能够有的放矢。

（2）针对洛阳“156 项工程”工业遗产群的特点，本书提出应实施从城市遗产角度出发的整体保护，这是需要建立在对洛阳工业遗产群的整体评估工作基础之上的。因此，就不能仅仅停留于对单体建筑的价值评价，而应将

单体放入整个遗产群的构成中，既要评价其单体的价值，挖掘“群核心”，还要评价出具有同等价值评价结果的单体构成的“核心群”。这是隐藏在整个洛阳现代工业遗产价值评估体系中的一条至关重要的原则，也是实现整体保护的前提。

具体如表 5-8 所示。

在此基础上提出洛阳“156 项工程”现代工业遗产分级保护体系，如表 5-9 所示。

洛阳“156 项工程”现代工业遗产价值评价分级 表 5-8

价值评价指标		针对评价对象的价值评价指标阐释	价值评价分级			
一级指标	二级因子		I	II	III	IV
历史价值	年代	同行业、同类型工业遗产的年代越早，越倾向提升遗产的价值，同时如果遗产所跨越的时代较多，也可作为评判其历史价值的依据	1949—1966 年	1966—1976 年	1976—1985 年	1985 年至今
	历史重要性	历史人物、历史事件、重要社团机构等，工业遗产能够反映或证实上述要素的历史状况				
	物证价值	其存在与否是否影响作为遗产物证意义的完整性				
科技价值	工业设备与技术	工业设备、生产工艺、生产方式在地域与年代相对的先进性、重要性。具有国内行业开创性的第一或典型等				
	建筑设计与建造技术	建筑材料、建筑结构、建造工艺的先进性、重要性				
	与著名技师、建筑师、工程师的相关度、重要度	引进国外技术或自行研制开发创新的重要性				
美学价值	工业建（构）筑物、工业景观的视觉美学品质	具有特定的建筑美学价值，体现了 20 世纪 50 年代较为典型的“苏式”风格和 70、80 年代的现代主义建筑艺术风格的发展，有助于提升工业建筑的建筑美学价值；亦可从产业风貌、规划设计、空间布局、体量造型、材料质感、色彩搭配、细部节点等角度评价工业建筑本身的视觉美学品质				
	与某一风格流派、设计师的相关度、重要度	如是著名建筑师的作品或代表了某一近代建筑流派，或特定历史年代的风格如“苏式”				
社会文化价值	企业文化	工业企业（包括外国企业）所树立的企业文化，如科学的管理模式、经营理念和团体精神等，存在于企业职工、地方居民的集体记忆之中，成为当地居民和社区的情感归属。记载了中国人艰苦创业、发愤图强的历史，承载了强烈的民族认同和地域归属感				
	民族或地域文化与情感认同、精神信仰					
	推动当地经济、社会发展	洛阳从一个地方县治成为新兴工业城市				
	与居民生活的相关度	身份识别“如某某厂”“某某街坊”等				

洛阳“156 项工程”现代工业遗产分级保护体系 表 5-9

工业遗产分级	对应评价级别	分级保护原则	保护与再利用关系	原真性	保护与再利用策略
文物保护级工业遗产	I	按照文物保护的相关管理规定，着重保护其主体功能与景观的完整性和真实性，严格控制保护规划范围内及周边的整体历史风貌，不应作为商业性房地产开发	以原样保存为宗旨，适度修缮，保护占绝对比重，指标体系中价值因子的承载体的原样保存应始终得到优先考虑	再利用不得影响价值因子的原真性	博物馆式保存
优秀的历史风貌建筑	II	严格保护外观、结构及其外环境，内部功能可做适度的置换，不可以用作商业性房地产开发	以保护为宗旨，适度再利用，是以保护为主的适度开发	是在保护价值因子承载体的前提下适度地转变	与原产业地域等相关的博物馆、工业景观、文化娱乐设施
一般类工业遗产	III	保护整体风貌，可适度改造建筑外观、结构，实施与原有内部空间相适应的功能置换与再利用	以风貌保护为宗旨，保护手法灵活多变的充分再利用。激活城市历史文化氛围	部分保留原有遗迹，充分利用原有场所精神	复兴与激活社区，充分利用原有结构、材料等大规模改造再利用
可拆除移动类工业遗存	IV	为实现城市土地增值和社会整体发展，拆除和迁移位置	可作为文化景观和符号参与到风貌保护中	根据需要选择性地利用或拆除	部分可移动景观、材料可用于其他改造

三、基于遗产群理念的洛阳 156 工业遗产保护名录初建

“群”的概念应用于工业遗产与近年来在文物与遗产保护领域内“系列”和“廊道”的建设既有共通又有区别：在概念上，“群”“系列”“廊道”均是因事物某些共同的特征、某个时间、某个事件或地理位置、交通运输等而形成了相互的关联，但构成“系列”和“廊道”的要素之间多为并列的关系，“群”的概念在于工业建筑遗产的应用则更多地展示了因生产、生活等相关活动引发的系列事件在建筑上的体现，构成“群”的要素可能并不具有并列的层级，更多的是内在逻辑的关联性。

将“群”的理念引入工业遗产的保护，极大地发掘了工业遗产的自身特点：它既有可能是在某个时代的大规模建设，如日本的明治产业革命、我国的 156 工业奠基，也有可能是某个行业的开创与发展，如我国近代的缫丝织造业，还有可能是因某个生产要素在生产流程上的体现，如近代天津碱厂（因侯氏制碱法的应用而产生的生产流程在生产空间的体现）。因此，基于“遗产群”理念的工业遗产保护扩展了被保护对象时间和空间的维度，使得对其遗产化认知不再局限于单体建筑，从而以某个线索构建尊重历史的“完整性”保护。

洛阳的“156 项工程”工业遗产，因建设年代较短，存量较大，被普遍忽视了其遗产价值的典型性。如若仍以原有的遗产保护方法推进其价值评价与遗产化认知，势必会有偏颇，甚至造成优秀遗产的加速消亡。以“遗产群”理念构建洛阳“156 项工程”工业遗产保护名录势在必行。

首先是范围的界定：在时间上，洛阳 6 个 156 项重大项目的规划建设基本处于同一时期，在建设年代上大致分布于“一五”计划后期到“三五”计划前期，因社会经济的诸多原因，个别延续至“六五”阶段；在空间上，以涧西一片原始农田的零城市基础设施为起点，经过“五大厂矿”的联合选址，同步规划建设道路、住宅、商业、学校、科研等相关配套，从而从时间和空间的双向界定出洛阳工业遗产群的范围，与此同时，这一范围的确定也凸显出我国“一五”时期 156 个重大工业项目集中布局的新兴工业城市的时代特点。

其次在层级关系上（图 5–22），厂区内产品的生产工艺与流程，产生了构成核心生产链的厂区遗产群，在生活配套设施方面，建造于相近年代，具有典型苏式件数风格的街坊因院落形成了各自独立又互相联系的城市聚落，每个厂因其生产、生活构成各自的遗产群，形成了较工业厂区更大的遗产群——中等层级的遗产群，再向外，因洛阳涧西工业区因“156 项工程”而生，在城市层面构成生产、科研、教育、生活等一系列活动的大遗产群。因此在洛阳的“156 项工程”工业遗产群的构建上，出现了“大群套小群”的现象，最大的群实则已经构成了城市遗产群。

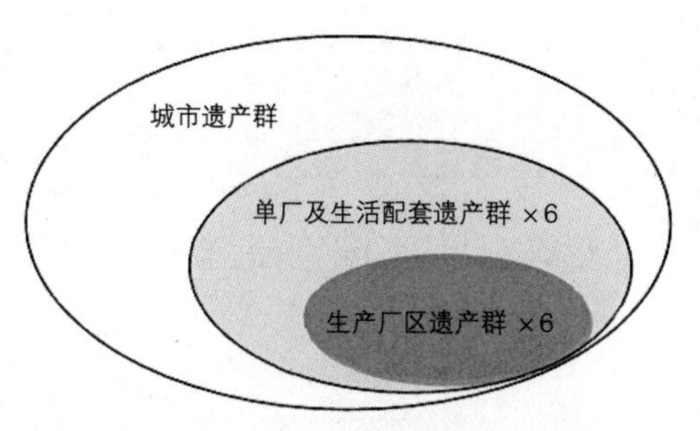

图 5–22　洛阳“156 项工程”工业遗产群空间包含关系

结合上一节提出的洛阳“156 项工程”现代工业遗产分级保护体系对洛阳“156 项工程”工业遗产保护名录进行初建，如表 5–10 所示。

洛阳“156 项工程”工业建筑遗产保护名录初建　　　　**表 5–10**

编号	遗产名录（仅包含建于 20 世纪“156 项工程”建设阶段的建 / 构筑物）			保存现状	是否处于历史文化名街保护范围	是否为文保单位	拟进入保护层级	备注
1	洛阳矿山机器厂（现中信重机）	厂区	办公楼	主体完好	是	否	一般	在用
			实验大楼	已拆除	否	否	优秀	
			厂前区厂房	完好	是	否	优秀	
			厂区完整性	大部分更新	否	否		
			厂前广场	尚存	是		一般	
		生活区	1 号街坊	完好需整饬	是	否	一般	
			2 号街坊	完好需整饬	是	国保	/	

续表

编号	遗产名录（仅包含建于 20 世纪“156 项工程”建设阶段的建 / 构筑物）			保存现状	是否处于历史文化名街保护范围	是否为文保单位	拟进入保护层级	备注
2	洛阳第一拖拉机厂	厂区	办公楼（厂大门）	完好	是	国保	/	在用
			沿厂区中央花园轴线两侧厂房	完好	部分列入	否	优秀	
			厂区完整性	部分更新	否	否		
			厂前广场	完好	是	国保	/	
		生活区	5 号街坊	已拆除	是		优秀	在用
			6 号街坊	已拆除	是		一般	
			10 号街坊	完好	是	国保		
		配套院校	农机学校（现河南科技大学西苑校区）1、2 号楼	完好	否	否	优秀	在用
3	洛阳滚珠轴承厂	厂区	办公楼	主体完好	是	否	一般	在用（即将搬迁）
			厂前区厂房	完好	是	否	一般	
			厂区完整性	部分更新	否	否		
			厂前广场	完好	是	国保		
		生活区	11 号街坊	完好	是	国保		
			13~17 号街坊	仅剩沿中州路一排	是	否	一般	
4	洛阳有色金属加工厂	厂区	办公楼	完好	是	国保		
			实验大楼	完好	是	否	优秀	
			厂前区厂房	完好	否	否	一般	
			厂区完整性	部分更新	否	否		
			厂前广场	尚存	是	否		
		生活区	36 号街坊	完好	否	否	一般	
			37 号街坊	已拆除	否	否	一般	
			洛铜大食堂	已拆除	否	否	一般	
			洛铜医院	完好	是	市保		
5	洛阳热电厂		办公楼	完好	否	否	优秀	在用
6	河南柴油机厂	厂区	办公楼	已拆除重建	否	否	一般	
			厂区厂房	部分更新	否	否		
			厂区完整性	部分更新	否	否	可拆除移动	
7	工业区整体风貌保护	中州路沿线		基本完好	是	历史文化名街		
		四大广场		洛铜广场肌理破坏严重				
		西苑路		植被完好				

注：本表只包含近 5 年来尚存且建设年代为 20 世纪 50、60 年代的建（构）筑物，70 年代具有现代主义风格的建筑不在此时间范围内，另行研究。

第四节　洛阳“156 项工程”工业遗产保护现状与困境

2011 年 4 月，以洛阳第一拖拉机厂、中铝洛铜（原洛阳有色金属加工厂）等企业的部分厂房以及涧西区 2 号街坊、10 号街坊、11 号街坊等为代表的洛阳涧西工业遗产街被列入中国历史文化名街，成为入选的 30 条街道中唯一的工业遗产街。全国第 7 批国保名单公布，拖厂大门、2 号、10 号、11 号街坊列入国家级重点文物保护序列，如图 5-23 所示。

继而，大规模的拆迁、新建工作开始了，规划线以外的区域相继建起了高层住宅，原有保存相对完整出色的历史风貌顷刻间遭到破坏。图 5-24 所示为拆除情况及紧邻保护线建设的高层住宅。

在《洛阳 2020 城市总体规划》中，洛阳滚珠轴承厂和洛阳有色金属加工厂将整体搬迁，留下的场地部分用于房地产住宅开发，部分用于区域商业开发。作为存量丰富、构成复杂的洛阳“156 项工程”工业遗产在尚未进行更深入的价值评价和遗产认知的情况下正在迅速消逝。

一、遗产还是地产——在用中的庞大厂区

在洛阳“156 项工程”工业遗产中，有 6 个大型厂区，占地面积巨大，厂区内部规划路网清晰，在不断扩展的城市中，原本位于城市边缘的它们目前已然被包围在城市中央。这些厂区一部分仍在继续运转，另一部分则即将面临整体搬迁，如此面积庞大的工业用地即将进入功能置换。

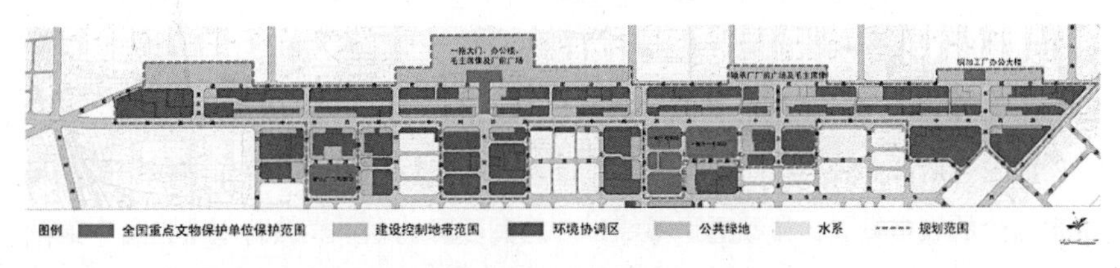

图 5-23　洛阳市涧西历史文化名街文保区范围示意图
图片来源：洛阳市规划局网站

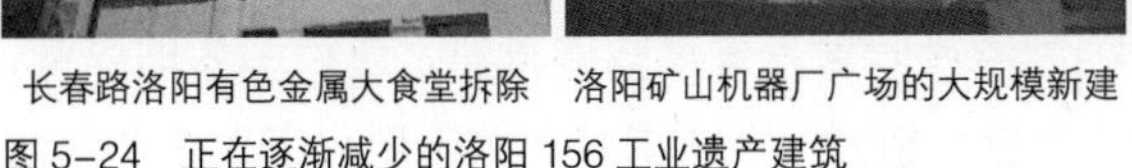

长春路洛阳有色金属大食堂拆除　洛阳矿山机器厂广场的大规模新建　2 号街坊的周边高层

图 5-24　正在逐渐减少的洛阳 156 工业遗产建筑

如前所述，在确定的中国历史文化名街——工业遗产一条街的保护范围中，仅仅包含厂前区的部分建筑物，如矿山厂的办公楼、两座厂房、拖拉机厂的大门及靠近大门的两座厂房、轴承厂大门附近的建筑，以及铜加工厂办公楼、研究大楼等屈指可数的几幢 20 世纪 50 年代的厂房。工业遗产有别于其他文物遗产的特点之一就是其建（构）筑物及其相关生产场所具有因生产产品、生产过程而形成的内在逻辑联系，不能像保护某个名人故居般地孤立保护一座建筑，因此要从其内在的生产联系出发考察。面对庞大的厂区建筑群，全部保留显然是不现实的，但在未对整个厂区遗产群进行专业的价值评估前，仅仅以风格、年代确定保护对象是不甚严谨的。这也是我国工业遗产在遗产化认知的推进过程中的客观存在。

（一）保护线的两侧，哪个更应列入保护范围?

洛阳第一拖拉机厂内的两幢建于同一时期的厂房，目前被划入保护区的冲压车间和仅靠保护范围划线外的装配车间，从建设年代来看，二者建于同一时期；从外观来看，二者面积相近，立面基本相同；通过深入的调研发现，装配车间在最初建立的洛阳拖拉机厂中具有举足轻重的作用，这里拥有全中国第一条履带式拖拉机装配生产线，在企业进行股份制改制之前，全厂的生产实际上是以拖拉机的装配生产为核心的，厂区的工具、模具和配件生产是围绕装配车间展开的。从工业遗产本体价值的角度，装配车间理应划入保护区范围，甚或列入更高的保护序列。

（二）居住用地紧缺

原本处于城市边缘的工业厂区，在城市规模不断扩大的今天已然成为城市的中心地段，人口规模也远远超出了原有的涧西工业区所规划的人口数量。在最初的规划中，住宅区与厂区南北对应，步行距离不超过 15 分钟，居住区附近设立的商业网点、学校、医院，均是就近原则，因此以涧西区原有居住用地面积来应对当今的城市发展，显然远远不够，并且涧西区的中小学教育水平在整个洛阳城市中处于前列，学区房的需求进一步增加了该区域内城市常住人口的数量，同时对居住用地面积构成进一步的压力。2015 年初中铝洛铜（原洛阳铜加工厂）决定整体搬迁，很快原有工业用地进入置换再利用的议题，在 2011—2020 洛阳近期规划图中，北部大面积均将成为居住用地，如图 5-25 所示。

（三）被忽视了的遗产完整性

一个庞大的厂区，生产运转势必要求生产线的更新、生产工艺的改进，因此就会不断地存在整修、改造、新建……中国目前关于现代工业遗产的研

图 5-25　洛阳市 2011—2015 建设规划中中铝洛铜土地功能变化
图片来源：《洛阳 2020 城市总体规划》局部截图

究往往是一个企业破产了、搬迁了，面对一大片废弃的工业用地时才开始发掘其遗产的价值（当然，能够及时地进行此项工作已属不易，更多情况是直接功能置换，成为商业地产进行拍卖进而进行房地产开发）。对于“156 项工程”集中布局的老工业基地的工业遗产，笔者认为不能等到工厂搬迁了再对其进行遗产认知和价值评估，就以往的经验来看，可能尚未进行实地考察就已经推倒铲平了。

核心生产链的历史价值需要被认知，厂区在整体规划中展现的高度计划性和功能性也应被考虑，与此同时，洛阳“156 项工程”的建设规划还存在“联合选厂”的重要一环，即位于涧西区北部的洛阳矿山机器厂、洛阳第一拖拉机厂、洛阳热电厂、洛阳滚珠轴承厂和洛阳有色金属加工厂 5 个厂矿，同时选址、同时规划，虽建设与竣工时间有差别，但在规划布局上严整统一，遗产群的完整性已不单单存在于单个厂区内，在横向的厂与厂之间仍然是存在的。这也是洛阳“156 项工程”工业遗产有别于其他地区同时期工业遗产的特点所在，保护了这一完整性才是真正保护了洛阳工业遗产群的完整性。

二、保护还是拆迁——老街坊的尴尬境地

随着城市的不断扩张，原本处于城市外围边缘的工业用地渐渐变成了位于城市中心的工业用地。随着城市空间的演变，不断推动着城市工业企业的外迁。这些采取“单位大院”形式建设的街坊住区，长期缺乏更新与设施改善，又兼年久失修，且所涉及人口户数众多，居民生活环境质量下降，已无法满足人们对良好生活品质的需求。

在遗产街区的整体性方面，保护范围的划定一方面确立了被保护的对象，另一方面保护范围之外的历史街区也迅速“改朝换代”，大面积拆迁后高层商住楼拔地而起。

(一)文保街坊的破败混乱

在洛阳“156 项工程”工业遗产中，街坊是重要的生活配套设施，但这些街坊在建设初期，仅部分是在资金充足的情况下建设的，许多街坊建于 20 世纪 50 年代末以及 60 年代初，正值国家三年自然灾害经济困难时期，因资金材料匮乏，建设质量难以保证，加之半个多世纪的使用与失于修整，不少房屋已破败不堪。

在长期的居住中，有的户型被强行分成 2~3 户，对外租住，于是几户公用厨房、卫生间的现象出现，在权责不明的情况下也使得公共卫生难以保证。从生活居住社会层面来说，街坊整体建筑密度较低，内部空地较多，建设初期工人们主要采用自行车和步行方式上班，这些与当下以汽车作为主要交通工具的情况大不相同，因此，居民的随意加建、停车造成了当前院落空间的混乱无序。内部绿化无人修剪，部分社区因居住人口逐年减少，垃圾清运也不及时，景观、卫生均不理想。在建筑单体方面：建筑建造初期缺乏供热、天然气等基础设施，后期敷设致使各种管线外露于建筑立面之外；居民更换窗户、封闭阳台属个体行为，更换后的窗户、阳台各不相同，建筑立面早已失却当年的统一与韵律美感。内部空间方面：因街区的整体衰落，大量人口外迁，原有街坊多剩下老人或无力购买商品住房的人，多数房屋被分隔出租，缺乏必要的装修，公共设施如楼梯、电灯、公用厕所等年久失修，墙皮剥落，阴暗潮湿，十分不利居住生活，整体呈现颓败、萧条之态。访谈当地居民，多有怨声。沿街底层多对外打通，有小商铺，业态混杂，街面混乱。

房屋年久失修、公共设施不健全，难以满足住户对于居住、生活质量提升的需求，即便是在列入国家重点文物保护对象的 2 号、10 号街坊，内部住户也怨声载道，对保护有着强烈的抵触情绪。有能力搬离的住户都不再居住于此，街坊内现在住户多数为无力搬迁的老年人和外来的租住者。

这些在 20 世纪建厂初期让居住其中的职工家属引以为豪的街坊如今成了人们心中的“鸡肋”。图 5-26 所示为老街坊建筑内外部情况。

破败的楼梯间

阴暗的卫生间

剥落的墙体

图 5-26　老街坊建筑内部情况

这些街坊建设初期无供暖供气设施，后期加建，使其完全暴露于建筑外立面，使外立面杂乱无章，院落里私搭私建情况严重，且无车位，原本内围合的院落凌乱。沿街房屋底层多被出租成临街商铺，租户将原来的窗户开辟成店门，悬挂各种招牌。因原有院落空间宽敞，容积率低，20 世纪 90 年代在街坊空地上还兴建了许多栋公寓式单元楼房，打乱了 50 年代的苏式建筑的整体风貌。

（二）非文保街坊的迅速消失

从 2011 年至今，涧西区原有街坊的改造升级工程正紧锣密鼓地进行，与其说是改造，不如说就是一次拆除重建，整个涧西居住风貌从原有的 3~4 层苏式街坊迅速变为高层林立的现代化社区。有些风貌仍很完整但未列入保护范围的街坊被拆除殆尽，如图 5-27 所示拆除中的 5 号街坊。

紧邻文化遗产一条街保护线外，高层住宅迅速建成，没有过渡区域，形态突兀，如图 5-28 所示。

三、民生改善的呼声与遗产化认知的艰难推进

如上所述，在老街坊中居住的居民对生存环境有着强烈的不满，甚至急切希望在将来的某一天拆迁，从而住进宽敞明亮的新居。而学者专家在急切呼吁街坊的完整保留，于是，双方分别以拆迁派和保护派的姿态在网络等媒体公开展开了论战。

图 5-27　2013 年正在拆除的 5 号街坊

图 5-28　紧邻保护线外拔地而起的高层住宅

拆迁派的论点：

今天去涧西大厂的生活区照相，老人们说："我们住的是'狗窝'，有什么好照的。"

不在那住的人过去一看：这是什么历史，什么遗产，可不能扒，要保护，你们继续住吧，老人们想："你咋不住这！"

企业的退休职工根本买不起房子，一个月1000多点的退休金，有的1000都不到。只能住在老房子里等拆，很多上岁数的可能都等不到。都说工人是国家的主人，这主人过得也太悲了点。

涧西大厂职工坚决反对工业遗址保护扩大化。

拆！！！有什么保护的；过几年还是要拆的；毕竟成危房了……

保护派的观点：

把保护与发展对立起来，甚至妖魔化保护那就更是错误的。要知道大厂的职工之所以没地方住，是因为几十年间的低收入、低工资、低福利的政策造成的。到处都有公务员小区，怎么安置房迟迟不见呢？安置的方式有很多种，原地安置的成本大，效益不好，而且随着时间的推移，很多工厂的地段都已经发生质的变化，整体搬迁的厂子也很多，进行功能置换的地块是必须考虑的。只不过还是基于政绩和失效的考虑，而且决策者并不具备专业知识，往往会造成头疼医头的问题。这里需要进行更大范围的城市设计和城市功能置换，而不是打着建设的旗号搞破坏，真正专家的意见没人听，做得不好再来转移视线也是常有的事，保护是要的，但是保护不会只是机械的，更不是与提高居民生活水平对立的。

洛阳工业遗产必须系统化、完整化地保护。洛阳的历史文化遗存大部分淹没在历史的尘埃中，仅存的碎片化的历史遗存支撑不起曾有的千钧荣耀，所以我们现在才会如此苦苦地寻找洛阳历史文化光芒重现之路。洛阳工业遗产，我们还要只留给后代一些记忆的碎片吗？

……

在这一过程中暴露出的问题是：对于现代工业遗产的遗产化认知存在一定的误区，对工业遗产的认知化水平亟待提高，特别是洛阳"156项工程"工业遗产——极具典型性和代表性的中国现代工业遗产。

民生的确需要改善，但和遗产保护是不冲突的，不该把文物遗产保护视为改善民生的仇敌；居民也只是通过遗产保护过程表达了对自身生存条件的不满，二者不该被归为一谈。改善民生，在洛阳苏式街坊的问题中，并非只有拆掉老房子，建设新住宅这一种方法。

一座城市的历史记忆依托优秀的建筑遗产保存下来，保护工业文化遗产的历史风貌，也就是保存现代文明历史进程的记忆，为洛阳文化名城增添一道全新的亮色。

四、保护路径的缺乏与起步缓慢的文创产业

洛阳以历史悠久与“牡丹甲天下”闻名，近些年来在政府及各界的全力推进下，洛阳已成为全国著名的旅游城市，其许多著名的历史文化遗产都成为世界各地人们前来洛阳观瞻的目标，如世界文化遗产——龙门石窟、白马寺、关林等，在每年的四月，各地游人汇聚洛阳，观瞻声势浩大，活动繁多的国际牡丹文化节，“古都”和“牡丹”已成为洛阳两张享誉世界的城市文化名片。洛阳的“156 项工程”工业遗产，因被认知较晚，尚未进入洛阳旅游城市开发的大视野中，无论是气势恢宏的工业厂区还是红墙坡顶的苏式街坊，都仍沉寂在日常的车水马龙之中。

文化创意，这一近些年新兴的产业类型在国内一线城市发展得热火朝天，一些微小型企业在初创阶段因资金所限，多选择租用工业废弃厂房作为自己的作坊、办公以及展销场所，也因此，我国的文创产业与废旧厂房的再利用产生了密切的联系。文化创意产业的兴旺与一座城市的经济水平、市民文化修养有着密切的联系，洛阳地处内陆农业省份，文创产业尚属起步阶段，在 2014—2015 年洛阳出现了三家依托旧有小型厂区改造开发的创意产业园区。入园的企业类型包含建筑设计事务所、室内设计、数码体验馆、服装设计培训、私人收藏等业态。多功能广场还举办各类展览、演出、发布会、年会等活动。

文创产业在洛阳尚属起步阶段，文创企业也多数是小型企业，城市的经济发展水平决定了不大可能有大规模的文创发展市场。面对庞大的工业遗留厂区，不可能全部用来做文创产业园，因此未来的保护与再利用模式不能将文创产业作为改造利用的主要模式。

工业遗产的保护不同于古代文物遗产的特点之一是现代工业遗产需要“以用促保”，在再利用中延续其生命，保存其历史价值。在保护与利用方面缺乏市场，同样会造成“供需”的不平衡，这也是洛阳现代工业遗产保护再利用缺乏出口的现实困境。

（一）“在用”的状态掩盖了其作为城市文化遗产的价值

厂区内，生产运行和产品升级需要不断地改进，更换生产设备、生产线，随之发生的还有对应厂房的改、扩建和原地拆除建设新厂房；街坊里，这些老住宅年久失修，基础设施欠完善，居民急切盼望拆迁入住新居，这些都让大家忽视了其作为城市文化遗产的意义与价值。

（二）以建筑风格定价值

从目前划定的范围来看，被选入国家重点文物保护单位的确实是整个工业遗产群里建筑风格最为典型突出、保存状况最为完整的建筑，但根据本文前序的价值评价可以明确，作为如此具有代表性的洛阳 156 工业遗产，在价值评价上不够深入全面，划定的保护范围仅从建筑风格出发，未包含核心生产线，未抓住工业遗产最为核心的内容。

（三）对洛阳“156 项工程”工业遗产整体性认识不足

目前的历史文化名街与文保建筑，仍是以单体建筑作为保护对象，缺乏以工业遗产群为出发点的整体认知。而对于洛阳工业遗产群，其厂区规划，广场、绿化、附属的科教文研建筑都应包含在内，以洛阳第一拖拉机厂为例，厂区内，应从其核心生产线出发保护，既要包括目前这些年代悠久、风格突出的厂房、大门，还应包含整条生产流程上的装配车间、产品停放场、列车编组站等；附属及配套中应包含具有典型代表性的街坊，还应包含当时兴建的科教文研的相关建筑，如洛阳农机学校（今河南科技大学）1、2 号楼，体育场馆等，在城市尺度上，因“156 项工程”而完全新建的洛阳涧西区，其著名的四大广场、中州路、西苑路法桐林荫大道及其街心绿化，都是构成洛阳“156 项工程”现代工业遗产整体风貌不可或缺的组成部分，应给予高度的重视和具体的保护措施。

（四）评价与保护工作停滞不前

在洛阳涧西工业遗产街被列入中国历史文化名街后，对洛阳工业遗产的保护工作似乎再未向前推进，反而是保护线以外的地区开始大肆拆建，在《洛阳 2020 城市总体规划》中，洛阳滚珠轴承厂、洛阳铜加工厂两厂的整体搬迁和用地属性的变更，实际上需要尽快对其进行深入的遗产记录和价值评估工作，所有的改造与再利用也应建立在这一基础上。

近些年来，破坏或损毁文化遗产的事件时有发生。一些城市决策者，或处于片面追求城市化的速度以积累政功政绩，或诱于眼前的经济利益，将成片的历史街区交由房地产开发公司进行改造，使得当前的文化遗产保护工作进入了一个“危险期”[①]。民众对自己城市中的文化遗产价值和保存状况大多一无所知，甚至无暇加以了解，那些优秀的历史街区、工业遗产就在推土机的轰鸣声中荡然无存，换之以高耸入云的水泥森林……洛阳 156 现代工业遗产，作为具有突出典型代表性的 20 世纪的现代工业遗产已成为我国目前最为濒危的遗产。

① 单霁翔．文化遗产保护与城市文化建设[M]. 北京：中国建筑工业出版社，2009：22.

（五）民众对遗产的认知水平不高

对生存环境改善的强烈愿望和对遗产的认知不足使得居民将民生改善的滞后归罪于遗产保护，在房地产开发大潮下，一些未列入保护范围的完整街坊迅速消失。

（六）缺乏保护路径

文创产业在洛阳才刚刚起步，城市经济与文化发展水平尚不足以支撑大规模的文创产业园，面积巨大的厂区搬迁后，保护与再利用路径的不足也是其难于保存的困境之一。

第六章 关于洛阳“156项工程”工业遗产保护与再利用的展望

遗产保护是城市文化发展的重要组成部分，而工业遗产保护的核心问题并不是仅仅将其封存，实行“木乃伊”式的保护，这一方面不现实，大面积工业废弃地的闲置是对土地资源的浪费，也不利于城市的进一步发展；另一方面也不符合可持续发展的原则，工业遗产的保护应是“活态”[①]的，如何合理、适度的再利用是关键。

① 季宏．天津近代自主型工业遗产研究[D]．天津：天津大学，2012.

我国的《中华人民共和国文物保护法》对文物一级的建筑实施的是“修缮、保养、迁移，必须遵守不改变文物原状的原则”，这与《威尼斯宪章》中对文物级别的建（构）筑物的描述是一致的，对于在整体保护的目标下保存的一些优秀和一般的工业遗产建筑，既要尊重和保护工业遗产的历史真实性和整体风貌，还应尽力实现其可持续的再利用。

工业遗产合理的活化和再利用首先保护了工业遗产的存在，同时利用原有场地、建筑等基础设施，相较于新建项目极大地节约了基础建设成本和各种社会资源，此外，良好的再利用是城市文化产业创新的必须，是催生城市文化遗产增值和经济发展的新的增长点。因此，工业遗产的保护与再利用是该领域内又一核心问题，需要不断的探索和努力。

第一节 洛阳“156项工程”工业遗产保护与再利用的动因与原则

一、洛阳“156项工程”工业遗产保护与再利用的动因

（一）城市工业布局的调整和工业遗产的濒危性需要就洛阳“156项工程”工业遗产的保护和再利用问题迅速提上日程

洛阳“156项工程”时期工业遗产是中国工业遗产的典范。2011年4月，

以洛阳第一拖拉机厂、中铝洛铜等企业的部分厂房以及涧西区 2 号街坊、10 号街坊、11 号街坊等为代表的洛阳涧西工业遗产街被列入中国历史文化名街，成为入选的 30 条街道中唯一的工业遗产街。与之同时进行的还有城市的快速更新和房地产业的蓬勃发展，城市原有工业整体面临着“退二进三”的前景。洛阳涧西工业区建于 20 世纪 50 年代，是中国“156 项工程”时期新建工业城市的典型代表，面对城市的不断向外扩张，部分厂区也不断外迁，其中中铝洛铜和洛阳滚珠轴承厂业已完成初步的搬迁规划，紧邻其侧的拖拉机厂虽仍在使用，但经营状况惨淡。大量的工厂外迁，势必构成大面积的土地置换，原有的工业建筑和园区也将面临新的经济增长，能够列入文保范围的遗产建筑毕竟是少数，还有大部分是即将被荒废、拆除的旧有工业建筑和厂区，其中也不乏坚固耐久者和风格突出者，这些建筑同样承载着时代和历史的记忆。如何做好预防性的保护规划与可行性改造，将是未来城市文化遗产构筑和创意文化产业必须面对的课题。

（二）城市未来的发展方向为洛阳“156 项工程”工业遗产的保护与再利用提供了发展契机

2015 年上半年，经中欧双方联合评审，作为河南省唯一入选城市，洛阳市携手珠海市成为全国中欧低碳生态城市合作项目综合试点城市。其主要内容包括：

（1）出门 500m 就能到达城市绿地。至 2020 年，规划城市人均建设用地面积 93m^2，地下空间开发比例不低于 15%，混合街区比例不低于 50%，城区 500m 范围公共空间可达率不低于 90%。简单来说，九成城市区内，市民出门 500m 就能到达城市绿地、广场和运动场所等公共空间。

（2）重点选用太阳能、水能、风电等建设生态之城。至 2020 年，非石化能源占一次能源比重达到 10%！进一步扩大清洁能源利用范围，主要采取能源消费总量管理、发展可再生能源、优化能源结构等措施，选取太阳能、光伏发电、水能、风电、生物质能为建设重点。开展以市区内所有新建建筑为范围的“清洁能源综合利用示范项目”和以市区内光电、风电为主的“光伏太阳能发展试点项目”。

（3）全面执行绿色建筑标准。至 2020 年，新建建筑绿色建筑比例达到 100%，二星级以上达到 60%，三星级以上达到 20%。自今年起，洛阳市城市区新建保障性住房、建筑面积在 10 万平方米以上的商业房地产开发项目、各类政府投资的公益性建筑以及单体建筑面积超过 2 万平方米的机场、车站、宾馆、饭店、商场、写字楼等大型公共建筑，全面执行绿色建筑标准。

（4）出行交通更加绿色便捷。至 2020 年，公交出行比例达到 30%，控制小汽车出行比例至 30% 以内，同时要有政府的配套干预措施和停车场等配套硬件建设；而城区 500m 公共交通站点覆盖率达 100%，对具备条件的公交站点进行港湾式公交站点配套改造，也就是说，城区市民出门 500m 就能直达公交站点。此外，对于骑行和步行一族也有贴心规定：洛北城区和核心区自行车专用车道覆盖率达到 90%，人行林荫道覆盖率达到 90%。

（5）城市污水集中处理率达到 90%。至 2018 年，市区水资源用水总量控制在 5.5 亿立方米，纳入考核的 7 个水功能区达标 4 个以上，管网漏损率降至 13%，节水器具普及率达 98%，城市污水集中处理率达到 90%。

（6）至 2020 年，城市生活垃圾进入末端设施处理量实现零增长，生活垃圾分类体系建设完成，实现生活垃圾无害化处理，城市生活垃圾资源化利用比例提高到 50% 以上。目前，合作项目洛阳生活垃圾综合处理园区示范项目已经通过前期规划，进入招标工作；中新能孟津县污泥资源化利用项目已经投产。

（7）加大城市更新与历史文化风貌保护在有效保护与利用洛阳历史文化遗产的同时，促进城市产业结构优化，实现城市社会、经济、文化可持续发展。目前，"涧西历史街坊保护展示示范项目""洛阳古城保护与整治示范项目"已经纳入中欧低碳生态城市合作项目。

（8）鼓励特许经营等模式，来引进社会资本。

（9）重点扶持绿色产业发展。重点强化低碳管理、产业、能源、基础设施低碳化发展等方面，完善与产业发展相适应的配套基础设施，打造特色鲜明、示范意义强的低碳工业产业。

综上，低碳节能、历史风貌的进一步保护以及城市产业未来的发展目标为洛阳 156 工业遗产的再利用提供了发展契机。

（三）文化产业的迅速崛起拉动工业遗产的再利用

国内外因工业厂房、遗留地开展的改造利用项目不胜枚举，有的改造成工业景观公园，有的改造成游乐场，有的被改造成住宅、办公空间、博物馆、艺术家工作室等。新的产业与经营模式为工业遗产注入了更多的时代活力，也为工业遗产的保护与再利用提供了更多的模式与契机。

洛阳目前的发展属于二线城市，虽然没有像北京 798 艺术区、上海 1933 老场坊、西安大华 1935、成都东区音乐广场等大型工业改造项目早早开发，但伴随近年来全国工业遗产改造项目的大潮，但也在逐步做出尝试，图 6-1 为全国首批工业旅游示范点—— 一拖"东方红"工业遗产旅游。

图 6-1　第一拖拉机厂“东方红”工业遗产旅游示范点的标志

二、洛阳“156 项工程”工业遗产保护与再利用的原则

（一）历史真实性原则

街区对某一历史时期的社会、经济、文化特征应具有较高保真性（作用）。具体地讲，就是指："街区内应保存有一定数量和比例的、记载历史信息的真实的物质实体。”这类物质实体应当说主要是历史建筑，它们的规模数量应占街区现存建筑总量的主体，且比例越高反映的历史越真实。

（二）风貌完整性

街区保存的视觉环境应与历史环境具有较高的统一性。具体地讲，就是指街区内保存的历史建筑的整体风格、特色应当基本保持完全、一致，即：建造年代基本一致，布局方式基本一致，造型、结构、材料、色彩基本一致，同时还必须具有一定的规模。

（三）可持续性原则

可持续发展是 20 世纪最为重要的战略思想，业已成为国际社会的行为准则。在可持续发展观下，一条非常重要的原则就是要保证资源的公平分配，既要兼顾当代的发展，又要顾及后代的需求，不能以牺牲后代的发展为代价。自然资源的开采与使用是这样，历史文化遗产作为人类社会的文明资源也是如此，作为工业遗产，合理的利用也是节约资源、延长建筑全寿命周期的一种方式，是符合实现社会物质与文化可持续发展原则的。

第二节　洛阳“156 项工程”工业遗产保护与再利用的目标与发展模式

一、洛阳“156 项工程”工业遗产的保护和再利用的目标

洛阳“156 项工程”工业遗产分布集中，涉及的物质构成种类多，厂区面积巨大，保存的街坊又较分散，因此，在保护与再利用时应按照价值评估的结果进行分级分类对待：

第一级：作为文物保护单位的保存与保护

即洛阳第一拖拉机厂、中铝洛铜等企业的部分厂房以及涧西区 2 号街坊、10 号街坊、11 号街坊等已被列入第七批国家保护单位名单，对于此类直接依据《中华人民共和国文物保护法》进行相关的修缮与保护。

第二级：作为优秀历史风貌建筑遗产进行活态保存

通过第五章对洛阳“156 项工程”工业遗产的价值评价分析可以明确，除却上述已被列入文保单位的建筑之外，实际上还存在不少具有核心价值、风格突出、现存状况良好的建筑，在它们未被确定为文保单位之前，需要谨慎、妥善地得到保存。这些建筑仍在使用，且维持着初建时的功能本体，需要学界和社会各界的努力，参照国内目前关于优秀历史建筑的管理办法，由政府主导，进行挂牌保护。就目前状况，维持原有使用功能，避免空置是很好的保存办法，但仍需要对其进行一些必要的修缮以及在社会宣传方面的遗产认知推动。

第三级：作为工业遗产风貌区进行功能置换与再利用

厂区巨大是洛阳“156 项工程”工业遗产的一个显著特点，完全保留肯定是不现实的，也是与价值评估的指向不符的，更多的土地会被功能置换，成为住宅、商业用地，一些原有的工业建筑厂房因其具有宏大的内部空间和坚固耐久的建筑结构，具有较高的再利用价值，也是实现建筑全寿命周期可持续使用的良好方式。对于此类建筑与环境，可以适度保留和利用原有工业元素与 20 世纪 50 年代的历史风貌，进行文化产业的再开发。

第四级：作为工业遗产景观元素进行保留或再利用

旧有工业厂区的整体搬迁势必会留下大量的工业构筑物、设备、景观小品等，作为洛阳“156 项工程”工业集聚地的整体风貌的一部分，这些可以作为景观公园、社区景观元素以及工业景观游乐场、景观小品等被保留和利用，从而提升以工业遗产为文化表情的区域的整体氛围，使具有历史感的工业遗迹在当代社会文化生活继续延续其生命，时刻唤醒人们对于那个时代的历史记忆、城市记忆，增加当代城市生活的趣味和文化内涵。

二、洛阳“156 项工程”工业遗产的保护和再利用的发展模式

（一）针对区域性的改造升级

厂区的整体搬迁和城市规划的重新定位会促成大面积土地的功能置换，原有工业用地经过环境评估和合理的污染物清理，需要进一步的规划和局域的城市设计，再利用原有道路、绿化的基础上，形成新的城市功能区，这要视案例所处区域而定，需要进一步调查城市产业结构、区域经济消费、居民需求等，因地制宜。

目前常见的保护与再利用模式有：对于历史文化名街的整体性文保，即划定保护区范围的文物保护方式；对于厂区整体搬迁后依据城市未来发展规划形成新的住宅、商业综合区；在局域工厂废弃地利用原有构筑物形成城市居民社区活动中心，如文化创意产业园、景观公园、游乐场、业余培训、城市广场等形式；对历史街区进行加固、修缮、扩建等，实现风貌性的历史街区更新，活化旧社区的业态，从而实现社区内部改造升级。

（二）针对单体建筑的保护与再利用

对文保建筑进行加固、适度修缮，“修旧如旧”，保护文物建筑的历史原真性，妥善保护并利用原有内容适度展陈，如 2 号、10 号街坊，拖厂大门等。

对那些外观精美、现存状况良好的优秀历史风貌建筑进行加固、修缮、恢复等保护改造手段，延续其历史风格和使用功能，若使用功能难以继续，可采用“工业博物馆”式的保护性开发，即在确保遗产完整、真实的保护的前提下，适度改造为保存、安放相关历史档案、设备、资料的档案馆，也可结合原有生产工艺、生产线布置改造成具有民众可参与的“场景再现”式博物馆等。

对一般性的工业废弃厂房、未进入上述二者范围的街坊等建筑物实施整体功能置换，在尊重历史街区和工业遗产整体风貌的前提下，实施改造：可根据实际需要改造成工业博物馆、教育学园、创意办公 loft、商场、影剧院、休闲商业模式等。

第三节 展望

工业遗产的保护与再利用应该是建立在对其进行深入的本体价值评价和再利用潜力研究的基础上的，洛阳涧西工业区是一个整体，整体规划，整体建设，至今已走过了大半个世纪。洛阳涧西工业遗产已不仅仅是工业遗产，它更是城

市遗产，其独特性与稀缺性显而易见，需要从城市的高度来考量其保护与再利用的工作。

从城市遗产的角度，该区域内的历史建筑（20世纪50年代建设的苏式厂房、住宅等建筑）及其周边环境、历史地段（如中州西路及其周边建筑于2011年被确立为历史文化历史名街是我国目前唯一一条现代工业遗产的历史名街）、公共空间（街道、四大广场）、当时高度计划体制下的城市规划和发展形成的城市肌理、中华人民共和国成立初期大建设形成的移民及由此形成的住民社区文化、历史记忆等，都是不可多得的宝贵遗产，适度的利用，必将成为洛阳未来与“牡丹”“古都”齐名的城市名片。

附录

附录一

中国工业遗产价值评价导则

（试行）

Designation Listing Selection Guild for Chinese Industrial Heritage

(trial version)

中国文物学会工业遗产委员会

中国建筑学会工业建筑遗产学术委员会

中国历史文化名城委员会工业遗产学部

2014 年 5 月

第一部分　工业遗产价值评价指标及其解释

（1）年代

【解释】

根据《下塔吉尔宪章》，“从 18 世纪下半叶工业革命开始直到今天都是需要特别关注的历史时期，同时也会研究前工业阶段和主要工业阶段的渊源”。对于中国工业遗产而言，大致可以分为三个主要的历史时期：①1840 年以前，涵盖古代的手工业和早期工业遗存；②1840—1949 年，中国近代机器工业萌芽和发展时期；③1949 年至今，中国工业化进程全面发展的时期。

同手段（如手工业或者机器工业）、同类型（如棉纺织业）工业遗产的年代越早，越倾向提升遗产的价值，同时如果遗产所跨越的时代较多，也可作为评判其历史价值的依据。

【举例】

例如一些古代的工业遗存，如都江堰、长沙铜官窑遗址、大工山—凤凰山铜矿遗址、秦代造船遗址等因其年代较早，其遗产价值中的历史价值极高，因而需要受到重点保护。再如近代的工业遗存如京师自来水股份有限公司（北京市自来水集团），1908 年请奏筹建，1910 年开始供水，虽然其建造年代较近，但该遗址经历了晚清、北洋、日伪统治和国民政府等历史时代，至 1949 年北京和平解放才得以迅速发展，该遗存跨越的时代较多，因而需要受到重点保护。

（2）历史重要性

【解释】

指工业遗产与某种历史要素的相关性，如历史人物、历史事件、重要社团机构等，工业遗产能够反映或证实上述要素的历史状况。同时，这些历史要素具有一定的重要性。

【举例】

例如北洋水师大沽船坞工业遗存，北洋水师大沽船坞由李鸿章于 1880 年奏请建造，是中国北方最早的近代船坞，它是洋务运动遗留下来的典型工业遗存，该遗存与重要的历史事件及历史人物有重要的相关度，因而需受到重点保护。

（3）工业设备与技术

【解释】

指工业遗产的生产设备和构筑物、工艺流程、生产方式、工业景观等所具有的科技价值和工业美学价值。

其中科学技术价值指工业遗产在该行业发展中所处地位，是否具有革新性或重要性。如工业遗产率先使用某种设备，或使用了某类重要的生产工艺流程、技术或工厂系统等；此外，与该行业重要人物，如著名技师、工程师等，或重要科学研究机构组织等相关，亦能提升遗产的价值。

工业设备、构筑物、工业景观同时可能具有独特的工业美学价值，可以从产业风貌、规划设计、空间布局、体量造型、材料质感、色彩搭配、细部节点等角度评价视觉美学，也可进一步包括与工业遗产地及其功能相关的气味、声音等其他视觉以外的感官品质。

【举例】

例如天津碱厂工业遗存，其前身是天津永利制碱股份有限公司，1917 年由“中国民族化学工业之父”范旭东创建，是中国近代创建最早的制碱厂，开创了我国第一条苏尔维法制碱生产线，打破了国外的技术垄断。1939 年以侯德榜为首的永利碱厂技术人员，经数年研究创建了新的纯碱制造技术并命名为“侯氏碱法”，1949 年后由侯德榜提议改名为“联合制碱法”，至今仍是世界上最先进的制碱方法。该工业遗存的生产工艺具有重要的科技价值，在该行业中具有革新性，并且与著名技师相关，因而需要受到重点保护。

（4）建筑设计与建造技术

【解释】

工业遗产中的建筑设计、建筑材料使用、建筑结构和建造工艺本身，也可能具有重要的科技价值和美学价值。如早期的防火技术、金属框架、特殊的材料使用等，有助于提升工业遗产的科技价值。

同时，一些工业建（构）筑物具有特定的建筑美学价值，如是著名建筑师的作品或代表了某一近代建筑流派，因此体现了近代建筑艺术风格的发展，有助于提升工业建筑的建筑美学价值；同时，亦可从产业风貌、规划设计、空间布局、体量造型、材料质感、色彩搭配、细部节点等角度评价工业建筑本身的视觉美学品质。

【举例】

例如塘沽南站工业遗存，其建筑平面呈一字形展开，三角形山花如放大的老虎窗将整个立面均分成几个部分，在墙的转角或者窗户的两侧用隅石加以装饰，这类建筑在工业革命后曾一度遍布英国，具有英式建筑特征。该工业遗存因其具有特定的建筑美学价值，代表了某一近代建筑流派，因而需要受到重点保护。

北京 718 联合厂（又称华北无线电器材联合厂），是“一五”期间由民主德国援建的重点项目，建立于 1957 年，该厂早期的工业建筑完整保留至今，其主要厂房具有弧线形的锯齿形天窗，是典型的包豪斯风格，建筑工艺在当时的亚洲首屈一指，现为北京市优秀近现代建筑。该工业遗存的建造工艺本身，具有重要的科技价值，因而需要受到重点保护。

南京下关火车站工业遗存。位于南京下关龙江路 8 号，1908 年建成通车，后又两度重修，目前保留的建筑是 1947 年由杨廷宝先生进行的扩建设计，已被列入南京近代优秀建筑。该工业遗存是著名建筑师的代表作品，因而需要受到重点保护。

（5）文化与情感认同、精神激励

【解释】

指工业遗产与某种地方性、地域性、民族性，或企业本身的认同、归属感、情感联系、集体记忆等相关，或与其他某种精神或信仰相关。

一些大型工业企业在中国近代史中占有重要地位，尤其是近代中国人自主创办的民族工业，往往承载了强烈的民族认同和地域归属感。同时，近代工业企业（包括外国企业）所树立的企业文化，如科学的管理模式、经营理念和团体精神等，存在于企业职工、地方居民的集体记忆之中，成为当地居民和社区的情感归属。

【举例】

例如石景山炼厂（首钢集团）工业遗存，前身是北洋政府于 1919 年组建的龙烟铁矿股份有限公司，中华人民共和国成立后首钢发展迅速，于 1958 年建起我国第一座侧吹转炉，结束了首钢有铁无钢的历史；1964 年建成了我国第一座 30 吨氧气顶吹转炉，揭开了我国炼钢生产新的一页；1978 年钢产量达到 179 万吨，成为全国十大钢铁企业之一。中华人民共和国成立以来首钢相继进行了一系列建设和技术改造，二号高炉综合采用 37 项国内外先进技术，在我国最早采用高炉喷吹煤技术，成为我国第一座现代化高炉。1994 年首钢钢产量达到 824 万吨，列当年全国第一位。该工业遗存记载了中国人艰苦创业、发愤图强的历史，承载了强烈的民族认同和地域归属感，因而需要受到重点保护。

（6）推动地方社会发展

【解释】

指工业遗产在当代城市中对地方居民社会所发挥的作用，如历史教育、文化旅游等，以及与居民生活的相关度，如就业、工作、居住、教育、医疗等。

【举例】

例如开滦煤矿工业遗存，开滦始建于 1878 年，是洋务运动中兴办的最为成功的企业，它在中国百年工业史上具有里程碑意义，堪称中国近代工业的活化石。因开滦煤矿的发展而兴起了两座城市——唐山因煤兴市、秦皇岛因煤建港。开滦的发展带动了唐山水陆交通的发展，使唐山逐步形成了完整的交通体系，先进的工业与发达的交通刺激唐山商品经济的迅猛发展，吸引大量人员的集聚，使唐山从一座小村庄发展为一座近代化城镇；另一座城市秦皇岛，因为冬季运煤需寻找一处卸船地点，而秦皇岛是一处不冻港，因而开始筹建秦皇岛码头，开滦用此建设了自己的经理处、相关工厂及职工住宅、文化活动设施等，煤炭大量在此集散，吸引大批人群来此谋生发展，从而带动了腹地资源的发展，刺激了商品经济的发展，各种生活设施的完善，秦皇岛由过去的一座小渔村慢慢发展为一座港口城市。开滦的发展极大地推动了当地社会的发展，该工业遗产需受到重点保护。

（7）重建、修复及保存状况

【解释】

工业遗产保存状况越好，其价值会相对得到提升，当遗产的劣化和残损达到某种程度，会影响其所传递信息的真实性，进而影响到遗产价值的高低。对工业遗产的改造应具有可逆性，并且其影响应保持在最小限度内。通常，改建和重建的程度越高，越会对遗产的真实性造成影响，但是对于工业建（构）筑物，部分的重建和修复常常与其生产流程相关，其改变有可能与某个技术变革相关，因而本身就具有要加以保护的价值，需要谨慎加以评判。

【举例】

例如钱塘江大桥工业遗存，最初于 1934—1937 年修建于浙江省杭州市，是我国自行设计建造的第一座双层铁路、公路两用简支桁梁桥，它横贯钱塘南北，是连接沪杭甬、浙赣铁路的交通要道，但由于战争原因，桥在建成没几个月后便自行炸毁，抗战胜利后于 1947 年进行修复，1953 年正式通车。2000 年又对大桥进行了维修加固，这次维修加固工程是该大桥建成通车 63 年以来维修最彻底的一次，包括更换主桥公路桥的所有桥面板；重新安装排水系统和伸缩缝；对钢桁梁、钢拱及支座进行调整处理；桥墩裂缝修补及压浆封闭；桥墩局部冲刷抛石加固等措施。该工业遗存虽经过重建和修复，但其改变本身与技术变革相关，因而本身就具有要加以保护的价值。

（8）地域产业链、厂区，或生产线的完整性

【解释】

工业生产不是孤立的生产过程，而是各类生产部门之间互为原料、相互交

叉，因此工业遗产应把更大区域的产业链纳入工业遗产价值评价的考虑范围，如原材料的运输，生产和加工、储存、运输和分发等；同时，工业生产在历史上还可能形成一系列类似产业组成的地域集群，也应被考察。以上这种地域产业链、产业集群的完整性能够赋予遗产群整体及其中单件遗产以群体价值，即一处遗产可能单独看价值不一定很高，但能够与地域的产业群相关，则其自身的价值有可能获得极大提升；如果能够保护完整的遗产群体，那么其以群体面貌呈现的价值也将获得极大提升。

生产线是体现工业生产逻辑关联性的基本单元的概念，遵循工业生产逻辑性是体现其价值的要点。工业厂区是个地理范围的概念，但是由于生产线往往包含厂区中，也因为厂区也可以包括从生产到职工福利设施等一系列功能组群，因此以生产线和厂区表现完整性。完整性是工业遗产价值评价的重要方面。在考虑完整形时需要详细考察体现完整生产流程的工业建（构）筑物、机器设备、基础设施、储运交通设施等，同时还应考察企业的相关配套设施，如住宅、学校、医院、职工俱乐部等福利设施，它们也是反映工业遗产价值的一部分。包含上述一系列的生产线或生产及其相关活动的厂址，比那些仅存一部分生产流程的厂址更加具有重要性；而在一个相对不完整的厂址上，孤立存在的建（构）筑物价值会受到重要影响，除非其自身具有足够的重要性。另外随着交通的发达有可能出现跨地区的生产线形式，在界定完整性时应该优先考虑工业遗产内在逻辑关联。

【举例】

例如汉冶萍工业遗产，汉冶萍公司的前身是由张之洞于 1890 年创建的汉阳铁厂，其最初的目的是为芦汉铁路供应钢轨。1894 年汉阳铁厂建成投产，大冶铁矿同时得到开发。1896 年盛宣怀接手汉阳铁厂，同时开发萍乡煤矿。1897 年铁厂开始向京汉铁路供应钢轨。为筹集资金，盛宣怀于 1908 年决定将扩建改造后的汉阳铁厂、大冶铁矿、萍乡煤矿合并成立汉冶萍煤铁股份有限公司，成为当时远东最大的钢铁联合企业。近代的汉冶萍公司跨越了煤矿、铁矿开采和钢铁冶炼等重要行业，在空间上涉及武汉、大冶和萍乡以及上海、重庆等地，其对 19 世纪末至 20 世纪的汉、冶、萍等地从空间景观到生活生产模式等层面均产生了显著影响，是反映近代工业化进程及其影响的典型代表。汉冶萍形成了原材料的开采、运输、生产、储存和分发等地域产业链和产业地域集群，其赋予了遗产以群体价值，其中每一处单独的工业遗产价值因其整个产业链的群体价值而获得极大提升。

关于生产线，1917 年范旭东创建永利碱厂，开创了我国第一条苏尔维法制碱生产线，1926 年生产出了纯碱，范旭东将其定为“红三角”牌。打破了国外的技术垄断。此后该产品分别在美国费城举办的万国博览会和比利时工商博览会上获了金奖。因此具有重要价值。另外关于厂区附属设施 1915 年始建的久大精盐公司包含了从生产到职工福利设施等一系列功能组群，包括：主要生产车间如搅拌池、碳酸镁沉淀室与干燥车间，衍生生产车间如碳酸镁仓库与碳酸镁干燥室，辅助用房如水池、库房与办公等，以及包括图书馆（即从事科研的黄海化学研究社）、宿舍、医院、浴室等服务用房。这些都应该视为判断完整性的依据。

（9）代表性和稀缺性

【解释】

代表性指一处遗产能够覆盖和代表广泛类型的遗产，在与同类型的遗产相比较时具有更高的价值和重要性，尤其是对于比较常见的遗址类型或构筑物，代表性是评判其价值高低的重要原则。同时还应考虑各种类型的均衡性，代表性应能够覆盖不同时期、不同类型、不同地域的工业遗产，尤其是在全国范围内影响广泛的产业类型，其代表性遗产会具备更高的价值。同时，如某项遗产是该类型遗产的罕见或唯一的实例，则具有更高的价值，有必要在区域或国家范围内对该类型的所有遗产加以比较和遴选。通常，既稀缺又具有代表性的遗产具有更高的价值。

【举例】

例如中东铁路工业遗存，中东铁路是 19 世纪末 20 世纪初中国境内修筑的最长铁路，见证了中国 20 世纪早期工业化、近代化、城市化的社会经济发展历程。中东铁路跨越多个省份、多样化的自然地理区域，涉及多个遗产类型、多种文化要素，是一个规模庞大、体系复杂的线性工业遗产系统，遗产的完整性和系统性在全国具有代表性和唯一性，因而需要受到重点保护。

（10）脆弱性

【解释】

作为一项辅助性的价值评价标准，是指某些遗产特别容易受到改变或损坏，如一些结构形式特殊或复杂的建（构）筑物，其价值极有可能因疏忽对待而严重降低，因而特别需要受到谨慎精心的保护，从而提升其值得受到保护的价值。

【举例】

例如北洋水师大沽船坞位于滨海新区中心商务区，中心商务区的交通干道中央大道穿过遗址，原来的方案要开挖基坑然后回填，这样将破坏所有的船坞遗址。包括各个时期的有代表性的混凝土坞、木坞、泥坞。经过多方努力中央大道改道建设了，但是也可以认识到遗产的脆弱性，特别是泥土材料的遗产更加脆弱，一旦被破坏将大大有损其价值。

（11）文献记录状况

【解释】

《下塔吉尔宪章》在工业遗产的维护和保护中指出："鼓励对存档记录、公司档案、建筑物规划，以及工业产品的试验样本进行保存。"如果一个工业遗产有着良好的文献记录，包括遗产同时代的历史文献（如历史地图、照片或记录档案），或当代文献（如考古调查发掘等），都可能提高该遗产的价值。

【举例】

例如青岛啤酒厂早期建筑工业遗产，主要是指始建于 1903 年保存至今的办公楼、宿舍楼和糖化大楼，它们共同构成啤酒博物馆的主要馆舍。建筑由德国汉堡阿尔托纳区施密特公司施工兴建。现已将啤酒厂办公楼和宿舍楼置换为功能相近的百年历史文化陈列区，该区以丰富翔实的历史图片或文字史料展现了青岛啤酒悠久的历史、所获荣誉、青岛国际啤酒节以及国内外知名人士参观访问的盛况。原本用作啤酒生产的糖化大楼则相应置换为生产工艺区陈列区，该区展示的是青岛啤酒的老建筑物、老设备及车间环境与生产场景。该工业遗产有着良好的文献记录，提高了该遗产的价值。

（12）潜在价值

【解释】

《下塔吉尔宪章》中指出"要能够保护好机器设备、地下基础、固定构筑物、建筑综合体和复合体以及产业景观。对废弃的工业区，在考虑其生态价值的同时也要重视其潜在的历史研究价值。"

潜在价值是指遗产含有一些潜在历史信息，具备未来可能获得提升或拓展的价值。如某些遗产由于时代久远、埋藏于地下，只能使用考古调查技术才能发现其潜在的信息和价值。或一些近代由于技术保密而未能留下很多档案的遗产，未来可通过对其产品、生产过程中产生的废渣以及场地中的遗留物的深入分析，得出一些未知的信息。如果能够证明一处工业遗产具有这类潜力，则能够提升遗产的价值。

【举例】

例如北洋水师大沽船坞的"乙"坞、"丙"坞、"丁"坞、"戊"坞、"己"坞和蚊钉船坞都被埋藏于地下，等进一步的考古挖掘研究之后，或许可以发现潜在的信息如早期的船坞建筑技术等内容，从而提高大沽船坞的价值。

第二部分　关于《中国工业遗产价值评价导则（试行）》的说明

一、制定导则的意义

中国近百年的文化遗产保护经历了以使用为目的的修缮到以价值为核心的保护的渐变过程。这反映了“遗产化”的过程，即少数人的价值观成为多数人的价值观，最后成为法定保护机构的价值观的过程。在国际文化遗产保护的大背景下，中国对于文化遗产的价值认识也在逐渐深化，其结果是文化遗产种类不断增加，工业遗产就是其中较新型的遗产类型。在中国，古代建筑先于近代遗产完成了“遗产化”的过程，但是近代遗产尚处于“遗产化”的中间阶段，即很多人已经认为近代遗产具有价值，应该保护，但是还没有完全进入到“遗产化”的最后阶段，即法律保护阶段。这个时期的近代遗产十分脆弱。由于我国城镇化和产业转型的快速推进，近代遗产特别是集中反映了近代化的价值的近代工业遗产面临着严峻的挑战。加速推进对工业遗产（包括近代和古代）价值共识的进程迫在眉睫。

如何推进价值共识?《中华人民共和国文物保护法》(2002）明确了“历史、艺术、科学价值”的基本框架。正在修订的《中国文物古迹保护准则》准备将“文化价值”补充进来。但是尚没有针对不同类型遗产的容易操作的选定导则。不利于展开全国的工业遗产普查、登录和管理工作。

英国是工业革命最早的国家，在导则制定方面值得借鉴。在英国（英格兰）的遗产体系中和工业遗产相关的主要有在册古迹（Scheduled Monuments）、登录建筑（Listing Buildings）。在早期的保护中工业建筑并不在保护名单中，只有少数工业遗产如铁桥被列入“在册古迹”。1950 年开始实行登录制度，当时也只有少数工业遗产被列入“登录建筑”。2007 年英国遗产局发布登录建筑分类标准，包括了工业遗产。2011 年 4 月出版了“登录建筑”中的《工业建构筑物的认定导则》（*Designation Listing Selection Guild：Industrial Structures*），2013 年 3 月又发布“在册古迹”中的《工业遗址认定导则》（*Designation Scheduling Selection Guide：Industrial Sites*）。这些成为迄今全球范围对工业建筑遗产指定工作最详细的文件。

参考英国的导则，结合中国的国情，制定适用于中国工业遗产的价值评价导则是建立工业遗产价值共识的基础工作。目前国内已经成立了三个与工业遗产相关的委员会（中国文物学会工业遗产委员会、中国建筑学会工业建筑遗产学术委员会、中国历史文化名城委员会工业遗产学部），在这个基础平台上云集了众多工业遗产的相关研究者，为制定导则奠定了基础。

二、关于工业遗产价值评价的思考

2.1 关于文化遗产价值认定的基本框架

价值构成是对工业遗产价值的基本界定。在《下塔吉尔宪章》(2003)中所提及的工业遗产价值包括**历史价值(historical value)、科学技术价值(technological and scientific value)、社会价值(social value)、审美价值(aesthetic value)**，其中：历史价值强调工业遗产对于历史的物证意义，即“工业遗产见证了人类活动对历史和今天所产生的深刻影响”；科学技术价值则是工业遗产在制造、工程、建筑历史上所具有的价值；社会价值在于工业遗产记录了普通人的日常生活，因此具有身份认同的意义；审美价值则是指工业遗产可以通过建筑和规划的质量产生巨大的美学品质。

在“英格兰历史建筑和古迹管理委员会”(即“英国遗产”)所制订的纲领性文件《保护准则：历史环境可持续管理的政策与导则》(Conservation Principles: Policies and Guidance for the Sustainable Management of the Historic Environment，2008. 以下简称《保护准则》)中，将历史环境的价值界定为四大方面，成为英国对工业遗产价值构成理解的基本框架，包括：**物证价值(Evidential value)**，指“一个场所能够提供有关过去人类活动的物证的潜力”，紧密依赖于遗产的物质实体；**历史价值(Historical value)**，指“一个场所能够把过去的人、事件、生活的各个方面与现在相联系，使其得以展现或关联”，历史价值不像物证价值那样紧密依赖于物质实体，遗产物质实体的改变和更新并不能轻易地降低其历史价值；**美学价值(Aesthetic value)**，指“人们能够从一个场所中获得感官或智识上的激发和启迪”；**共有价值(Communal value)**，指“一个场所对于与其相关的人们具有某种含义，在他们的集体经验或记忆中扮演着角色”。包括纪念和象征价值、社会价值、精神价值，主要是指遗产或历史环境对与其直接相关的人群的价值，如它给予社区和居民的归属感、认同感、情感联系、集体记忆。

中国国内目前通行的文化遗产价值认定体系，即《中华人民共和国文物法》(2007)、《中国文物古迹保护准则》(2004)等法规准则中提出的**历史价值、科学价值、艺术价值**，强调文化遗产的固有价值。近年来，文化遗产价值的社会外延——**社会文化价值**，即遗产对于地方文化与居民社会的重要影响(类似于“英国遗产”所提出的“共有价值”)，逐渐受到重视。在以往有关工业遗产价值标准的研究中，历史、科技、艺术审美、社会文化价值构成了对工业遗产价值认识最具共识性的四个方面。

在 2012 年的第三届工业建筑遗产学术研讨会上，课题组进行了关于工业遗产价值构成的调查问卷，设定的价值因子包括历史价值、科学技术价值、美学价值、社会价值和稀缺性，请参与调查的专家学者这五个因子依重要度进行赋值。经过三轮调查评分，五项价值因子的得分排序依次为历史价值、稀缺性、科技价值、社会价值、美学价值。同时，一些专家学者补充提出工业遗产的经济价值也应是判断工业遗产价值的重要依据之一。

对于工业遗产的经济价值（或称经济利用价值、使用价值等）是否应纳入基本价值构成目前存在较多争议。课题组认为，工业遗产的经济利用价值，与工业遗产的固有价值（历史、科技、美学价值）及其社会文化价值应有所区别，对经济利用价值的评价宜另行独立开展。如在"英国遗产"所制订的《保护准则》中，也强调文化遗产在当代城市环境中所具有的使用价值（Utility and Market Values），如旅游价值、经济开发价值等，不应纳入遗产价值，它们有时能够与遗产价值兼容，有时则会与之冲突，在本质上和效用上都不同于遗产价值。

因此，本次标准力求能代表目前国内的基本共识，即工业遗产的价值构成包括四个方面，即**历史价值、科技价值、美学价值、社会文化价值**。

2.2 关于工业遗产价值认定

（1）工业遗产价值体系的国内以往研究

近年来，国内较多学者对工业遗产价值进行了研究，主要研究方向有：工业遗产价值构成（林崇熙，2012；季宏等，2012；寇怀云等，2010；汤昭等，2010；姜振寰，2009；邢怀滨等，2009；李向北等，2008；郝珺等，2008），工业遗产价值评估体系（刘翠云等，2012；刘洋，2012；张健等，2011；李先逵等，2011；张健等，2010；刘翔，2009；刘伯英等，2008；齐奕等，2008；张毅杉等，2008），工业遗产价值评价方法（刘瀚熙，2011；崔卫华等，2011；谭超，2009；刘伯英等，2006），单方面价值研究包括技术价值、社会价值和消费经济价值（季宏等，2012；唐魁玉，2011；谭超，2009；靳小钊，2009；寇怀云，2007），工业遗产个例的价值评估（李和平等，2012；刘凤凌等，2011；季宏等，2011；姚迪，2009；闫波等，2009；吕舟，2007）等几个方面。将其对工业遗产价值构成及体系构建的研究整理如表 1 所示。

国内工业遗产价值体系研究现状汇总表　　表1

一级标准	二级标准	提出者和文献来源
历史价值	时间久远	刘伯英等，2010；张健等，2010；刘翔，2009；齐奕等，2008；蒋楠，2013
	时间跨度	刘瀚熙，2012
	与历史人物的相关度及重要度	刘伯英等，2010；张毅杉等，2008；李先逵等，2011；刘瀚熙，2012；蒋楠，2013；刘洋，2010
	与历史事件的相关度及重要度	刘伯英等，2010；张毅杉等，2008；张健等，2010；蒋楠，2013
	与重要社团或机构的相关度及重要度	蒋楠，2013
	在中国城市产业史上的重要度	张毅杉等，2008；刘翔，2009
科学技术价值	行业开创性	刘伯英等，2010；张健等，2010；齐奕等，2008；李先逵等，2011
	生产工艺的先进性	刘伯英等，2010；张毅杉等，2008；刘瀚熙，2012
	建筑技术的先进性	张毅杉等，2008；蒋楠，2013
	营造模式的先进性	刘翔，2009
审美艺术价值	产业风貌	刘伯英等，2010；张毅杉等，2008；张健等，2010；齐奕等，2008
	建筑风格特征	张健等，2010；张毅杉等，2008；齐奕等，2008
	空间布局	张健等，2010；刘瀚熙，2012；刘翔，2009
	建筑设计水平	刘翔、蒋楠，2013
社会文化价值	企业文化	刘伯英等，2010；张健等，2010；李先逵等，2011
	推动当地经济社会发展	张毅杉等，2008；李先逵、刘瀚熙，2012；蒋楠，2013
	与居民的生活相关度	张毅杉等，2008；刘瀚熙，2012
	归属感	张健等，2010；刘伯英等，2010；刘瀚熙，2012
生态环境价值	自然环境	张健等，2011；刘洋，2012
	景观现状	张健等，2011
	人文环境	刘洋，2012
精神情感价值	精神激励	刘翔，2009
	情感认同	刘翔，2009；刘洋，2012
真实性		张健等，2010；刘翔，2009；刘洋，2010
完整性		张健等，2010；刘翔，2009；刘瀚熙，2012
独特性		李和平等，2012
稀缺性		李和平等，2012
濒危性		李先逵等，2011
唯一性		李先逵等，2011

上述工业遗产价值指标的多样性也代表着“遗产化”过程中不同角度的价值取向，代表着中国文化遗产保护语境下的思考。国内研究及其提出的标准主要围绕工业遗产的四大价值进行深化和细化，同时部分研究也提出了真实性、完整性、濒危性、唯一性等其他在评估认定中影响工业遗产价值的因素。我们认为应在上述思考的基础上，参考国外成熟经验，构筑既系统全面，又更能体现工业遗产特征的专门化标准。

（2）英国的工业遗产认定评价标准

英国国家层面的文化遗产保护体系中，与工业遗产相关的为“在册古迹”（scheduling monuments）和“登录建筑”（listing buildings）。前者主要针对的是考古遗址，以及自然或自然与人工共同构成的景观，涉及工业遗产的为“工业遗址”（Industrial Sites）；后者主要针对历史建筑和构筑物，涉及工业遗产的为“工业构筑物”。两类保护体系都由“英国遗产”公布有详细的认定标准，其中与工业遗产相关的认定标准文件主要包括四个：①“在册古迹”的总体认定原则：“Scheduled Monuments: Identifying, protecting, conserving and investigating nationally important archaeological sites under the Ancient Monuments and Archaeological Areas Act 1979”，2010 年 3 月由英国文化部颁布。②“在册古迹”中的工业遗址认定导则：“Designation Scheduling Selection Guide: Industrial Sites”，2013 年 3 月由“英国遗产”发布。③“登录建筑”的总体认定原则：“Principles of Selection for Listing Buildings: General principles applied by the Secretary of State when deciding whether a building is of special architectural or historic interest and should be added to the list of buildings compiled under the Planning（Listed Buildings and Conservation Areas）Act 1990”，2010 年 3 月由英国文化部颁布。④“登录建筑”中工业建（构）筑物的认定导则：“Designation Listing Selection Guide: Industrial Structures”，2011 年 4 月由“英国遗产”发布。

表 2 汇总了上述文件中提出的一系列与工业遗址和建（构）筑物相关的评价认定标准。可以看出在文化遗产认定评价的通用原则基础上，“英国遗产”制订了更加针对工业遗产、可操作性更强的专门性标准，并在此基础上，提出了细化到各个行业部门的更为详细的细则。

上述标准中，围绕工业遗产科技和建筑价值的界定、工业遗产的完整性与群体价值、工业遗产重建修复所产生的真实性问题、稀缺性和代表性、脆弱性、文献记录状况、潜力等方面提出了更加全面和针对性的标准，为国内标准的制定提供了重要参考。

英国工业遗产认定标准汇总 表 2

"在册古迹"（Scheduling Monuments）		"登录建筑"（Listing Buildings）	
"在册古迹"认定总原则《Scheduled Monuments》（2010）	工业遗址认定导则《Designation Scheduling Selection Guide Industrial Sites》（2013）	"登录建筑"认定总原则《Principles of Selection for Listing Buildings》（2010）	工业构筑物认定导则《Designation Listing Selection Guide Industrial Structure》（2011）
总体标准 ·年代 （Period） ·稀有性 （Rarity） ·文献记录状况 （Documentation） ·群体价值 （Group Value） ·现存状况 （Survival / Condition） ·脆弱性 （Fragility/Vulnerability） ·多样性 （Diversity） ·潜力 （Potential）	历史综述：分为史前和罗马时期、盎格鲁－撒克逊和维京时期、中世纪、1550—1700 年、1700—1815 年、1815—1914 年六个时期来对工业遗址进行阐述。 **总体标准** ·年代（Period） ·稀有性，代表性和选择性 （Rarity，Representativity，Selectivity） ·文献记录状况 （Documentation） ·历史重要性 （Historic importance） ·群体价值 （Group value） ·遗存现状 （Survival / Condition） ·潜力 （Potential）	法定标准 （Statutory Criteria） ·建筑价值 （Architectural Interest） ·历史价值 （Historic Interest） **一般原则** （General Principles） ·年代和稀有性 （Age and Rarity） ·美学价值 （Aesthetic Merits） ·选择性（Selectivity） ·国家价值 （National Interest） ·修复状态 （State of Repair）	历史综述：分为 1700 年以前、1700—1815 年、1815—1914 年和 1914 年至今四个时期来对工业构筑物进行阐述。 **总体标准** ·更广泛的产业文脉 （The Wider Industrial Context） ·地域因素 （Regional Factors） ·完整的厂址 （Integrated Sites） ·建筑与生产流程 （Architecture and Process） ·机器 （Machinery） ·技术革新 （Technical Innovation） ·重建和修复 （Rebuilding and Repair） ·历史价值 （Historic Interest） **分类详述** 英国将工业构筑物分为原料开采、加工与制造、储存与分发三大类，针对每一类中不同类型分别给出详细认定导则

（3）工业遗产价值评价指标的初步遴选

在 2013 年的第四届工业建筑遗产学术研讨会上，课题组在综合国内学者的既往研究成果，并参考英国工业遗产的价值认定标准基础上，归纳提出了中国工业遗产价值评价的初选指标（图 1）。分为两个部分，首先是围绕四大价值构成因子进行深化并提炼，其次参照英国导则和国内研究，增加了真实性、完整性、代表性、稀缺性、脆弱性、多样性、文献记录状况、潜在价值等其他影响遗产价值的评价因子，其与国外以往研究和英国导则之间的关系见表 3。与会专家学者围绕该导则草案进行了热烈讨论，提出了一系列修改意见。

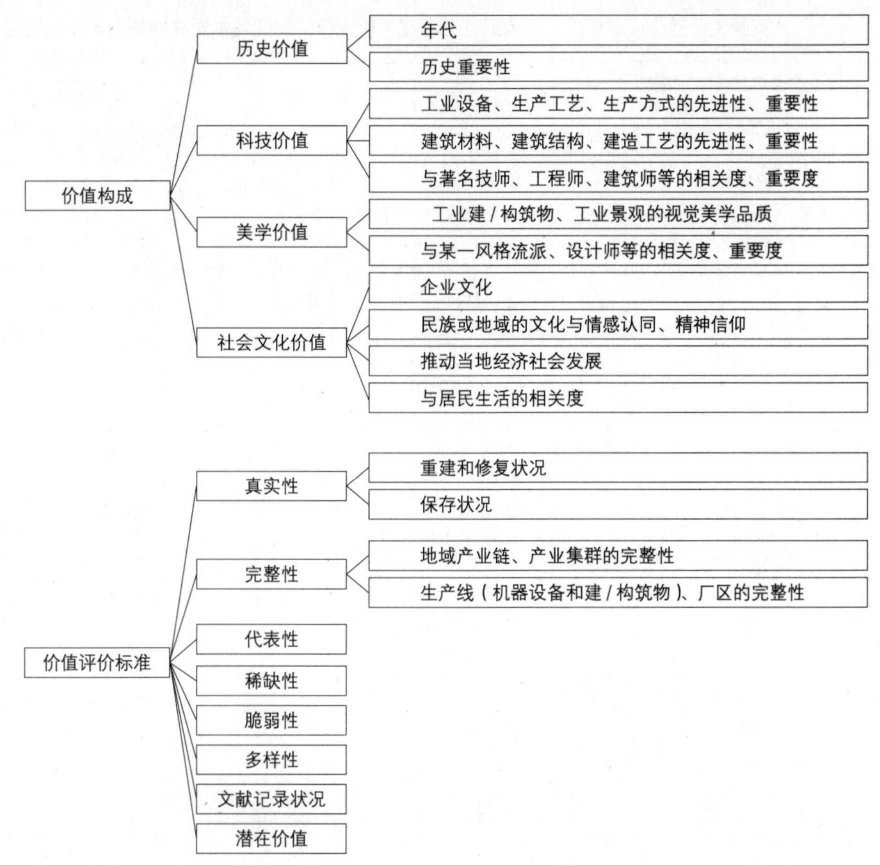

图 1　中国工业遗产价值评价的初选指标

三、工业遗产价值评价指标的遴选及其原则

3.1　选取原则

（1）兼顾指标的完备性和精炼性的原则

完备性就是要求内容要全面。工业遗产价值评估所涵盖的内容较为广泛，其指标会涉及工业遗产的方方面面，因此在指标选择上不应遗漏重要方面，应力求涵盖全面一些。但需要注意的是，我们不能单纯通过增加指标的数量来实现指标体系的完备性，因为如果指标数量过多则会加大运行成本，降低运行效率，甚至无法操作。因此还必须遵循精炼性原则。精炼性就是要求指标要少而精，尽量选择那些最具有代表性的指标。但是指标数量也不宜过少，过少则不便于检查问题所在，从而减弱指标体系的分析功能。

（2）兼顾客观性指标和主观性指标的原则

主观性指标是与客观性指标相对而言的，它是用来反映人们主观感受，反映人们对工业遗产的直接体验和人们对工业遗产主观感觉的标志。它是通过对

英国工业遗产认定指标、国内既往工业遗产价值评价研究与本次建立的初选指标的相关关系　　表 3

英国工业遗产价值认定指标汇总	国内工业遗产价值评价指标研究汇总	本次初选的工业遗产价值评价指标
物证价值 历史价值（含建筑价值和科技价值）·年代 ·历史重要性 ·建筑价值 ·技术革新	历史价值·时间久远 ·时间跨度 ·与历史人物的相关度及重要度 ·与历史事件的相关度及重要度 ·与重要社团或机构的相关度及重要度 ·在中国城市产业史上的重要度 科技价值·行业开创性 ·生产工艺的先进性 ·建筑技术的先进性 ·营造模式的先进性	历史价值·年代 ·与历史人物、历史事件、重要社团或机构的相关度及重要度 ·物证价值 科技价值·工业设备、生产工艺、生产方式的先进性、重要性 ·建筑结构、材料、建造工艺、规划设计等的先进性、重要性 ·与著名技师、工程师、建筑师等的相关度、重要度
美学价值	美学价值·产业风貌 ·建筑风格特征 ·空间布局 ·建筑设计水平	美学价值·工业建（构）筑物及景观的视觉美学品质 ·与某风格流派、设计师等相关度、重要度
共有价值·纪念和象征价值 ·社会价值 ·精神价值	社会文化价值·归属感 ·推动当地经济社会发展 ·与居民的生活相关度 ·企业文化 精神情感价值·精神激励 ·情感认同 生态环境价值·自然环境 ·景观现状 ·人文环境	社会文化价值·精神文化价值 ·社会价值
真实性·重建和修复 ·现存状况 完整性·更广泛的产业文脉 群体价值·完整的厂址 ·机器 代表性·国家价值 ·地域因素 稀缺性 脆弱性 多样性 文献记录状况 潜力	真实性 完整性 独特性 稀缺性、唯一性 濒危性、脆弱性	真实性·重建和修复状况 ·保存状况 完整性和群体价值·地域产业链、产业集群的完整性 ·厂区完整性 代表性 稀缺性 脆弱性 多样性 文献记录状况 潜在价值

注：英国工业遗产认定指标是在表 1 基础上整理而成，并参照《Conservation Principle》（2008）中的“英国遗产”对文化遗产价值的基本定义；国内工业遗产价值评价各条标准的提出人及文献来源参见表 2。

人们的心理状态、情绪、意愿、满意度等进行测量而获得。研究证明，客观性指标与主观性指标两者常发生不一致的情况：客观的肯定性指标的上升（如收入水平的提高）并不等于人们满意程度的提高。一方面，在相同的客观指标下往往会掩盖着不同的主观态度；另一方面，在不相同的客观指标下也会掩盖相同的主观态度。

（3）兼顾科学研究与实际工作需要的原则

科学研究的直接目的是探索事物的内在规律性，实现其学术认识价值；实际工作的目的是要解决某种现实问题，实现其社会功利价值。本课题作为国家社科基金项目，首先是一项科学研究活动，但不能为学术而学术，为评估而评估，必须要考虑到这套指标体系将来在实际工作中的应用问题。所以在选择指标时，应该充分注意它们和与实际工作联系的程度，以及相关职能部门在实际工作中使用上的便利性。

（4）兼顾国际标准和中国国情的原则

国际标准是国际上（主要是指西方社会）通用的一些评价工业遗产的指标，如完整性、真实性、稀缺性，等等。在当代全球一体化的大趋势下，我们在指标的选择上应当尽可能地与国际接轨。但是也要看到，我们和西方社会在政治制度、经济发展水平和文化传统诸方面都有很多不同之处。其中有些指标并不能准确说明我国的问题，因此应当根据我国的国情加以灵活变通。

3.2 中国工业遗产价值评价指标选取

本次选取的标准尝试能直接体现工业遗产的自身特征、具有可操作性。因此在前次提出的初选指标基础上进行了简化和提炼，归纳为以下 12 项指标：

（1）年代；

（2）历史重要性；

（3）工业设备与技术；

（4）建筑设计与建造技术；

（5）文化与情感认同、精神激励；

（6）推动地方社会发展；

（7）重建、修复及保存状况；

（8）地域产业链、厂区，或生产线的完整性；

（9）代表性和稀缺性；

（10）脆弱性；

（11）文献记录状况；

（12）潜在价值。

其中，（1）年代和（2）历史重要性，体现工业遗产的历史价值；（3）工业设备与技术和（4）建筑设计与建造技术，从工业生产和工业建筑两方面体现工业遗产的科技价值和美学价值；（5）文化与情感认同、精神激励，关注工业遗产的精神文化层面的价值；（6）推动地方社会发展，关注工业遗产在当代对地方社区居民社会生活的价值；（7）重建、修复及保存状况，与工业遗产的真实性问题直接相关；（8）地域产业链、厂区，或生产线的完整性，主要强调工业遗产不同层面的完整性问题；（9）代表性和稀缺性、（10）脆弱性、（11）文献记录状况、

（12）潜在价值，是其他对工业遗产价值具有重要影响的因素。

另外英国的“Designation Listing Selection Guide: Industrial Structures”框架中包括了对于工业技术史的陈述。限于目前对于中国工业技术史研究的不足，该部分将进一步完善，本次不列入。另外和工业技术史研究相关的历史上工业建（构）筑物的分类问题也有很多值得探讨的问题。中国目前有《国民经济行业分类代码索引》（GB-T 4754-2011），其中有有关工业生产部分，即门类 B~ 门类 G。但是不针对古代或者近代遗产。英国将工业遗产的类型分为原料开采、加工与制造、储存与分配三类，下面又分为若干小类，便于在选定工业遗产时参考，附在这里，供参考。

①原料开采：

煤矿、金属矿、采石场、石灰窑。

②加工与制造：

玉米碾磨工厂（及类似的）、造纸厂、纺织厂、漂白和印刷厂、纺织车间、金属和其他工厂、饮料和食品加工、烘干厂房、啤酒厂、酿酒厂、食品加工建筑、机器制造厂、铁路和农业机器制造厂、汽车和飞机工厂、熔炉。

③储存与分配：

仓库、中转仓库及堆场。

人们对于遗产价值的认知过程是个动态的过程，因此本导则也处于不断完善的过程，鉴于国内的紧迫情况制定试行导则，抛砖引玉，以期在实践的检验中不断完善。

国家社科重大项目“我国城市近现代工业遗产保护体系研究”课题组执笔

2014 年 5 月 29 日

附录二

“156 项工程”中正式施工的项目列表

项目名称	建设性质	建设地点	建设期限（年）	建设规模
总计	150 项			
（一）“一五”时期开工项目 147 个				
煤炭（25 项）采煤 2165 万吨，洗煤 950 万吨				
鹤岗东山 1 号立井	续建	鹤岗	1950—1955	采煤 90 万吨
鹤岗兴安台 10 号立井	续建	鹤岗	1952—1956	采煤 150 万吨
辽源中央立井	续建	辽源	1950—1955	90 万吨
阜新平安立井	续建	阜新	1952—1957	150 万吨
阜新新邱 1 号立井	新建	阜新	1954—1958	60 万吨
阜新海州露天矿	续建	阜新	1950—1957	300 万吨
兴安台洗煤厂	新建	鹤岗	1957—1959	洗煤 150 万吨
城子河洗煤厂	新建	鸡西	1957—1959	150 万吨
城子河 9 号立井	新建	鸡西	1955—1959	采煤 75 万吨
山西潞安洗煤厂	新建	潞南	1956—1958	洗煤 200 万吨
焦作中马村立井	新建	焦作	1955—1959	采煤 60 万吨
兴安台 2 号立井	新建	鹤岗	1956—1961	采煤 150 万吨
大同鹅毛口立井	新建	鹤岗	1957—1961	采煤 120 万吨
淮南谢家集中央洗煤厂	新建	淮南	1957—1959	洗煤 100 万吨
兴化湾沟立井	新建	兴化	1956—1958	洗煤 60 万吨
峰峰中央洗煤厂	新建	峰峰	1957—1959	洗煤 200 万吨
抚顺西露天矿	改建	抚顺	1953—1959	采煤 300 万吨
抚顺龙凤矿	改建	抚顺	1953—1958	洗煤 90 万吨
抚顺老虎台矿	改建	抚顺	1953—1957	洗煤 80 万吨
抚顺胜利矿	改建	抚顺	1953—1957	洗煤 90 万吨
双鸭山洗煤厂	新建	双鸭山	1954—1958	洗煤 150 万吨
铜川王石凹立井	新建	铜川	1957—1961	采煤 120 万吨

续表

项目名称	建设性质	建设地点	建设期限（年）	建设规模
峰峰通顺3号立井	新建	峰峰	1957—1961	采煤120万吨
平顶山2号立井	新建	平顶山	1957—1960	采煤90万吨
抚顺东露天矿	新建	抚顺	1956—1961	油母页岩700万立方米
石油（2项）炼油170万吨				
兰州炼油厂	新建	兰州	1956—1959	炼油100万吨
抚顺第二制油厂	改建	抚顺	1956—1959	页岩原油70万吨
电力（25项）装机288.65万千瓦				
阜新热电站	扩建	阜新	1951—1958	15万千瓦
抚顺电站	扩建	抚顺	1952—1957	15万千瓦
重庆电站	新建	重庆	1953—1954	2.4万千瓦
丰满水电站	扩建	丰满	1951—1959	42.25千瓦
大连热电站	扩建	大连	1954—1956	2.5万千瓦
太原第1热电站	新建	太原	1953—1957	7.4万千瓦
西安热电站（1~2期）	新建	西安	1952—1957	4.8万千瓦
郑州第2热电站	新建	郑州	1952—1953	1.2万千瓦
富拉尔基热电站	新建	富拉尔基	1952—1955	5万千瓦
乌鲁木齐热电站	新建	乌鲁木齐	1952—1959	1.9万千瓦
吉林热电站	扩建	吉林	1956—1958	10万千瓦
太原第2热电站	新建	太原	1956—1958	5万千瓦
石家庄热电站1~2期	新建	石家庄	1956—1959	4.9万千瓦
户县热电站1~2期	新建	户县	1956—1960	10万千瓦
兰州热电站	新建	兰州	1956—1958	10万千瓦
青山热电站	扩建	武汉	1956—1959	11.2万千瓦
个旧热电站	新建	个旧	1954—1958	2.8万千瓦
包头四道沙河热电站	新建	包头	1957—1960	5万千瓦
包头宁家壕热电站	新建	包头	1957—1960	6.2万千瓦
佳木斯纸厂热电站	新建	佳木斯	1955—1957	2.4万千瓦
株洲热电站	新建	株洲	1955—1957	1.2万千瓦
成都热电站	新建	成都	1956—1958	5万千瓦
洛阳热电站	新建	洛阳	1956—1958	7.5万千瓦
三门峡水利枢纽	新建	陕县	1956—1969	110万千瓦
北京热电站	新建	北京	1958—1959	10万千瓦
钢铁（7项）铁670万吨，钢636.6万吨，钢材360万吨				
鞍山钢铁公司	改建	鞍山	1952—1960	铁250万吨，钢320万吨，钢材250万吨
本溪钢铁公司	改建	本溪	1953—1957	铁110万吨
富拉尔基特钢厂1~2期	新建	富拉尔基	1953—1958	钢16.6万吨
吉林铁合金公司	新建	吉林	1953—1956	铁合金4.35万吨
武汉钢铁公司	新建	武汉	1955—1962	生铁150万吨，钢152万吨，钢材110万吨

续表

项目名称	建设性质	建设地点	建设期限（年）	建设规模
包头钢铁公司	新建	包头	1956—1962	生铁 160 钢 150
热河钒钛矿	新建	承德	1956—1958	钛媒 7000 吨，钒铁 1000 吨
有色金属（11 项）				
抚顺铝厂 1~2 期	改建	抚顺	1952—1957	铝锭 3.9 万吨，铝 0.12 万吨
哈尔滨铝加工厂 1~2 期	新建	哈尔滨	1952—1958	铝材 3 万吨
吉林电缆厂	新建	吉林	1953—1955	石墨制品 2.23 万吨
株洲硬质合金厂	新建	株洲	1955—1957	硬质合金 500 吨
杨家杖子钼矿	新建	杨家杖子	1956—1958	钼矿 4700 吨
云南锡业	新建	个旧	1954—1958	锡 3 万吨
江西大吉山钨矿	新建	赣南	1955—1959	采选 1600 吨 / 日
江西西华山钨矿	新建	大余	1956—1959	采选 1856 吨 / 日
江西岿美山钨矿	新建	定南	1956—1959	采选 1570 吨 / 日
白银有色金属公司	新建	白银	1956—1962	电铜 3 万吨 硫酸 2.5 万吨
洛阳有色金属加工厂	新建	洛阳	1957—1962	铜材 6 万吨
化工（7 项）合成氨 15.4 万吨，硝酸铵 18.8 万吨				
吉林染料厂	新建	吉林	1955—1958	合成染料及中间体 7385 吨
吉林氮肥厂	新建	吉林	1954—1957	合成氨 5 万吨 硝酸铵 9 万吨
吉林电石厂	新建	吉林	1955—1957	电石 6 万吨
太原化工厂	新建	太原	1954—1958	硫酸 4 万吨
兰州合成橡胶厂	新建	兰州	1956—1960	合成橡胶 1.5 万吨
太原氮肥厂	新建	太原	1957—1960	合成氨 5.2 万吨， 硝酸铵 9.8 万吨
兰州氮肥厂	新建	兰州	1956—1959	合成氨 5.2 万吨， 硝酸铵 9.8 万吨
机械（24 个）				
哈尔滨锅炉厂 1~2 期	新建	哈尔滨	1954—1960	高中压锅炉 4080 吨 / 年
长春第一汽车厂	新建	长春	1953—1956	解放牌汽车 3 万辆
沈阳第一机床厂	新建	沈阳	1953—1955	车床 4000 台
哈尔滨量具刀具厂	新建	哈尔滨	1953—1954	量具刀具 512 万副
沈阳风动工具厂	改建	沈阳	1952—1954	各种风动工具 2 万台 /554 万吨
沈阳电缆厂	改建	沈阳	1952—1954	各种电缆 3 万吨
哈尔滨仪表厂	新建	哈尔滨	1953—1956	电气仪表 10 万只， 汽车仪表 5 万套， 电度表 60 万套
哈尔滨汽轮机厂（1~2 期）	新建	哈尔滨	1954—1960	汽轮机 60 万千瓦
沈阳第二机床厂	改建	沈阳	1955—1958	各种机床 4497/ 台 / 1.6 万吨

续表

项目名称	建设性质	建设地点	建设期限（年）	建设规模
武汉重型机床厂	新建	武汉	1955—1959	机床 380 台
洛阳拖拉机厂	新建	洛阳	1956—1959	拖拉机 1.5 万台
洛阳滚珠轴承厂	新建	洛阳	1954—1958	滚珠轴承 1000 万套
兰州石油机器厂	新建	兰州	1956—1959	石油设备 1.5 万吨
西安高压电瓷厂	新建	西安	1958—1961	各种电瓷 1.5 万吨
西安开关整流器厂	新建	西安	1958—1961	高压开关 1.3 万套
西安绝缘材料厂	新建	西安	1956—1960	各种绝缘材料 6000 吨
西安电力电窗容器厂	新建	西安	1956—1958	电力电容器 100 千伏 6.1 万只
洛阳矿山机器厂	新建	洛阳	1956—1958	矿山机械设备 2 万吨
哈尔滨电机厂汽轮发电机车间	新建	哈尔滨	1954—1960	汽轮发电机 60 万千瓦
富拉尔基重机厂	新建	富拉尔基	1954—1960	轧机炼铁炼钢设备 6 万吨
哈尔滨碳刷厂	新建	哈尔滨	1956—1958	电刷及碳素制品 100 吨
哈尔滨滚珠轴承厂	改建	哈尔滨	1957—1959	滚珠轴承 655 万套
湘潭船用电机厂	新建	湘潭	1957—1959	电机 11 万千瓦
兰州炼油化工机械厂	新建	兰州	1956—1959	化工设备 2.5 万吨
轻工（1 项）				
佳木斯造纸厂	新建	佳木斯	1953—1957	水泥纸袋 5 万吨
医药（2 项）				
华北制药厂	新建	石家庄	1954—1958	青霉素链霉素等 115 吨，淀粉 1.5 万吨
太原制药厂	新建	太原	1954—1958	磺胺 1200 吨
军工（43 项）				
航空部（12 项）				
黑龙江 120 厂	改建	哈尔滨	1953—1955	
黑龙江 122 厂	改建	哈尔滨	1953—1955	
辽宁 410 厂	改建	沈阳	1953—1957	
辽宁 112 厂	改建	沈阳	1953—1957	
江西 320 厂	改建	南昌	1953—1957	
湖南 331 厂	改建	株洲	1955—1956	
陕西 113 厂	新建	西安	1955—1957	
陕西 114 厂	新建	西安	1955—1957	
陕西 115 厂	改建	兴平	1955—1957	
陕西 212 厂	新建	兴平	1955—1957	
陕西 514 厂	新建	兴平	1955—1962	
陕西 422 厂	新建	兴平	1955—1958	
电子部（10 项）				
北京 774 厂	改建	北京	1954—1956	
北京 738 厂	新建	北京	1955—1957	

续表

项目名称	建设性质	建设地点	建设期限（年）	建设规模
陕西 781 厂	新建	渭南	1955—1958	
陕西 782 厂	新建	宝鸡	1956—1957	
四川 784 厂	新建	成都	1957—1960	
四川 715 厂	新建	成都	1955—1957	
四川 788 厂	新建	成都	1957—1960	
陕西 786 厂	新建	西安	1956—1958	
四川 719 厂	新建	成都	1957—1959	
山西 785 厂	新建	太原	1956—1959	
兵器部（16 项）				
山西 616 厂	新建	大同	1953—1958	
山西 748 厂	新建	太原	1953—1958	
山西 245 厂	新建	太原	1956—1959	
山西 768 厂	新建	太原	1956—1958	
山西 908 厂	新建	太原	1956—1958	
内蒙古 447 厂	新建	包头	1956—1959	
内蒙古 617 厂	新建	包头	1956—1960	
陕西 847 厂	新建	西安	1955—1957	
陕西 248 厂	新建	西安	1955—1957	
陕西 803 厂	新建	西安		
陕西 844 厂	新建	西安	1956—1959	
陕西 843 厂	新建	西安	1956—1959	
陕西 804 厂	新建	西安	1956—1960	
陕西 845 厂	新建	鄠县	1955—1958	
甘肃 805 厂	新建	郝家川	1956—1960	
山西 884 厂	新建	太原	1955—1959	
航天部（2 项）				
北京 211 厂	新建	北京	1954—1957	
辽宁 111 厂	改建	沈阳	1953—1956	
船舶公司（3 项）				
辽宁 431 厂	新建	葫芦岛	1956—1960	
河南 407 厂	新建	洛阳	1956—1960	
陕西 408 厂	新建	兴平	1956—1960	
（二）"二五"时期开工项目 3 项				
有色金属（2 项）				
东川矿务局	新建	东川	1958—1961	
会泽铅锌矿	新建	会泽	1958—1962	
军工（1 项）				
山西 874 厂	新建	侯马	1958—1966	

资料来源：董志凯，吴江．新中国工业的奠基石——156 项建设研究（1950—2000），广州：广东经济出版社，2004：153-159

参考文献

一、中文论著

[1] 国家文物局．国际文化遗产保护文件选编 [C]. 北京：文物出版社，2007.

[2] 刘伯英．中国工业建筑遗产调查与研究 [C]. 北京：清华大学出版社，2009.

[3] 刘先觉．近代优秀建筑遗产的价值与保护 [M]. 北京：清华大学出版社，2003.

[4] 单霁翔．从“功能城市”走向“文化城市”[M]. 天津：天津大学出版社，2003.

[5] 单霁翔．从“文物保护”走向“文化遗产保护”[M]. 天津：天津大学出版社，2003.

[6] 单霁翔．文化遗产保护与城市文化建设 [M]. 北京：中国建筑工业出版社，2009.

[7] 阮仪三．城市遗产保护论 [M]. 上海：上海科学技术出版社，2005.

[8] 张松．历史城市保护学导论——文化遗产和历史环境保护的一种整体性方法 [M]. 上海：同济大学出版社，2008.

[9] 上海市文物管理委员会．上海工业遗产新探 [M]. 上海：上海交通大学出版社，2009.

[10] 刘会远，李蕾蕾．德国工业旅游与工业遗产保护 [M]. 北京：商务印书馆，2007.

[11] 方一兵，汉冶萍．公司与中国近代钢铁技术移植 [M]. 北京：科学出版社，2011.

[12] 路红，姜书明．和谐人居——中国城镇小康住宅发展的理想目标 [M]. 北京：中国建筑工业出版社，2007.

[13] 王建国．后工业时代产业建筑遗产保护更新 [M]. 北京：中国建筑工业出版社，2008.

[14] 徐苏斌．中国近代建筑学的诞生 [M]. 天津：天津大学出版社，2010.

[15] 刘伯英，冯钟平．城市工业用地更新与工业遗产保护 [M]. 北京：中国建筑工业出版社，2009.

[16] 祝慈寿．中国工业技术史 [M]. 重庆：重庆出版社，1995.

[17] 朱文一，刘伯英．中国工业建筑遗产调查、研究与保护（一）[C]//2010 中国首届工业建筑遗产学术研讨会论文集，北京：清华大学出版社，2011.

[18] 朱文一，刘伯英．中国工业建筑遗产调查、研究与保护（二）[C]//2011 中国第二届工业建筑遗产学术研讨会论文集，北京：清华大学出版社，2012.

[19] 朱文一，刘伯英．中国工业建筑遗产调查、研究与保护（三）[C]//2012 中国第三届工业建筑遗产学术研讨会论文集，北京：清华大学出版社，2013.

[20] 朱文一，刘伯英．中国工业建筑遗产调查、研究与保护（四）[C]//2013 中国第四届工业

建筑遗产学术研讨会论文集，北京：清华大学出版社，2014.

[21] 朱文一，刘伯英 . 中国工业建筑遗产调查、研究与保护（五）[C]//2014 中国第五届工业建筑遗产学术研讨会论文集，北京：清华大学出版社，2015.

[22] 董志凯，吴江 . 新中国工业的奠基石：156 项建设研究 [M]. 广州：广东经济出版社，2004.

[23] 李德华 . 城市规划原理 [M]. 北京：中国建筑工业出版社，2001.

[24] 邹德慈等 . 新中国城市规划发展史研究 [M]. 北京：中国建筑工业出版社，2014.

[25] 邹德侬，戴路，张向炜 . 中国现代建筑史 [M]. 北京：中国建筑工业出版社，2010.

[26] 王兴平，石峰，赵立元 . 中国近现代产业空间规划设计史 [M]. 南京：东南大学出版社，2014.

[27] 汪海波 . 新中国工业经济史 [M]. 北京：经济管理出版社，1986.

[28] 牛运德，任建勋，方正，方河才 . 重型机械行业发展简史 [M]. 西安：当代中国的重型矿山机械工业编纂委员会出版，1986.

[29]《当代中国》丛书编辑部 . 当代中国的基本建设（上）[M]. 北京：中国社会科学出版社，1989.

[30]《当代中国》丛书编辑部 . 当代中国的基本建设（下）[M]. 北京：中国社会科学出版社，1989.

[31]《当代中国》丛书编辑部 . 当代中国的城市建设 [M]. 北京：中国社会科学出版社，1989.

[32]《当代中国》丛书编辑部 . 当代中国的船舶工业 [M]. 北京：中国社会科学出版社，1989.

[33] 李冬生 . 大城市老工业区工业用地的调整与更新——上海市杨浦区改造实例 [M]. 上海：同济大学出版社，2005.

[34] 朱晓明 . 当代英国建筑遗产保护 [M]. 上海：同济大学出版社，2008.

[35] 杨秉德 . 中国近代中西建筑文化交融史——中国建筑文化研究文库 [M]. 武汉：湖北教育出版社，2003.

[36] 周鸿 . 中华人民共和国国史通鉴：第一卷 [M]. 北京：当代中国出版社 .

[37]《周礼・考工记》.

[38] 黄开亮，郭可谦 . 中国机械史 [M]. 北京：中国科学技术出版社，2011.

[39] 陆地 . 建筑的生与死——历史性建筑再利用研究 [M]. 南京：东南大学出版社，2004.

[40] 王祥荣 . 生态与环境——城市可持续发展与生态环境调控 [M]. 南京：东南大学出版社，2001.

[41] 常青 . 建筑遗产的生存策略——保护与利用设计实验 [M]. 上海：同济大学出版社，2003.

[42] 陈易 . 城市建设中的可持续发展理论 [M]. 上海：同济大学出版社，2003.

[43] 陈洋，王西京，王鑫 . 西安工业建筑遗产保护与再利用 [M]. 北京：中国建筑工业出版社，2011.

[44] 吴季松 . 循环经济——全面建设小康社会主义之路 [M]. 北京：北京出版社，2003.

[45] 罗小未 . 上海新天地——旧区改造的建筑历史，人文历史与开发模式研究 [M]. 南京：东南大学出版社，2002.

[46] 王瑞珠 . 国外历史环境的保护与规划 [M]. 台北：淑馨出版社，1993.

[47] 高祥生 . 建筑环境更新设计 [M]. 北京：中国建筑工业出版社，2002.

[48] 朱小雷 . 建成环境主观评价方法研究 [M]. 南京：东南大学出版社，2009.

[49] 汉宝德 . 建筑、社会与文化 [M]. 台北：境与象出版社，2005.

[50] 王晶 . 工业遗产保护更新研究 [M]. 北京：文物出版社，2014.

二、外文论著

[1] August Maddison：Chinese Economic Performance in the Long Run，Development Centre of the Organization for CO-operation and Development，1998.

[2] The heritage industry：Britain in a climate of decline [M].London：Methuen London Publisher，1987.

[3] 西村幸夫 . 都市保全计画——整合历史・文化・自然的城镇建设 [M]. 东京：东京大学出版社，2004.

[4] 世界遗产登录纪念 . 明治日本的产业革命遗产，SAKURA MOOK17 [J]. 东京：笠仓出版社，2015.

三、译著

[1] [美] Carol Berens. 工业遗址的在开发利用——建筑师、规划师、开发商和决策者实用指南 [M]. 吴小菁，译 . 北京：电子工业出版社，2012.

[2] [美] 威廉・M・培尼亚，史蒂文・A・帕歇尔著 . 建筑项目策划指导手册——问题探查 [M]. 王晓京，译 . 北京：中国建筑工业出版社，2010.

[3] [美]J・柯克・欧文著 . 西方古建古迹保护理念与实践 [M]. 秦丽，译 . 北京：中国电力出版社，2005.

[4] [英] 费尔登・贝纳德等著 . 世界文化遗产地管理指南 [M]. 上海：同济大学出版社，2008.

[5] [美] 布伦特・C・史蒂西编 . 建筑与文脉——新老建筑的配合 [M]. 翁致祥，等译 . 北京：中国建筑工业出版社，1988.

四、论文

（一）期刊论文

[1] 宋凯扬 . “156 项工程”：中苏友谊史上的重要一页 [J]. 党史文汇，1995（1）.

[2] 郑荣康 . 一拖的前进之路 [J]. 决策探索，1998（8）：10-12.

[3] 建国初期 156 项建设工程文献选载 [J]. 党的文献，1999（5）.

[4] 陈夕 . 156 项工程与中国工业的现代化 [J]. 党的文献，1999（5）.

[5] 董志凯 . 关于“156 项”的确立 [J]. 中国经济史研究，1999（4）.

[6] 杨晋毅．中国新兴工业区语言状态研究（中原区）[J]，语文研究，2002（5）.
[7] 王奇．"156 项工程"与 20 世纪 50 年代中苏关系评析 [J]. 当代中国史研究，2003（2）.
[8] 陈东林．中国改革开放前的三次对外经济引进高潮 [A]. 当代中国研究所．当代中国与它的外部世界——第一届当代中国史国际高级论坛论文集 [C]. 当代中国研究所，2004（16）.
[9] 张柏春，张久春．苏联援华工程与技术转移 [J]. 工程研究—跨学科视野中的工程，2005.
[10] 张松，李俐．"一五"计划中苏联援建的重工业项目 [J]. 历史学习，2005（3）.
[11] 孙国梁，孙玉霞．"一五"期间苏联援建"156 项工程"探析 [J]. 石家庄学院学报，2005（5）.
[12] 孙艳红．城镇居民旅游消费需求的调查——以洛阳市为例 [J]. 江苏商论，2005（12）.
[13] 李辉，周武忠．我国工业遗产地保护与利用研究述评 [J]. 东南大学学报（哲学社会科学版），2005（S1）.
[14] 李林，魏卫．国内外工业遗产旅游研究述评 [J]. 华南理工大学学报（社会科学版），2005（4）.
[15] 谢红彬，高玲．国外工业遗产再利用对福州马尾区工业旅游开发的启示 [J]. 人文地理，2005（6）.
[16] 李百浩，彭秀涛，黄立．中国现代新型工业城市规划的历史研究——以苏联援助的 156 项重点工程为中心 [J]. 城市规划学刊，2006（4）.
[17] 陆邵明．关于城市工业遗产的保护和利用 [J]. 规划师，2006（10）.
[18] 单霁翔．关注新型文化遗产——工业遗产的保护 [J]. 中国文化遗产，2006（4）.
[19] 俞孔坚，方琬丽．中国工业遗产初探 [J]. 建筑学报，2006（8）.
[20] 刘伯英，李匡．工业遗产的构成与价值评价方法 [J]. 建筑创作，2006（9）.
[21] 刘伯英，李匡．首钢工业区工业遗产资源保护与再利用研究 [J]. 建筑创作，2006（9）.
[22] 王凯．50 年来我国城镇空间结构的四次转变 [J]. 城市规划，2006（12）.
[23] 彭秀涛，荣志刚．"一五"计划时期工业区规划布局回顾 [J]. 四川建筑，2006（S1）.
[24] 储峰．苏联对中国国防科技工业的援建（1949—1960）[J]. 冷战国际史研究，2007.
[25] 邢怀滨，冉鸿燕，张德军．工业遗产的价值与保护初探 [J]. 东北大学学报（社会科学版），2007（1）.
[26] 何一民，周明长．156 项工程与新中国工业城市发展（1949—1957 年）[J]. 当代中国史研究，2007（2）.
[27] 叶瀛舟，厉双燕．国内外工业遗产保护与再利用经验及其借鉴 [J]. 上海城市规划，2007（3）.
[28] 阙维民．国际工业遗产的保护与管理 [J]. 北京大学学报（自然科学版），2007（4）.
[29] 王青云．我国老工业基地城市界定研究 [J]. 宏观经济研究，2007（5）.
[30] 朱强，俞孔坚，李迪华，等．大运河工业遗产廊道的保护层次 [J]. 城市环境设计，2007（5）.
[31] 马燕，柏程豫，曹希强．河南省工业遗产保护与再利用刍议 [J]. 云南地理环境研究，2007（5）.

[32] 李建华，王嘉．无锡工业遗产保护与再利用探索 [J]. 城市规划，2007（7）.

[33] 董茜．从衰落走向再生——旧工业建筑遗产的开发利用 [J]. 城市问题，2007（10）.

[34] 董志凯．“一五”计划与 156 项建设投资 [J]. 中国投资，2008（1）.

[35] 靳志强，刘博．城市工业遗产的社区化改造 [J]. 中外建筑，2008（1）.

[36] 骆高远．我国的工业遗产及其旅游价值 [J]. 经济地理，2008（1）.

[37] 张毅杉，夏健．城市工业遗产的价值评价方法 [J]. 苏州科技学院学报（工程技术版），2008（1）.

[38] 孙朝阳．工业遗产地城市公共空间重构的模式转型 [J]. 华中建筑，2008（1）.

[39] 刘会远，李蕾蕾．浅析德国工业遗产保护和工业旅游开发的人文内涵 [J]. 世界地理研究，2008（1）.

[40] 袁筱薇．工业遗产改造形式探索 [J]. 四川建筑，2008（1）.

[41] 田燕，林志宏，黄焕．工业遗产研究走向何方——从世界遗产中心收录之近代工业遗产谈起 [J]. 国际城市规划，2008（2）.

[42] 冯立昇．关于工业遗产研究与保护的若干问题 [J]. 哈尔滨工业大学学报（社会科学版），2008（2）.

[43] 张毅杉，夏健．塑造再生的城市细胞——城市工业遗产的保护与再利用研究 [J]. 城市规划，2008（2）.

[44] 田燕，李百浩．方兴未艾的工业遗产研究 [J]. 规划师，2008（4）.

[45] 张毅杉，夏健．融入城市公共游憩空间系统的城市工业遗产的保护与再利用 [J]. 工业建筑，2008（4）.

[46] 哈静，陈伯超．基于整体涌现性理论的沈阳市工业遗产保护 [J]. 工业建筑，2008（5）.

[47] 阙维民．世界遗产视野中的中国传统工业遗产 [J]. 经济地理，2008（6）.

[48] 章熙军，汪永平．南京工业遗产调查与保护研究 [J]. 江苏建筑，2008（6）.

[49] 田燕，黄焕．从三个实例看工业遗产在城市中的再利用 [J]. 新建筑，2008（6）.

[50] 唐艳艳．“一五”时期“156 项工程”的工业化效应分析 [J]. 湖北社会科学，2008（8）.

[51] 邵龙，张伶伶，姜乃煊．工业遗产的文化重建——英国工业文化景观资源保护与再生的借鉴 [J]. 华中建筑，2008（9）.

[52] 李和平，张毅．与城市发展共融——重庆市工业遗产的保护与利用探索 [J]. 重庆建筑，2008（10）.

[53] 董志凯．新中国装备工业的起步——“156 项”中的装备工业 [J]. 装备制造,2008（11）.

[54] 刘伯英，李匡．北京工业遗产评价办法初探 [J]. 建筑学报，2008（12）.

[55] 杨毅栋，陈玮玮，郭大军，等．超越物质形态规划的挑战——杭州市区工业遗产保护规划探索 [J]. 浙江建筑，2009（1）.

[56] 于长英．城市工业遗产的保护与利用 [J]. 辽宁师范大学学报（自然科学版），2009（1）.

[57] 王颖，孙斌栋．中法工业建筑遗产保护与再利用的比较研究初探 [J]. 国际城市规划，2009（1）.

[58] 姜振寰．东北老工业基地改造中的工业遗产保护与利用问题 [J]. 哈尔滨工业大学学报（社会科学版），2009（3）.

[59] 张久春．20 世纪 50 年代工业建设“156 项工程”研究 [J]. 工程研究—跨学科视野中的工程，2009（3）.
[60] 汪芳，刘鲁．工业遗产体验式旅游开发设计思路的探讨 [J]. 华中建筑，2009（3）.
[61] 谭超．应用 CVM 方法评估工业遗产的非使用价值——以北京焦化厂遗址为例 [J]. 内蒙古师范大学学报（自然科学汉文版），2009（3）.
[62] 袁晓霞．工业遗产的保护与城市景观设计 [J]. 哈尔滨工业大学学报（社会科学版），2009（3）.
[63] 王元媛，贾东．首钢工业文明轴线的提出与设计——工业遗产的更新与城市道路景观的结合 [J]. 北方工业大学学报，2009（3）.
[64] 董杰，高海．中国工业遗产保护及其非物质成分分析 [J]. 内蒙古师范大学学报（自然科学汉文版），2009（4）.
[65] 姜振寰．工业遗产的价值与研究方法论 [J]. 工程研究—跨学科视野中的工程,2009（4）.
[66] 佟玉权，韩福文．工业遗产景观的内涵及整体性特征 [J]. 城市问题，2009（11）.
[67] 唐日梅．“156 项工程”与新中国工业化 [J]. 党史纵横，2009（11）.
[68] 宋凤英．奠定中国工业化基础的“156 项工程”揭秘 [J]. 党史博采（纪实），2009（12）.
[69] 韩福文，佟玉权．东北地区工业遗产保护与旅游利用 [J]. 经济地理，2010（1）.
[70] 张希晨，郝靖欣．从无锡工业遗产再利用看城市文化的复兴 [J]. 工业建筑，2010（1）.
[71] 任宣羽．城市化进程中工业遗产保护与再利用决策研究 [J]. 学术论坛，2010（1）.
[72] 寇怀云，章思初．工业遗产的核心价值及其保护思路研究 [J]. 东南文化，2010（5）.
[73] 韩福文，佟玉权，张丽．东北地区工业遗产旅游价值评价——以大连市近现代工业遗产为例 [J]. 城市发展研究，2010（5）.
[74] 鞠叶辛，梅洪元，费腾．从旧厂房到博物馆——工业遗产保护与再生的新途径 [J]. 建筑科学，2010（6）.
[75] 丁一平，涧西工业区的确立及其对洛阳空间社会的影响 [J]. 河南科技大学学报（社会科学版），2010（6）.
[76] 王莹，刘雪美．资源型城市工业遗产旅游开发初探——以海州露天矿国家矿山公园为例 [J]. 城市发展研究，2010（11）.
[77] 张松，陈鹏．上海工业建筑遗产保护与创意园区发展——基于虹口区的调查、分析及其思考 [J]. 建筑学报，2010（12）.
[78] 赵万民，李和平，张毅．重庆市工业遗产的构成与特征 [J]. 建筑学报，2010（12）.
[79] 王晶，王辉．工业遗产坦佩雷——2010 国际工业遗产联合会议及坦佩雷城市工业遗产简述 [J]. 建筑学报，2010（12）.
[80] 解学芳，黄昌勇．国际工业遗产保护模式及与创意产业的互动关系 [J]. 同济大学学报（社会科学版），2011（1）.
[81] 崔卫华，宫丽娜．世界工业遗产的地理、产业分布及价值特征研究——基于《世界遗产名录》中工业遗产的统计分析 [J]. 经济地理，2011（1）.
[82] 刘伯英，李匡．中国工业发展三个重要历史时期回顾 [J]. 北京规划建设，2011（1）.

[83] 刘伯英，李匡 . 北京工业建筑遗产现状与特点研究 [J]. 北京规划建设，2011（1）.
[84] 谢堃，崔玲玲 .“一五”时期太原工业建筑初探 [J]. 北京规划建设，2011（1）.
[85] 周岚，宫浩钦 . 城市工业遗产保护的社会学思考 [J]. 甘肃理论学刊，2011（1）.
[86] 杨晋毅，杨茹萍 .“一五”时期 156 项目工业建筑遗产保护研究 [J]. 北京规划建设，2011（1）.
[87] 张培富，孙磊 . 156 项工程与 1950 年代中国的科技发展 [J]. 长沙理工大学学报（社会科学版），2011（2）.
[88] 唐魁玉，唐安琪 . 工业遗产的社会记忆价值与生活史意义 [J]. 辽东学院学报（社会科学版），2011（3）.
[89] 柳婕 . 工业区住宅环境改造设计初探——以武汉市青山区“红钢城”第八、九街坊为例 [J]. 华中建筑，2011（3）.
[90] 吕建昌 . 近现代工业遗产保护模式初探 [J]. 东南文化，2011（4）.
[91] 赵辰 . 建筑学的力量——从内蒙古工业大学建筑馆看工业遗产保护之建筑学主体意义 [J]. 新建筑，2011（5）.
[92] 孙顺太 . 156 项工程与三线建设比较研究 [J]. 大理学院学报，2011（5）.
[93] 周岚，宫浩钦 . 城市工业遗产保护的困境及原因 [J]. 城市问题，2011（7）.
[94] 李先逵，许东风 . 工业遗产价值取向的评析 [J]. 工业建筑，2011（10）.
[95] 刘凤凌，褚冬竹 . 三线建设时期重庆工业遗产价值评估体系与方法初探 [J]. 工业建筑，2011（11）.
[96] 马春梅，余杰 . 洛阳新型文化遗产调查与保护思考 [J]. 中国文物报，2011（12）.
[97] 张健，隋倩婧，吕元 . 工业遗产价值标准及适宜性再利用模式初探 [J]. 建筑学报，2011（S1）.
[98] 刘伯英 . 工业建筑遗产保护发展综述 [J]. 建筑学报，2012（1）.
[99] 刘伯英，李匡 . 首钢工业遗产保护规划与改造设计 [J]. 建筑学报，2012（1）.
[100] 李和平，郑圣峰，张毅 . 重庆工业遗产的价值评价与保护利用梯度研究 [J]. 建筑学报，2012（1）.
[101] 张松，李宇欣 . 工业遗产地区整体保护的规划策略探讨——以上海市杨树浦地区为例 [J]. 建筑学报，2012（1）.
[102] 佟玉权，韩福文，许东 . 工业景观遗产的层级结构及其完整性保护——以东北老工业区为例 [J]. 经济地理，2012（2）.
[103] 季宏，徐苏斌，青木信夫 . 工业遗产科技价值认定与分类初探——以天津近代工业遗产为例 [J]. 新建筑，2012（2）.
[104] 董一平，侯斌超 . 工业遗产价值认知拓展——铁路遗产保护回顾 [J]. 新建筑，2012（2）.
[105] 文娇，吉文丽，杨思琪，等 . 城市工业遗产景观改造浅析 [J]. 西北林学院学报，2012（3）.
[106] 王晶，李浩，王辉 . 城市工业遗产保护更新—— 一种构建创意城市的重要途径 [J]. 国际城市规划，2012（3）.
[107] 孟燕，王瑛 . 太原第一热电厂重点建筑测绘与研究 [J]. 华中建筑，2012（5）.
[108] 鲍茜，徐刚 . 基于大遗址保护的工业遗产保护利用探索——以洛阳玻璃厂为例 [J]. 城市

规划，2012（6）.
[109] 戴海雁．兰州市工业遗产的现状与保护情况概述 [J]. 北京规划建设，2012（6）.
[110] 张翼鹏．1954 年苏联对华援助 15 项工业企业项目之缘起问题的再探讨 [J]. 党史研究与教学，2012（6）.
[111] 刘鹏、董卫．洛阳老城的功能空间演化及其启示 [J]. 城市发展战略，2012（7）.
[112] 范晓君，徐红罡，Dietrich Soyez，等．德国工业遗产的形成发展及多层级再利用 [J]. 经济问题探索，2012（9）.
[113] 袁友胜，陈颖．洛阳“一五”工业住区价值认定 [J]. 新西部，2012（9）.
[114] 韩福文，王芳．城市意象理论与工业遗产旅游形象塑造——以沈阳市铁西区为例 [J]. 城市问题，2012（12）.
[115] 葛毅鹏，尹得举，肖轶．过快发展背景下洛阳城市规划发展策略研究 [J]. 湖南理工学院学报（自然科学版），2012（12）.
[116] 李矿辉，张有才，王建军．新区总体规划编制的理念与内容创新实践——以洛阳新区总体规划为例 [J]. 华中建筑，2012（12）.
[117] 季宏，徐苏斌，青木信夫．工业遗产“整体保护”探索——以北洋水师大沽船坞保护规划为例 [J]. 建筑学报，2012（S2）.
[118] 罗彼德，简夏仪．中国工业遗产与城市保护的融合 [J]. 国际城市规划，2013（1）.
[119] 王高峰，孙升．中国工业遗产的研究现状 [J]. 工业建筑，2013（1）.
[120] 刘容．场所精神：中国城市工业遗产保护的核心价值选择 [J]. 东南文化，2013（1）.
[121] 石文杰．“156 项工程”及其对新中国早期现代化的影响初探 [J]. 财经政法资讯，2013（1）.
[122] 张艳，柴彦威．北京现代工业遗产的保护与文化内涵挖掘——基于城市单位大院的思考 [J]. 城市发展研究，2013（2）.
[123] 谢涤湘，陈惠琪，邓雅雯．工业遗产再利用背景下的文化创意产业园规划研究 [J]. 工业建筑，2013（3）.
[124] 林涛，胡佳凌．工业遗产原真性游客感知的调查研究：上海案例 [J]. 人文地理，2013（4）.
[125] 佟玉权．中东铁路工业遗产的分布现状及其完整性保护 [J]. 城市发展研究，2013（4）.
[126] 刘晓东，杨毅栋，舒渊，等．城市工业遗产建筑保护与利用规划管理研究——以杭州市为例 [J]. 城市规划，2013（4）.
[127] 韩福文，王芳．工业遗产保护视角下的工业特色文化城市建设——以辽宁工业城市为例 [J]. 经济地理，2013（6）.
[128] 孙艳，乔峰．历史文化名城保护框架下的洛阳工业建筑遗产保护和再利用 [J]. 工业建筑，2013（7）.
[129] 季宏，王琼．“活态遗产”的保护与更新探索——以福建马尾船政工业遗产为例 [J]. 中国园林，2013（7）.
[130] 郭璇，郭小兰，孙莹．河南省工业遗产与历史文化名城保护 [J]. 工业建筑，2013（7）.
[131] 阙维民．中国传统视野中的城镇工业遗产——兼《中国园林》“传统城镇工业遗产”组

稿导言 [J]. 中国园林，2013（7）.

[132] 苏玲，卢长瑜 . 面向城市的工业遗产保护——以南京工业遗产保护为例 [J]. 中国园林，2013（9）.

[133] 田燕 . 武汉工业遗产整体保护与可持续利用研究 [J]. 中国园林，2013（9）.

[134] 范晓君，徐红罡 . 广州工业遗产保护与再利用特点及制度影响因素 [J]. 中国园林，2013（9）.

[135] 孙跃杰，徐苏斌，青木信夫 . 洛阳涧西工业区工业遗产整体保护的理论框架建构初探 [J]. 建筑与文化，2014（1）.

[136] 王铁铭 ."156 项工程" 与西安 "电工城" 工业遗产研究 [J]. 城市建筑，2014（4）.

[137] 董卫，崔玲 . 历史城区保护与可持续整治中的 "洛阳模式" 创新 [J]. 城市规划，2014（6）.

[138] 韩福文，何军，王猛 . 城市遗产与整体意象保护模式研究——以老工业城市沈阳为例 [J]. 经济管理，2014（9）.

[139] 吴佳雨，徐敏，刘伟国，等 . 遗产区域视野下工业遗产保护与利用研究——以黄石矿冶工业遗产为例 [J]. 城市发展研究，2014（11）.

[140] 孙跃杰，徐苏斌，青木信夫 . 洛阳 "一五" 时期苏式住宅街坊考察与改造探索 [J]. 城市发展研究，2015（1）.

[141] 张环宙，沈旭炜，吴茂英 . 滨水区工业遗产保护与城市记忆延续研究——以杭州运河拱宸桥西工业遗产为例 [J]. 地理科学，2015（2）.

[142] 夏健，王勇，杨晟 . 基于城市特色的苏州工业遗产保护框架与再利用模式 [J]. 规划师，2015（4）.

[143] 肖轶，任云英 . 西安 "一五" 时期工业区布局模式解析 [J]. 建筑与文化，2015（4）.

[144] 徐苏斌，孙跃杰，青木信夫 . 从工业遗产到城市遗产——洛阳 156 时期工业遗产物质构成分析 [J]. 城市发展研究，2015（8）.

（二）学位论文

博士学位论文

[1] 严鹏 . 战略性工业化的曲折展开——中国机械工业的演化 1900—1957[D]. 武汉：华中师范大学，2013.

[2] 许东风 . 重庆工业遗产保护与城市振兴 [D]. 重庆：重庆大学，2012.

[3] 朱强 . 京杭大运河江南段工业遗产廊道构建 [D]. 北京：北京大学，2007.

[4] 李蕻楠 . 二十世纪八十年代以来的中国近代建筑史研究 [D]. 北京：清华大学，2012.

[5] 季宏 . 天津近代自主型工业遗产研究 [D]. 天津：天津大学，2012.

[6] 闫觅 . 以天津为中心的旧直隶工业遗产群研究 [D]. 天津：天津大学，2015.

[7] 王铁铭 ."156 工程" 背景下西安 "电工城" 现代工业遗产价值分析及保护再利用研究 [D]. 西安：西安建筑科技大学，2014.

[8] 丁一平 .1953—1966 工业移民与洛阳城市的社会变迁 [D]. 石家庄：河北师范大学，2007.

硕士学位论文

[1] 周明长．新中国建立初期重工业优先发展战略与工业城市发展研究（1949—1957）[D]. 四川大学，2005.

[2] 胡瑞涛．对“一五”计划期间苏联经济援华的历史考察 [D]. 兰州：西北师范大学，2005.

[3] 彭秀涛．中国现代新型工业和城市规划的历史研究 [D]. 武汉：武汉理工大学，2006.

[4] 赵香娥．工业遗产旅游在资源枯竭型城市转型中的作用与开发 [D]. 北京：中国社会科学院，2009.

[5] 王雪．城市工业遗产研究 [D]. 大连：辽宁师范大学，2009.

[6] 彭芳．我国工业遗产立法保护研究 [D]. 武汉：武汉理工大学，2009.

[7] 杨晓．兰州重工业城市的形成和发展研究（1949—1978）[D]. 兰州：兰州大学，2009.

[8] 刘旖．上海工业遗产建筑再利用基本模式研究 [D]. 上海：上海交通大学，2010.

[9] 赵世磊．国营华北制药厂研究（1953—1965）[D]. 石家庄：河北师范大学，2011.

[10] 刘春雪．哈尔滨三大动力工业遗存研究 [D]. 哈尔滨：哈尔滨工业大学，2012.

[11] 赵博涵．城市旧工业区空间形态演变研究 [D]. 哈尔滨：东北林业大学，2012.

[12] 袁友胜．洛阳“一五”工业住区保护与利用研究 [D]. 成都：西南交通大学，2012.

[13] 刘瀚熙．三线建设工业遗产的价值评估与保护再利用可行性研究 [D]. 武汉：华中科技大学，2012.

[14] 兰会晗．文化创意产业视角下的河南工业遗产旅游开发研究 [D]. 洛阳：河南科技大学，2013.

[15] 宋玢．包头中心城区空间形态的演变与发展研究 [D]. 西安：西安建筑科技大学，2013.

[16] 高鹤翔．昂昂溪区中东铁路非使用价值评价研究 [D]. 哈尔滨：东北林业大学，2013.

[17] 孙中会．洛铜冶炼厂工业遗产保护和旅游开发的策略研究 [D]. 洛阳：河南科技大学，2013.

五、报纸、杂志、地方史志

地方史志

[1] 《元河南志》.

[2] 《金史》.

[3] 《元史》.

[4] 《明史》.

[5] 《清史稿》.

[6] 《当代中国的河南》.

[7] 洛阳市地方志编纂委员会．洛阳市志 [M]. 郑州：中州古籍出版社，1998.

[8] 洛阳涧西志编纂委员会．洛阳市涧西区志 [M]. 北京：海潮出版社，1990.

[9] 《洛阳热电厂厂志》编纂委员会．洛阳热电厂厂志 [M]. 内部发行，1986.

[10]《洛阳第一拖拉机厂厂志》编纂委员会 . 洛阳第一拖拉机厂厂志 [M]. 内部发行，1986.

[11]《洛阳轴承厂厂志》编纂委员会 . 洛阳滚珠轴承厂厂志 [M]. 内部发行，1986.

[12]《洛阳铜加工厂厂志》编纂委员会 . 洛阳铜加工厂厂志 [M]. 内部发行，1986.

[13]《洛阳矿山机器厂厂志》编纂委员会 . 洛阳矿山机器厂厂志 [M]. 内部发行，1986.

[14]《河南柴油机厂厂志》编纂委员会 . 河南柴油机厂厂志 [M]. 内部发行，1986.

[15] 洛阳市统计局 . 洛阳奋进的四十年 [Z]. 洛阳图书馆藏，1989.

[16]《洛阳矿山机器厂厂史》编纂委员会 . 洛阳矿山机器厂厂史 [M]. 当代中国的重型矿山机械工业编纂委员会出版，内部发行 .

[17]《洛阳工学院志》编纂委员会 . 洛阳工学院志 [M]. 郑州：中州古籍出版社，1998.

档案资料

[1] 洛阳市建委 . 洛阳市建委工作 1954 年总结：1955-01[B]. 洛阳市第一档案馆（全宗 67，卷 1）：1-26.

[2] 拖拉机厂筹建工作报告：1953-07-24 [B]. 洛阳第一拖拉机厂档案室（53 永 15）：4-6.

[3] 洛阳拖拉机厂 1953 年基本建设工作总结：1953-12[B]. 洛阳第一拖拉机厂档案室（53 永 15）：16-86.

[4] 洛阳涧西工业区规划说明：1954-10-25 [B]. 洛阳市第一档案馆（全宗 67，卷 1）：18-120.

[5] 国家卫生部对洛阳涧西区初步规划的意见：1954-07[B]. 洛阳第一档案馆（全宗 69，卷 14）.

后记

自从 2006 年硕士毕业到洛阳工作再到今年迁居天津，我已在洛阳度过了十三个年头，尽管中间有四年是在天津大学脱产攻读博士学位，但研究对象仍是洛阳的工业遗产，这反而让我对这座城市理解更加深入。洛阳已然是我的第二故乡，无论作为她的普通市民，还是作为从事建筑文化遗产研究的学者，我都真心希望洛阳发展越来越好，在工业遗产的保护与更新方面也能如牡丹一般绽放异彩。

本书是依托本人的博士论文修改而成，为此也倾注了我多年心血，当时的论文工作是在我的导师徐苏斌教授与青木信夫教授的悉心指导下完成的，两位教授学识渊博，师德高尚，治学严谨，平易近人，在我攻读博士学位近四年的时间里，他们宽阔的学术眼界、科学的工作方法和严谨的治学态度给予我极大的帮助与引导，他们对我树立远大的学术理想、建立严谨科学的研究方法影响深远。我深知翔实的第一手资料是研究的基础，在本书撰写过程中，我精心搜集史料、档案，查阅相关文献资料，实地调研厂区、街坊，走访当地居民……以期为后续的研究奠定基础。

衷心感谢曾任洛阳市规划局的崔玲副局长，洛阳市发改委工业科李科长，以及洛阳第一拖拉机制造厂、洛阳大唐热电、洛阳矿山机械厂、中铝洛铜、洛阳滚珠轴承厂、河南柴油机厂相关领导在论文基础调研阶段给予的莫大支持。衷心感谢我曾经的工作所在单位——河南科技大学建筑学院的各位领导和同事给予的帮助与支持。

衷心感谢天津大学建筑学院的郑颖老师、张蕾老师、张天洁老师、胡莲老师等在学术、工作、生活上曾给予我的细致关怀与建议。感谢建筑历史与理论研究室的王蔚老师、吴葱老师、曹鹏老师对本研究工作的建议与鼓励。

特别感谢天津大学仁爱学院的各位领导与老师，本书的顺利出版得益于你们的支持与帮助。

最后衷心感谢我的家人给予的支持和鼓励——我的父亲母亲一直帮助我料理家事，照顾幼子；我的爱人是职业军人，在繁忙的工作之余努力分担家庭事务，在本书撰写过程中帮助我排解压力，树立信心；我的两个孩子机敏懂事，虽年幼懵懂却给予我深爱与支持。本书表格或图片未注明出处的，均来源于作者自绘或自摄。真诚希望本书能为关注与研究中国现代工业遗产的学者提供一些帮助和借鉴，能为洛阳的工业遗产保护和城市文化建设作出些微贡献。由于作者水平所限，书中难免有疏漏与错误，敬请各位指正。我也将在该领域的研究道路上继续前行，希望未来有更好的研究成果奉献给大家。

孙跃杰

2019 年 11 月于天津

图书在版编目（CIP）数据

洛阳“156项工程”工业遗产群历史研究与价值剖析 = The Research of History and Value Evaluation of Luo Yang's Industrial Heritage Sites in the 1950s/ 孙跃杰著．— 北京 ：中国建筑工业出版社，2020.9

（“中国20世纪城市建筑的近代化遗产研究”丛书／青木信夫，徐苏斌主编）

ISBN 978-7-112-25249-7

Ⅰ．①洛…　Ⅱ．①孙…　Ⅲ．①工业建筑－文化遗产－研究－洛阳　Ⅳ．① TU27

中国版本图书馆CIP数据核字（2020）第099536号

责任编辑：李　鸽　陈小娟
责任校对：王　烨

“中国20世纪城市建筑的近代化遗产研究”丛书
青木信夫　徐苏斌　主编
洛阳“156项工程”工业遗产群历史研究与价值剖析
The Research of History and Value Evaluation of
Luo Yang's Industrial Heritage Sites in the 1950s
孙跃杰　著
*
中国建筑工业出版社出版、发行（北京海淀三里河路9号）
各地新华书店、建筑书店经销
北京雅盈中佳图文设计公司制版
北京中科印刷有限公司印刷
*
开本：787毫米×1092毫米　1/16　印张：$14^3/_4$　字数：268千字
2021年1月第一版　2021年1月第一次印刷
定价：68.00元
ISBN 978-7-112-25249-7
（36029）